“十三五”应用型规划教材

XIANXING
DAISHU

线性代数

（下册：学习指导）

主　编　梁海峰　尧雪莉　刘淑芬
副主编　王　剑　谢　莉　高晋芳
　　　　杨　红　李　娟

吉林大学出版社

图书在版编目(CIP)数据

线性代数 :全2册 /梁海峰，尧雪莉，刘淑芬主编.
—长春 :吉林大学出版社，2019.1

ISBN 978－7－5692－4041－2

Ⅰ.①线… Ⅱ.①梁… ②尧… ③刘… Ⅲ.①线性代数－高等学校－教材 Ⅳ.①O151.2

中国版本图书馆CIP数据核字(2019)第007826号

书　　名:线性代数(全2册)
　　　　XIANXING DAISHU(QUAN 2 CE)
作　　者:梁海峰　尧雪莉　刘淑芬主编
策划编辑:代景丽
责任编辑:刘守秀
责任校对:刘超群
装帧设计:唐韵设计
出版发行:吉林大学出版社
社　　址:长春市人民大街4059号
邮政编码:130021
发行电话:0431－89580028/29/21
网　　址:http://www.jlup.com.cn
电子邮箱:jdcbs@jlu.edu.cn
印　　刷:三河市鑫鑫科达彩色印刷包装有限公司
开　　本:787×1092　1/16
印　　张:25
字　　数:500千字
版　　次:2019年1月第1版
印　　次:2023年8月第2次
书　　号:ISBN 978－7－5692－4041－2
定　　价:85.00元(全2册)

前　言

线性代数(Linear Algebra)是数学的一个分支,是普通高等院校各专业的重要基础课,它的研究对象是向量、向量空间(或称线性空间)、线性变换和有限维的线性方程组.在地方院校应用技术型大学转型背景下,我们从当前线性代数教学改革的趋势和学生的需求出发,将线性代数与现实生活相结合,把教材编得更为通俗、清晰、实用.

我们借鉴美国数学教学改革坚持的四项原则,即将数学概念的四个侧面,即图像、数值、符号、语言同时展现给学生,注重用自然通俗易懂的语言描述概念,用图像形象地反映概念,这些见解给我们一个启示,将数学建模思想融入教材.精选生活实例,从中引入抽象的概念,将枯燥的概念具体化、通俗化,使学生真切地感受到这些定义来自现实生活,便于培养学生的应用实践能力.

本书最大的特点是将建模思想融入教材中,精选现实生活和工程问题作为例题,以培养学生的应用意识.本书以解线性方程为线索,以矩阵和向量为核心,把线性代数的主要概念编织成一个清晰的体系,对行列式、矩阵、向量、方程组、特征值与特征向量、二次型等抽象概念进行通俗的解释,引入具体生活案例力图使这些抽象概念具体化、通俗化,使学生真切地感到这些定义来源于生活,便于更好地理解.在行列式中我们引入中成药生产模型;在矩阵的概念中我们引入投入产出模型;在矩阵的逆运算中我们引入营养餐模型;在线性方程组中引入网络流模型;在特征值与二次型中引入人口迁徙模型等.通过数学模型,读者可以更多地了解数学与现实生活案例的关系,感受数学的魅力,培养数学应用意识.在教材的附录中我们将线性代数与计算机 MATLAB 软件相结合,给出行列式、矩阵的乘法、逆运算、秩、特征值、特征向量、解线性方程组的解法,方便读者更好地利用计算机求解.

全书共分为 6 章,主要内容有:行列式、矩阵和矩阵的初等变换、向量组与矩阵的秩、线性方程组、特征值与二次型和模拟考试试卷.本书的编写框架由尧雪莉拟定,参加编写的人员有:尧雪莉(第一章行列式)、(第二章矩阵和矩阵的初等变换);梁海峰(第三章向量组与矩阵的秩);王剑(第四章线性方程组);尧雪莉(第五章特征值与二次型)、(第六章模拟考试试卷),并由刘淑芬、杨红、高晋芳、李娟等老师参与审稿;全书由梁海峰完成最后的统稿和定稿.

本书的编写得到了华东交通大学理工学院有关领导的大力支持,并得到吉林大学出版社的支持和帮助,在此一并表示感谢.经过数学教研室全体教师的努力,特别是梁海峰、尧雪莉、刘淑芬、王剑、杨红等老师的倾情付出,本书才得以按时完成,由于时间仓促以及编者水平有限,书中错误和不足之处在所难免,恳请广大读者批评指正.

华东交通大学理工学院数学教研室

目　录

第一章 行列式

一、基本要求

(1) 了解全排列、行列式、代数余子式概念；

(2) 理解 n 阶行列式的定义；

(3) 掌握行列式性质，会应用行列式的性质计算行列式；

(4) 理解行列式按行(列) 展开定理并应用于行列式计算与证明；

(5) 掌握克莱姆法则.

二、知识框架图

- **行列式**
  - **概念**：不同行、不同列的 n 个元素之积的代数和(共 $n!$ 项)
  - **性质**
    - 经转置行列式的值不变；
    - 某行有公因数 k，可把 k 提到行列式外；
    - 某行所有元素都是两个数的和，则可写成两个行列式之和；
    - 两行互换行列式变号；
    - 某行的 k 倍加至另一行. 行列式的值不变；
  - **展开式**
    - $D_n=\sum\limits_{k=1}^{n} a_{ik}A_{ik}$(按 i 行展开)
    - $D_n=\sum\limits_{k=1}^{n} a_{kj}A_{kj}$(按 j 行展开)
    - → 余子式、代数余子式
  - **计算**
    - 给定 (i, j) 元的值
      - 化三角形—加边法、爪型行列式；
      - 公式法—特殊行列式、范德蒙德行列式；
      - 递推、数学归纳法；等
    - 未给定 (i, j) 元的值
      - 用行列式性质计算；
      - 用矩阵性质计算；
      - 用方阵的特征值 $|A|=\prod\lambda_i$；等
  - **应用**
    - 克莱姆法则；
    - 判断方阵的可逆，利用伴随矩阵求逆矩阵；
    - 线性相关性的判定；
    - 判断 $Ax=0$ 是否有非零解；
    - 求方阵的特征值.
  - **证明 $|A|=0$**
    - $R(A_{n\times n})<n$;
    - 0 是方阵 A 的特征值；
    - $|A|=-|A|$

三、知识要点

1.行列式的概念

(1) 二阶行列式:

$$\begin{vmatrix} a_{11} & a_{12} \\ a_{21} & a_{22} \end{vmatrix} = a_{11}a_{22} - a_{12}a_{21}.$$

(2) 三阶行列式:

$$\begin{vmatrix} a_{11} & a_{12} & a_{13} \\ a_{21} & a_{22} & a_{23} \\ a_{31} & a_{32} & a_{33} \end{vmatrix} = a_{11}a_{22}a_{33} + a_{12}a_{23}a_{31} + a_{13}a_{21}a_{32} - a_{13}a_{22}a_{31} - a_{12}a_{21}a_{33} - a_{11}a_{23}a_{32}.$$

(3)n 阶行列式:

$$D = \begin{vmatrix} a_{11} & a_{12} & \cdots & a_{1n} \\ a_{21} & a_{22} & \cdots & a_{2n} \\ \vdots & \vdots & \ddots & \vdots \\ a_{n1} & a_{n2} & \cdots & a_{nn} \end{vmatrix} = \sum_{j_1 j_2 \cdots j_n} (-1)^{\tau(j_1 j_2 \cdots j_n)} a_{1j_1} a_{2j_2} \cdots a_{nj_n}$$

$$= \sum_{i_1 i_2 \cdots i_n} (-1)^{\tau(i_1 i_2 \cdots i_n)} a_{i_1 1} a_{i_2 2} \cdots a_{i_n n}$$

$$= \sum_{\substack{i_1 i_2 \cdots i_n \\ j_1 j_2 \cdots j_n}} (-1)^{\tau(i_1 i_2 \cdots i_n)+\tau(j_1 j_2 \cdots j_n)} a_{i_1 j_1} a_{i_2 j_2} \cdots a_{i_n j_n}.$$

(4) 代数余子式和余子式的关系:$A_{ij} = (-1)^{i+j} M_{ij}$.

2.行列式的性质

性质 1 行列式与它的转置行列式相等,即 $D^T = D$.

性质 2 行列式的两行对换,其值变号,即

$$\begin{vmatrix} a_{11} & a_{12} & \cdots & a_{1n} \\ \vdots & \vdots & \vdots & \vdots \\ a_{i1} & a_{i2} & \cdots & a_{in} \\ \vdots & \vdots & \vdots & \vdots \\ a_{k1} & a_{k2} & \cdots & a_{kn} \\ \vdots & \vdots & \vdots & \vdots \\ a_{n1} & a_{n2} & \cdots & a_{nn} \end{vmatrix} = - \begin{vmatrix} a_{11} & a_{12} & \cdots & a_{1n} \\ \vdots & \vdots & \vdots & \vdots \\ a_{k1} & a_{k2} & \cdots & a_{kn} \\ \vdots & \vdots & \vdots & \vdots \\ a_{i1} & a_{i2} & \cdots & a_{in} \\ \vdots & \vdots & \vdots & \vdots \\ a_{n1} & a_{n2} & \cdots & a_{nn} \end{vmatrix}.$$

性质 3 一个数 k 乘行列式的一行(或列),等于用这个数 k 乘此行列式,即

$$\begin{vmatrix} a_{11} & a_{12} & \cdots & a_{1n} \\ \vdots & \vdots & \vdots & \vdots \\ ka_{i1} & ka_{i2} & \cdots & ka_{in} \\ \vdots & \vdots & \vdots & \vdots \\ a_{n1} & a_{n2} & \cdots & a_{nn} \end{vmatrix} = k\begin{vmatrix} a_{11} & a_{12} & \cdots & a_{1n} \\ \vdots & \vdots & \vdots & \vdots \\ a_{i1} & a_{i2} & \cdots & a_{in} \\ \vdots & \vdots & \vdots & \vdots \\ a_{n1} & a_{n2} & \cdots & a_{nn} \end{vmatrix}.$$

推论 1 行列式中的某一行(列)中所有元素的公因子可以提到 D 的外面.

推论 2 行列式一行(或列)元素全为零,则行列式为零,即

$$\begin{vmatrix} a_{11} & a_{12} & \cdots & a_{1n} \\ \vdots & \vdots & \vdots & \vdots \\ 0 & 0 & \cdots & 0 \\ \vdots & \vdots & \vdots & \vdots \\ a_{n1} & a_{n2} & \cdots & a_{nn} \end{vmatrix} = 0.$$

推论 3 如果行列式中有两行(或列)对应元素相同或成比例,那么行列式为零,即

$$\begin{vmatrix} a_{11} & a_{12} & \cdots & a_{1n} \\ \vdots & \vdots & \vdots & \vdots \\ a_{i1} & a_{i2} & \cdots & a_{in} \\ \vdots & \vdots & \vdots & \vdots \\ ka_{i1} & ka_{i2} & \cdots & ka_{in} \\ \vdots & \vdots & \vdots & \vdots \\ a_{n1} & a_{n2} & \cdots & a_{nn} \end{vmatrix} = k\begin{vmatrix} a_{11} & a_{12} & \cdots & a_{1n} \\ \vdots & \vdots & \vdots & \vdots \\ a_{i1} & a_{i2} & \cdots & a_{in} \\ \vdots & \vdots & \vdots & \vdots \\ a_{i1} & a_{i2} & \cdots & a_{in} \\ \vdots & \vdots & \vdots & \vdots \\ a_{n1} & a_{n2} & \cdots & a_{nn} \end{vmatrix} = 0.$$

性质 4 若行列式的某一列(行)的元素都是两数之和,则这个行列式可分解为两个行列式的和,即

$$D = \begin{vmatrix} a_{11} & a_{12} & \cdots & (a_{1i} + a'_{1i}) & \cdots & a_{1n} \\ a_{21} & a_{22} & \cdots & (a_{2i} + a'_{2i}) & \cdots & a_{2n} \\ \vdots & \vdots & & \vdots & & \vdots \\ a_{n1} & a_{n2} & \cdots & (a_{ni} + a'_{ni}) & \cdots & a_{nn} \end{vmatrix}$$

$$
=\begin{vmatrix} a_{11} & a_{12} & \cdots & a_{1i} & \cdots a_{1n} \\ a_{21} & a_{22} & \cdots & a_{2i} & \cdots a_{2n} \\ \cdots & \cdots & \cdots & \cdots & \cdots \\ a_{n1} & a_{n2} & \cdots & a_{ni} & \cdots a_{nn} \end{vmatrix} + \begin{vmatrix} a_{11} & a_{12} & \cdots & a'_{1i} & \cdots a_{1n} \\ a_{21} & a_{22} & \cdots & a'_{2i} & \cdots a_{2n} \\ \cdots & \cdots & \cdots & \cdots & \cdots \\ a_{n1} & a_{n2} & \cdots & a'_{ni} & \cdots a_{nn} \end{vmatrix}
$$

性质 5　把行列式的某一列(行)的各元素乘以同一数 k 然后加到另一列(行)对应的元素上去,行列式的值不变.

3.行列式按照一行(或列)展开

$$
a_{i1}A_{j1}+a_{i2}A_{j2}+\cdots a_{in}A_{jn}=\begin{cases} D, & i=j, \\ 0, & i\neq j, \end{cases}
$$

$$
a_{1s}A_{1t}+a_{2s}A_{2t}+\cdots a_{ns}A_{nt}=\begin{cases} D, & s=t, \\ 0, & s\neq t. \end{cases}
$$

4.几种特殊行列式的值

(1) 上三角行列式

$$
D=\begin{vmatrix} a_{11} & a_{12} & a_{13} & \cdots & a_{1n} \\ 0 & a_{22} & a_{23} & \cdots & a_{nn} \\ 0 & 0 & a_{33} & \cdots & a_{3n} \\ \vdots & \vdots & & & \vdots \\ 0 & 0 & 0 & \cdots & a_{nn} \end{vmatrix}=a_{11}a_{22}a_{33}\cdots a_{nn}.
$$

(2) 下三角行列式

$$
D=\begin{vmatrix} a_{11} & 0 & 0 & \cdots & 0 \\ a_{21} & a_{22} & 0 & \cdots & 0 \\ a_{31} & a_{32} & a_{33} & \cdots & 0 \\ \vdots & \vdots & & & \vdots \\ a_{n1} & a_{n2} & a_{n3} & \cdots & a_{nn} \end{vmatrix}=a_{11}a_{22}a_{33}\cdots a_{nn}.
$$

(3) 对角行列式

$$
D=\begin{vmatrix} a_{11} & 0 & 0 & \cdots & 0 \\ 0 & a_{22} & 0 & \cdots & 0 \\ 0 & 0 & a_{33} & \cdots & 0 \\ \vdots & \vdots & & & \vdots \\ 0 & 0 & 0 & \cdots & a_{nn} \end{vmatrix}=a_{11}a_{22}a_{33}\cdots a_{nn}.
$$

5.拉普拉斯(Laplace)展开定理

在 n 阶行列式 D 中，任意取定某 k 个行(列)$(1\leqslant k\leqslant n-1)$，则行列式 D 等于由这 k 个行(列)元素构成的一切 k 阶子式 $M_i(i=1,2,\cdots,C_n^k)$ 与其代数余子式 A_i 的乘积之和，即

$$D=\sum_{i=1}^{m}M_iA_i=M_1A_1+M_2A_2+\cdots+M_mA_m$$

其中 $m=C_n^k=\dfrac{n!}{k!(n-k)!}$.

6.克莱姆(Cramer)法则

设含有 n 个方程的 n 元线性方程组的一般形式为

$$\begin{cases}a_{11}x_1+a_{12}x_2+\cdots a_{1n}x_n=b_1\\ a_{21}x_1+a_{22}x_2+\cdots a_{2n}x_n=b_2\\ \cdots\cdots\cdots\cdots\cdots\cdots\cdots\cdots\\ a_{n1}x_1+a_{n2}x_2+\cdots a_{nn}x_n=b_n\end{cases}$$

它的系数构成的 n 阶行列式 $D\neq 0$，则方程组必有唯一解：

$$x_j=\frac{D_j}{D},\ j=1,2\cdots n,$$

其中 $D=\begin{vmatrix}a_{11}&a_{12}&\cdots&a_{1n}\\ a_{21}&a_{22}&\cdots&a_{2n}\\ \vdots&\vdots&&\vdots\\ a_{n1}&a_{n2}&&a_{nn}\end{vmatrix}$，

$$D_j=\begin{vmatrix}a_{11}&\cdots&a_{1,j-1}&b_1&a_{1,j+1}&\cdots&a_{1n}\\ \vdots&&\vdots&\vdots&\vdots&&\vdots\\ a_{i1}&\cdots&a_{i,j-1}&b_i&a_{i,j+1}&\cdots&a_{in}\\ \vdots&&\vdots&\vdots&\vdots&&\vdots\\ a_{n1}&\cdots&a_{n,j-1}&b_n&a_{n,j+1}&\cdots&a_{nn}\end{vmatrix}(j=1,2,\cdots n).$$

4.典型例题及其解法

例 1　行列式 $\begin{vmatrix}0&1&-1&1\\ -1&0&1&-1\\ 1&-1&0&1\\ -1&1&-1&0\end{vmatrix}$ 第二行第一列元素的代数余子式 A_{21} $=$(　　)

A. -2　　B. -1　　C.1　　D.2

测试点:余子式和代数余子式的概念

解: $\begin{vmatrix} 0 & 1 & -1 & 1 \\ -1 & 0 & 1 & -1 \\ 1 & -1 & 0 & 1 \\ -1 & 1 & -1 & 0 \end{vmatrix}$, $A_{21}=(-1)^{2+1}M_{21}=-\begin{vmatrix} 1 & -1 & 1 \\ -1 & 0 & 1 \\ 1 & -1 & 0 \end{vmatrix}=$

$-\begin{vmatrix} 1 & -1 & 1 \\ 0 & -1 & 2 \\ 0 & 0 & -1 \end{vmatrix}=-1.$

答案: B

例 2　设某3阶行列式的第二行元素分别为$-1,2,3$，对应的余子式分别为$-3,-2,1$，则此行列式的值为________.

测试点:行列式按行(列)展开的定理

解: $D=(-1)\cdot A_{21}+2A_{22}+3A_{23}=(-1)(-1)^{2+1}M_{21}+2(-1)^{2+2}M_{22}+3(-1)^{2+3}M_{23}$

$=-3-4-3=-10.$

例 3　已知行列式的第一列的元素为$1,4,-3,2$,第二列元素的代数余子式为$2,3,4,x$，问$x=$________.

测试点:行列式的任意一行(列)与另一行(列)元素的代数余子式的乘积之和为零.

解: 因第一列的元素为$1,4,-3,2$,第二列元素的代数余子式为$2,3,4,x$,故$1\times2+4\times3+(-3)\times4+2x=0$.所以$x=-1$.

例 4　已知$\begin{vmatrix} a_{11} & a_{12} & a_{13} \\ a_{21} & a_{22} & a_{23} \\ a_{31} & a_{32} & a_{33} \end{vmatrix}=3$,那么$\begin{vmatrix} 2a_{11} & 2a_{12} & 2a_{13} \\ a_{21} & a_{22} & a_{23} \\ -2a_{31} & -2a_{32} & -2a_{33} \end{vmatrix}=$(　　)

A. -24　　B. -12　　C. -6　　D.12

测试点:行列式的性质

解析　$\begin{vmatrix} 2a_{11} & 2a_{12} & 2a_{13} \\ a_{21} & a_{22} & a_{23} \\ -2a_{31} & -2a_{32} & -2a_{33} \end{vmatrix}=2\times(-2)\begin{vmatrix} a_{11} & a_{12} & a_{13} \\ a_{21} & a_{22} & a_{23} \\ a_{31} & a_{32} & a_{33} \end{vmatrix}=-12.$

答案　B

例 5　设行列式 $\begin{vmatrix} a_1 & b_1 \\ a_2 & b_2 \end{vmatrix}=1$，$\begin{vmatrix} a_1 & c_1 \\ a_2 & c_2 \end{vmatrix}=2$，则 $\begin{vmatrix} a_1 & b_1+c_1 \\ a_2 & b_2+c_2 \end{vmatrix}=$（　　）

A. -3　　B. -1　　C.1　　D.3

测试点：行列式的性质

解：$\begin{vmatrix} a_1 & b_1+c_1 \\ a_2 & b_2+c_2 \end{vmatrix}=\begin{vmatrix} a_1 & b_1 \\ a_2 & b_2 \end{vmatrix}+\begin{vmatrix} a_1 & c_1 \\ a_2 & c_2 \end{vmatrix}=3$

答案：D

例 6　求 4 阶行列式 $\begin{vmatrix} 1 & 1 & 1 & 4 \\ 1 & 1 & 3 & 1 \\ 1 & 2 & 1 & 1 \\ 1 & 1 & 1 & 1 \end{vmatrix}$ 的值.

测试点：行列式的计算

解：$\begin{vmatrix} 1 & 1 & 1 & 4 \\ 1 & 1 & 3 & 1 \\ 1 & 2 & 1 & 1 \\ 1 & 1 & 1 & 1 \end{vmatrix}=\begin{vmatrix} 1 & 1 & 1 & 4 \\ 0 & 0 & 2 & -3 \\ 0 & 1 & 0 & -3 \\ 0 & 0 & 0 & -3 \end{vmatrix}=\begin{vmatrix} 0 & 2 & -3 \\ 1 & 0 & -3 \\ 0 & 0 & -3 \end{vmatrix}=(-3)\begin{vmatrix} 0 & 2 \\ 1 & 0 \end{vmatrix}=6$

例 7　计算 3 阶行列式 $\begin{vmatrix} 123 & 23 & 3 \\ 249 & 49 & 9 \\ 367 & 67 & 7 \end{vmatrix}$.

解：$\begin{vmatrix} 123 & 23 & 3 \\ 249 & 49 & 9 \\ 367 & 67 & 7 \end{vmatrix}\underset{c_1+(-1)c_2}{=}\begin{vmatrix} 100 & 23 & 3 \\ 200 & 49 & 9 \\ 300 & 67 & 7 \end{vmatrix}\underset{c_2+(-1)c_3}{=}\begin{vmatrix} 100 & 20 & 3 \\ 200 & 40 & 9 \\ 300 & 60 & 7 \end{vmatrix}=0.$

例 8　计算行列式：$\begin{vmatrix} x & a & a & a \\ a & x & a & a \\ a & a & x & a \\ a & a & a & x \end{vmatrix}$

测试点：各行元素之和为常数的行列式的计算技巧.

解：$D=\begin{vmatrix} x & a & a & a \\ a & x & a & a \\ a & a & x & a \\ a & a & a & x \end{vmatrix}=\begin{vmatrix} x+3a & a & a & a \\ x+3a & x & a & a \\ x+3a & a & x & a \\ x+3a & a & a & x \end{vmatrix}=$

$$\begin{vmatrix} x+3a & a & a & a \\ 0 & x-a & 0 & 0 \\ 0 & 0 & x-a & 0 \\ 0 & 0 & 0 & x-a \end{vmatrix} = (x+3a)(x-a)^3.$$

例 9 计算行列式 $D_n = \begin{vmatrix} a & b & 0 & \cdots & 0 & 0 \\ 0 & a & b & \cdots & 0 & 0 \\ 0 & 0 & a & \cdots & 0 & 0 \\ \vdots & \vdots & \vdots & \ddots & \vdots & \vdots \\ 0 & 0 & 0 & \cdots & a & b \\ b & 0 & 0 & \cdots & 0 & a \end{vmatrix}$

测试点:行列式中有一行只有两个元素不为零的行列式的计算和三角形行列式的计算

解 $D_n = \begin{vmatrix} a & b & 0 & \cdots & 0 & 0 \\ 0 & a & b & \cdots & 0 & 0 \\ 0 & 0 & a & \cdots & 0 & 0 \\ \vdots & \vdots & \vdots & \ddots & \vdots & \vdots \\ 0 & 0 & 0 & \cdots & a & b \\ b & 0 & 0 & \cdots & 0 & a \end{vmatrix} = aA_{11} + bA_{n1} = aM_{11} + b(-1)^{n+1}M_{n1}$

$= a^n + (-1)^{n+1}b^n$

例 10 设 $D(x) = \begin{vmatrix} 1 & x & x^2 & x^3 \\ 1 & 2 & 4 & 8 \\ 1 & 3 & 9 & 27 \\ 1 & 4 & 16 & 64 \end{vmatrix}$

问(1)$D(x)$ 中,x^3 项的系数 =? (2) 方程 $D(x)=0$ 有几个根? 试写出所有的根.

测试点:1.范德蒙行列式的判别和计算公式; 2.行列式按行(列) 展开的定理.

解 (1)x^3 项的系数 $=A_{14}=(-1)^5\begin{vmatrix} 1 & 2 & 4 \\ 1 & 3 & 9 \\ 1 & 4 & 16 \end{vmatrix} = -(3-2)(4-2)(4-3) = -2$;

(2) 因为 $D(x)=(2-x)(3-x)(4-x)(3-2)(4-2)(4-3)$,所以方程 $D(x)=0$ 有三个根:$x_1=2, x_2=3, x_3=4$.

例 11 计算行列式,其中对角线上元素都是 a,未写出的元素都是零.

$$D_n=\begin{vmatrix} a & 0 & \cdots & 1 \\ 0 & a & \cdots & 0 \\ \vdots & \vdots & \ddots & \vdots \\ 1 & 0 & \cdots & a \end{vmatrix}$$

解:这道题可以用多种方法进行求解,充分应用了行列式的各种性质.

方法 1 利用性质,将行列式化为上三角行列式.

$$D_n \overset{c_1-\frac{1}{a}\cdot c_n}{=} \begin{vmatrix} a-\frac{1}{a} & 0 & \cdots & 1 \\ 0 & a & 0 & 0 \\ \vdots & \vdots & \ddots & \vdots \\ 0 & 0 & 0 & a \end{vmatrix} = \left(a-\frac{1}{a}\right)a^{n-1}=a^n-a^{n-2}.$$

方法 2 仍然是利用性质,将行列式化为上三角行列式.

$$D_n \overset{r_n-r_1}{=} \begin{vmatrix} a & & 1 \\ & \ddots & \\ 1-a & & a-1 \end{vmatrix} \overset{c_1+c_n}{=} \begin{vmatrix} a+1 & 0 & 0 & 1 \\ 0 & a & 0 & 0 \\ \vdots & \vdots & \ddots & \vdots \\ 0 & 0 & 0 & a-1 \end{vmatrix} = a^n-a^{n-2}.$$

方法 3 利用展开定理,将行列式化成对角行列式.

$$D_n \overset{c_1\text{展开}}{=} a\begin{vmatrix} a & & \\ & \ddots & \\ & & a \end{vmatrix}_{n-1} +(-1)^{n+1}\begin{vmatrix} 0 & 0 & \cdots & 1 \\ a & 0 & & \\ & \ddots & \ddots & \\ & & a & 0 \end{vmatrix}_{n-1},$$

而 $$(-1)^{n+1}\begin{vmatrix} 0 & 0 & \cdots & 1 \\ a & 0 & & \\ & \ddots & \ddots & \\ & & a & 0 \end{vmatrix}_{n-1} \overset{\text{最后列展开}}{=} (-1)^{2n+1}\begin{vmatrix} a & & \\ & \ddots & \\ & & a \end{vmatrix}_{n-2} =-a^{n-2},$$

则 $$D_n=a\cdot a^{n-1}-a^{n-2}=a^n-a^{n-2}.$$

方法 4 利用公式 $\begin{vmatrix} A & O \\ O & B \end{vmatrix}=|A||B|$.将最后一行逐行换到第 2 行,共换了 $n-2$ 次;将最后一列逐列换到第 2 列,也共换了 $n-2$ 次.

$$D_n=(-1)^{2(n-2)}\begin{vmatrix} a & 1 & \cdots & 0 \\ 1 & a & \cdots & 0 \\ \vdots & \vdots & \ddots & \vdots \\ 0 & 0 & \cdots & a \end{vmatrix}=\begin{vmatrix} a & 1 \\ 1 & a \end{vmatrix}\begin{vmatrix} a & \cdots & 0 \\ \vdots & \ddots & \vdots \\ 0 & \cdots & a \end{vmatrix}_{n-2}=a^n-a^{n-2}.$$

例 12 计算 n 阶行列式:

$$D_n=\begin{vmatrix} a_1+b_1 & a_2 & \cdots & a_n \\ a_1 & a_2+b_2 & \cdots & a_n \\ \vdots & \vdots & \ddots & \vdots \\ a_1 & a_2 & \cdots & a_n+b_n \end{vmatrix}\quad (b_1b_2\cdots b_n\neq 0)$$

解:采用升阶(或加边)法.该行列式的各行含有共同的元素 $a_1,a_2,\cdots,a_n$,可在保持原行列式值不变的情况下,增加一行一列,适当选择所增行(或列)的元素,使得下一步化简后出现大量的零元素.

$$D_n\overset{\text{升阶}}{=}\begin{vmatrix} 1 & a_1 & a_2 & \cdots & a_n \\ 0 & a_1+b_1 & a_2 & \cdots & a_n \\ 0 & a_1 & a_2+b_2 & \cdots & a_n \\ \vdots & \vdots & \vdots & \ddots & \vdots \\ 0 & a_1 & a_2 & \cdots & a_n+b_n \end{vmatrix}\underset{\cdots r_{n+1}-r_1}{\overset{\substack{r_2-r_1\\ r_3-r_1}}{=}}\begin{vmatrix} 1 & a_1 & a_2 & \cdots & a_n \\ -1 & b_1 & 0 & \cdots & 0 \\ -1 & 0 & b_2 & \cdots & 0 \\ \vdots & \vdots & \vdots & \ddots & \vdots \\ -1 & 0 & 0 & \cdots & b_n \end{vmatrix}$$

$$\underset{j=2,\cdots,n+1}{\overset{c_1+\frac{1}{b_{j-1}}c_j}{=}}\begin{vmatrix} 1+\frac{a_1}{b_1}+\cdots+\frac{a_n}{b_n} & a_1 & a_2 & \cdots & a_n \\ 0 & b_1 & 0 & \cdots & 0 \\ 0 & 0 & b_2 & \cdots & 0 \\ \vdots & \vdots & \vdots & & \vdots \\ 0 & 0 & 0 & \cdots & b_n \end{vmatrix}=b_1b_2\cdots b_n\left(1+\frac{a_1}{b_1}+\cdots+\frac{a_n}{b_n}\right).$$

例 13 计算 n 阶行列式:

$$D_n=\begin{vmatrix} 1+a_1 & 1 & \cdots & 1 \\ 1 & 1+a_2 & \cdots & 1 \\ \vdots & \vdots & & \vdots \\ 1 & 1 & \cdots & 1+a_n \end{vmatrix},\text{其中 } a_1a_2\cdots a_n\neq 0.$$

解:这道题有多种解法.

方法 1 化为上三角行列式

$$D_n \underset{i=2,\cdots,n}{\overset{r_i-r_1}{=}} \begin{vmatrix} 1+a_1 & 1 & \cdots & 1 \\ -a_1 & a_2 & \cdots & 0 \\ \vdots & \vdots & \ddots & 0 \\ -a_1 & 0 & 0 & a_n \end{vmatrix} \underset{j=2,\cdots,n}{\overset{c_1+\frac{a_1}{a_j}c_j}{=}} \begin{vmatrix} b & 1 & \cdots & 1 \\ 0 & a_2 & & \\ \vdots & & \ddots & \\ 0 & & & a_n \end{vmatrix}$$

其中 $b=1+a_1+a_1\sum\limits_{i=2}^{n}\frac{1}{a_i}=a_1\left(1+\sum\limits_{i=1}^{n}\frac{1}{a_i}\right)$，于是

$$D_n=a_1a_2\cdots a_n\left(1+\sum_{i=1}^{n}\frac{1}{a_i}\right).$$

方法 2　升阶(或加边)法

$$D_n \overset{\text{升阶}}{=} \begin{vmatrix} 1 & 1 & 1 & \cdots & 1 \\ 0 & 1+a_1 & 1 & \cdots & 1 \\ 0 & 1 & 1+a_2 & \cdots & 1 \\ \vdots & \vdots & \vdots & & \vdots \\ 0 & 1 & 1 & \cdots & 1+a_n \end{vmatrix} \underset{i=2,3,\cdots,n+1}{\overset{r_i-r_1}{=}} \begin{vmatrix} 1 & 1 & 1 & \cdots & 1 \\ -1 & a_1 & 0 & \cdots & 0 \\ -1 & 0 & a_2 & \cdots & 0 \\ \vdots & \vdots & \vdots & & \vdots \\ -1 & 0 & 0 & \cdots & a_n \end{vmatrix}$$

$$\underset{j=2,\cdots,n+1}{\overset{c_1+\frac{1}{a_j}c_{j+1}}{=}} \begin{vmatrix} 1+\sum\limits_{i=1}^{n}\frac{1}{a_j} & 1 & 1 & \cdots & 1 \\ & a_1 & & & \\ & & a_2 & & \\ & & & \ddots & \\ & & & & a_n \end{vmatrix} = a_1a_2\cdots a_n\left(1+\sum_{i=1}^{n}\frac{1}{a_i}\right)$$

方法 3　递推法.将 D_n 改写为

$$D_n=\begin{vmatrix} 1+a_1 & 1 & \cdots & 1+0 \\ 1 & 1+a_2 & \cdots & 1+0 \\ \vdots & \vdots & & \vdots \\ 1 & 1 & \cdots & 1+a_n \end{vmatrix}$$

$$\overset{\text{按}c_n\text{拆开}}{=} \begin{vmatrix} 1+a_1 & 1 & \cdots & 1 \\ 1 & 1+a_2 & \cdots & 1 \\ \vdots & \vdots & & \vdots \\ 1 & 1 & \cdots & 1 \end{vmatrix} + \begin{vmatrix} 1+a_1 & 1 & \cdots & 0 \\ 1 & 1+a_2 & \cdots & 0 \\ \vdots & \vdots & & \vdots \\ 1 & 1 & \cdots & a_n \end{vmatrix}$$

由于 $\begin{vmatrix} 1+a_1 & 1 & \cdots & 1 \\ 1 & 1+a_2 & \cdots & 1 \\ \vdots & \vdots & & \vdots \\ 1 & 1 & \cdots & 1 \end{vmatrix} \xlongequal[i=1,\cdots,n-1]{r_i-r_n} \begin{vmatrix} a_1 & 0 & \cdots & 0 \\ 0 & a_2 & \cdots & 0 \\ \vdots & \vdots & \ddots & \vdots \\ 1 & 1 & \cdots & 1 \end{vmatrix} = a_1a_2\cdots a_{n-1}$

$$\begin{vmatrix} 1+a_1 & 1 & \cdots & 0 \\ 1 & 1+a_2 & \cdots & 0 \\ \vdots & \vdots & & \vdots \\ 1 & 1 & \cdots & a_n \end{vmatrix} \xlongequal{\text{按} c_n \text{展开}} a_nD_{n-1}$$

因此 $D_n = a_nD_{n-1} + a_1a_2\cdots a_{n-1}$ 为递推公式,而 $D_1 = 1+a_1$,于是

$$\begin{aligned} D_n &= a_nD_{n-1} + a_1a_2\cdots a_{n-1} = a_1a_2\cdots a_n\left(\frac{D_{n-1}}{a_1a_2\cdots a_{n-1}} + \frac{1}{a_n}\right) \\ &= a_1a_2\cdots a_n\left(\frac{D_{n-2}}{a_1a_2\cdots a_{n-2}} + \frac{1}{a_{n-1}} + \frac{1}{a_n}\right) = \cdots\cdots \\ &= a_1a_2\cdots a_n\left(\frac{D_1}{a_1} + \frac{1}{a_2} + \cdots + \frac{1}{a_n}\right) = a_1a_2\cdots a_n\left(1 + \frac{1}{a_1} + \frac{1}{a_2} + \cdots + \frac{1}{a_n}\right) \end{aligned}$$

例 14 设 $f(x) = \begin{vmatrix} 1 & x-1 & 2x-1 \\ 1 & x-2 & 3x-2 \\ 1 & x-3 & 4x-3 \end{vmatrix}$,证明存在 $\zeta \in (0,1)$,使 $f'(\zeta) = 0$.

证 因为 $f(x)$ 是关于 x 的二次多项式多项式,在 $[0,1]$ 上连续,$(0,1)$ 内可导,且

$$f(0) = \begin{vmatrix} 1 & -1 & -1 \\ 1 & -2 & -2 \\ 1 & -3 & -3 \end{vmatrix} = 0,\ f(1) = \begin{vmatrix} 1 & 0 & 1 \\ 1 & -1 & 1 \\ 1 & -2 & 1 \end{vmatrix} = 0$$

由罗尔定理知,存在 $\zeta \in (0,1)$,使 $f'(\zeta) = 0$.

例 15 计算 $D = \begin{vmatrix} 1 & 1 & 1 & 1 \\ a & b & c & d \\ a^2 & b^2 & c^2 & d^2 \\ a^4 & b^4 & c^4 & d^4 \end{vmatrix}$.

解:这不是范得蒙行列式,但可借助求解范得蒙行列式进行求解.

方法 1 借助于求解范得蒙行列式的技巧进行求解:从下向上,逐行操作.

$$D \xlongequal[r_2 - ar_1]{\substack{r_4 - a^2 r_3 \\ r_3 - ar_2}} \begin{vmatrix} 1 & 1 & 1 & 1 \\ 0 & b-a & c-a & d-a \\ 0 & b(b-a) & c(c-a) & d(d-a) \\ 0 & b^2(b^2-a^2) & c^2(c^2-a^2) & d^2(d^2-a^2) \end{vmatrix}$$

$$\xlongequal{c_1展开} (b-a)(c-a)(d-a) \begin{vmatrix} 1 & 1 & 1 \\ b & c & d \\ b^2(b+a) & c^2(c+a) & d^2(d+a) \end{vmatrix}$$

$$\xlongequal{r_3拆开} (b-a)(c-a)(d-a)\left(\begin{vmatrix} 1 & 1 & 1 \\ b & c & d \\ b^3 & c^3 & d^3 \end{vmatrix} + a \begin{vmatrix} 1 & 1 & 1 \\ b & c & d \\ b^2 & c^2 & d^2 \end{vmatrix} \right)$$

其中 $$\begin{vmatrix} 1 & 1 & 1 \\ b & c & d \\ b^3 & c^3 & d^3 \end{vmatrix} \xlongequal[r_2 - br_1]{r_3 - b^2 r_2} \begin{vmatrix} 1 & 1 & 1 \\ 0 & c-b & d-b \\ 0 & c(c^2-b^2) & d(d^2-b^2) \end{vmatrix}$$

$$= (c-b)(d-b) \begin{vmatrix} 1 & 1 \\ c(c+b) & d(d+b) \end{vmatrix}$$

$$= (c-b)(d-b)[d(d+b) - c(c+b)]$$

由于 $\begin{vmatrix} 1 & 1 & 1 \\ b & c & d \\ b^2 & c^2 & d^2 \end{vmatrix}$ 是范德蒙行列式,故 $\begin{vmatrix} 1 & 1 & 1 \\ b & c & d \\ b^2 & c^2 & d^2 \end{vmatrix} = (c-b)(d-b)(d-c)$

$\therefore D = (a+b+c+d)(b-a)(c-a)(d-a)(c-b)(d-b)(d-c)$

方法 2 $$D \xlongequal[c_4 - c_1]{\substack{c_2 - c_1 \\ c_3 - c_1}} \begin{vmatrix} 1 & 0 & 0 & 0 \\ a & b-a & c-a & d-a \\ a^2 & b^2-a^2 & c^2-a^2 & d^2-a^2 \\ a^4 & b^4-a^4 & c^4-a^4 & d^4-a^4 \end{vmatrix}$$

$$\xlongequal{r_1展开} (b-a)(c-a)(d-a) \begin{vmatrix} 1 & 1 & 1 \\ b+a & c+a & d+a \\ (b^2+a^2)(b+a) & (c^2+a^2)(c+a) & (d^2+a^2)(d+a) \end{vmatrix}$$

$$\xlongequal[c_3 - c_1]{c_2 - c_1} (b-a)(c-a)(d-a) \begin{vmatrix} 1 & 0 & 0 \\ b+a & c-b & d-b \\ (b^2+a^2)(b+a) & x & y \end{vmatrix}$$

$$\overset{r_1展开}{=}(b-a)(c-a)(d-a)\begin{vmatrix} c-b & d-b \\ x & y \end{vmatrix}$$

其中 $x=(c-b)(a^2+b^2+c^2+ac+bc+ab)$，$y=(d-b)(a^2+b^2+c^2+ad+bd+ab)$

$D=(a+b+c+d)(b-a)(c-a)(d-a)(c-b)(d-b)(d-c)$.

方法 3　用升阶法.由于行列式中各列元素缺乏3次幂的元素，在 D 中添加3次幂的一行元素，再添加一列构成5阶范得蒙行列式：

$$D_5=\begin{vmatrix} 1 & 1 & 1 & 1 & 1 \\ a & b & c & d & x \\ a^2 & b^2 & c^2 & d^2 & x^2 \\ a^3 & b^3 & c^3 & d^3 & x^3 \\ a^4 & b^4 & c^4 & d^4 & x^4 \end{vmatrix}$$

D_5 按第5列展开得到的是 x 的4次多项式，且 x^3 的系数为

$$A_{45}=(-1)^{4+5}D=-D$$

又利用计算范得蒙行列式的公式得

$$\begin{aligned} D_5&=(b-a)(c-a)(d-a)(x-a)(c-b)(d-b)(x-b)(d-c)(x-c)(x-d) \\ &=(b-a)(c-a)(d-a)(c-b)(d-b)(d-c)[(x-a)(x-b)(x-c)(x-d)] \\ &=(b-a)(c-a)(d-a)(c-b)(d-b)(d-c)[x^4-(a+b+c+d)x^3+\cdots] \end{aligned}$$

其中 x^3 的系数为 $-(b-a)(c-a)(d-a)(c-b)(d-b)(d-c)(a+b+c+d)$

则 $D=(a+b+c+d)(b-a)(c-a)(d-a)(c-b)(d-b)(d-c)$.

例 16　设 $|A|=\begin{vmatrix} 1 & -5 & 1 & 3 \\ 1 & 1 & 3 & 4 \\ 1 & 1 & 2 & 3 \\ 2 & 2 & 3 & 4 \end{vmatrix}$，计算 $A_{41}+A_{42}+A_{43}+A_{44}=$? 其中 A_{4j} $(j=1,2,3,4)$ 是 $|A|$ 中元素 a_{4j} 的代数余子式.

解：直接求代数余子式的和工作量大.可将 $A_{41}+A_{42}+A_{43}+A_{44}$ 改写为 $1\cdot A_{41}+1\cdot A_{42}+1\cdot A_{43}+1\cdot A_{44}$，故

$$A_{41}+A_{42}+A_{43}+A_{44}=\begin{vmatrix} 1 & -5 & 1 & 3 \\ 1 & 1 & 3 & 4 \\ 1 & 1 & 2 & 3 \\ 1 & 1 & 1 & 1 \end{vmatrix}=\begin{vmatrix} 1 & -6 & 0 & 2 \\ 1 & 0 & 2 & 3 \\ 1 & 0 & 1 & 2 \\ 1 & 0 & 0 & 0 \end{vmatrix}$$

$$=(-1)^{4+1}\begin{vmatrix}-6 & 0 & 2\\0 & 2 & 3\\0 & 1 & 2\end{vmatrix}=-1\begin{vmatrix}-6 & 0 & 2\\0 & 2 & 3\\0 & 0 & \frac{1}{2}\end{vmatrix}=6$$

例 17 求解方程:

$$f(x)=\begin{vmatrix}1 & 1 & 1 & \cdots & 1\\1 & 1-x & 1 & \cdots & 1\\1 & 1 & 2-x & \cdots & 1\\\vdots & \vdots & \vdots & & \vdots\\1 & 1 & 1 & \cdots & (n-1)-x\end{vmatrix}=0$$

解:方法 1

$$f(x)\underset{i=2,\cdots,n}{\overset{r_i-r_1}{=}}\begin{vmatrix}1 & 1 & 1 & \cdots & 1\\0 & -x & 0 & \cdots & 0\\0 & 0 & 1-x & \cdots & 0\\\vdots & \vdots & \vdots & & \vdots\\0 & 0 & 0 & \cdots & (n-2)-x\end{vmatrix}$$

$$=(-1)^{n-1}x(x-1)\cdots(x-n+2)$$

由题设知

$$f(x)=(-1)^{n-1}x(x-1)\cdots(x-n+2)=0$$

所以 $x_1=0,x_2=1,\cdots,x_{n-1}=n-2$ 是原方程的解.

方法 2 由题设知,当 $x=0,1,2,\cdots,n-2$ 时,由于行列式中有两列对应元素相同,行列式值为零,因此 $f(x)$ 可写成

$$f(x)=Ax(x-1)\cdots(x-n+2)$$

于是原方程 $f(x)=Ax(x-1)\cdots(x-n+2)=0$ 的解为:

$$x_1=0,x_2=1,\cdots,x_{n-1}=n-2$$

例 18 计算元素为 $a_{ij}=|i-j|$ 的 n 阶行列式.

解:**方法 1** 由题设知,$a_{11}=0,a_{12}=1,\cdots,a_{1n}=n-1,\cdots$,故

$$D_n=\begin{vmatrix}0 & 1 & \cdots & n-1\\1 & 0 & \cdots & n-2\\\vdots & & & \vdots\\n-1 & n-2 & \cdots & 0\end{vmatrix}\underset{i=n,n-1,\cdots,2}{\overset{r_i-r_{i-1}}{=}}\begin{vmatrix}0 & 1 & \cdots & n-1\\1 & -1 & \cdots & -1\\\vdots & & \ddots & \\1 & 1 & \cdots & -1\end{vmatrix}$$

$$\xlongequal[j=1,\cdots,n-1]{c_j+c_n}\begin{vmatrix} n-1 & n & \cdots & \cdots & n-1 \\ 0 & -2 & \cdots & \cdots & -1 \\ \vdots & \ddots & \ddots & & \cdots \\ \vdots & & 0 & -2 & \\ 0 & 0 & \cdots & 0 & -1 \end{vmatrix}=(-1)^{n-1}2^{n-2}(n-1)$$

其中第一步用的是从最后一行起，逐行减前一行.第二步用的每列加第 n 列.

方法 2 $D_n=\begin{vmatrix} 0 & 1 & \cdots & n-1 \\ 1 & 0 & \cdots & n-2 \\ \vdots & & \ddots & \\ n-1 & n-2 & \cdots & 0 \end{vmatrix}\xlongequal[i=1,2,\cdots,n-1]{r_i-r_{i+1}}\begin{vmatrix} -1 & 1 & \cdots & 1 \\ -1 & -1 & \cdots & 1 \\ \vdots & & \ddots & \\ n-1 & n-2 & \cdots & 0 \end{vmatrix}$

$$\xlongequal[j=2,\cdots,n]{c_j+c_1}\begin{vmatrix} -1 & 0 & \cdots & 0 \\ -1 & -2 & \cdots & 0 \\ \vdots & & \ddots & \\ n-1 & 2n-3 & \cdots & n-1 \end{vmatrix}=(-1)^{n-1}2^{n-2}(n-1)$$

例 19 计算行列式 $D=\begin{vmatrix} a_2 & 0 & 0 & c_2 \\ 0 & a_1 & c_1 & 0 \\ 0 & d_1 & b_1 & 0 \\ d_2 & 0 & 0 & b_2 \end{vmatrix}$.

解:**方法 1** 按第一列展开:

$$D=a_2\begin{vmatrix} a_1 & c_1 & 0 \\ d_1 & b_1 & 0 \\ 0 & 0 & b_2 \end{vmatrix}-d_2\begin{vmatrix} 0 & 0 & c_2 \\ a_1 & c_1 & 0 \\ d_1 & b_1 & 0 \end{vmatrix}=a_2b_2\begin{vmatrix} a_1 & c_1 \\ d_1 & b_1 \end{vmatrix}-d_2c_2\begin{vmatrix} a_1 & c_1 \\ d_1 & b_1 \end{vmatrix}$$

$$=(a_2b_2-d_2c_2)\begin{vmatrix} a_1 & c_1 \\ d_1 & b_1 \end{vmatrix}=(a_2b_2-d_2c_2)(a_1b_1-d_1c_1)$$

方法 2 本题也可利用拉普拉斯展开定理进行计算，选定第 2、3 行，有:

$$D=(-1)^{2+3+2+3}\begin{vmatrix} a_1 & c_1 \\ d_1 & b_1 \end{vmatrix}\begin{vmatrix} a_2 & c_2 \\ d_2 & b_2 \end{vmatrix}=(a_1b_1-d_1c_1)(a_2b_2-d_2c_2)$$

例 20　计算 $D_{2n}=\begin{vmatrix} a_n & & & & & b_n \\ & \ddots & & & \iddots & \\ & & a_1 & b_1 & & \\ & & c_1 & d_1 & & \\ & \iddots & & & \ddots & \\ c_n & & & & & d_n \end{vmatrix}$，其中未写出的元素都是 0.

解：方法 1 利用公式 $\begin{vmatrix} A & O \\ O & B \end{vmatrix}=|A||B|$.

采用逐行操作，将最后一行逐行和上行进行对换，直到换到第 2 行（作 $2n-2$ 次相邻对换）；最后一列逐列和上列换，换到第 2 列（作 $2n-2$ 次相邻对换），得到

$$D_{2n}=(-1)^{2(2n-2)}\begin{vmatrix} a_n & b_n & 0 & & & & & 0 \\ c_n & d_n & 0 & & & & & 0 \\ 0 & 0 & a_{n-1} & & & & & b_{n-1} \\ & & & \ddots & & & \iddots & \\ & & & & a_1 & b_1 & & \\ & & & & c_1 & d_1 & & \\ & & & \iddots & & & \ddots & \\ 0 & 0 & c_{n-1} & & & & & d_{n-1} \end{vmatrix}$$

$$=D_2D_{2(n-1)}=(a_nd_n-b_nc_n)D_{2(n-1)}$$
$$=(a_nd_n-b_nc_n)(a_{n-1}d_{n-1}-b_{n-1}c_{n-1})D_{2(n-2)}$$
$$=\cdots=(a_nd_n-b_nc_n)(a_{n-1}d_{n-1}-b_{n-1}c_{n-1})\cdots(a_1d_1-b_1c_1)$$
$$=\prod_{i=1}^{n}(a_id_i-b_ic_i)$$

方法 2　利用行列式展开定理进行求解.

$$D_{2n}\overset{r_1展开}{=}a_n\begin{vmatrix} a_{n-1} & & & & & b_{n-1} & 0 \\ & \ddots & & & & & \\ & & a_1 & b_1 & & & \\ & & c_1 & d_1 & & & \\ & \iddots & & & \ddots & & \\ c_{n-1} & & & & & d_{n-1} & \\ 0 & & & & & & d_n \end{vmatrix}+$$

$$b_n(-1)^{1+2n}\begin{vmatrix} 0 & a_{n-1} & & & & b_{n-1} \\ & & \ddots & & \iddots & \\ & & & a_1 & b_1 & \\ & & & c_1 & d_1 & \\ & & \iddots & & & \ddots \\ & c_{n-1} & & & & d_{n-1} \\ c_n & & & & & 0 \end{vmatrix}$$

上面第1个行列式是$\begin{vmatrix} A & O \\ O & B \end{vmatrix}$的形式,而第2个行列式按第1列展开,所以

$$\begin{aligned} D_{2n} &= a_nd_nD_{2n-2} - b_nc_n(-1)^{2n-1+1}D_{2n-2} \\ &= (a_nd_n - b_nc_n)D_{2(n-1)} = \cdots = \prod_{i=1}^{n}(a_id_i - b_ic_i) \end{aligned}$$

例 21 计算 $D_5 = \begin{vmatrix} 1-a & a & 0 & 0 & 0 \\ -1 & 1-a & a & 0 & 0 \\ 0 & -1 & 1-a & a & 0 \\ 0 & 0 & -1 & 1-a & a \\ 0 & 0 & 0 & -1 & 1-a \end{vmatrix}$.

解:**方法 1** 采用递推的方法进行求解.

$$D_5 \overset{c_1+c_2+\cdots c_5}{=} \begin{vmatrix} 1 & a & 0 & 0 & 0 \\ 0 & 1-a & a & 0 & 0 \\ 0 & -1 & 1-a & a & 0 \\ 0 & 0 & -1 & 1-a & a \\ -a & 0 & 0 & -1 & 1-a \end{vmatrix}$$

$$\overset{c_1\text{展开}}{=} \begin{vmatrix} 1-a & a & 0 & 0 \\ -1 & 1-a & a & 0 \\ 0 & -1 & 1-a & a \\ 0 & 0 & -1 & 1-a \end{vmatrix}$$

$$+(-a)(-1)^{5+1}\begin{vmatrix} a & 0 & 0 & 0 \\ 1-a & a & 0 & 0 \\ -1 & 1-a & a & 0 \\ 0 & -1 & 1-a & a \end{vmatrix}$$

即 $$D_5=D_4+(-a)(-1)^{5+1}a^4,\ D_4=D_3+(-a)(-1)^{4+1}a^3,$$
$$D_3=D_2+(-a)(-1)^{3+1}a^2,\ D_2=1-a+a^2,$$
故 $$D_5=1-a+a^2-a^3+a^4-a^5.$$

方法 2　采用降阶的方法进行求解.

$$D_5\overset{r1+(1-a)r2}{=}\begin{vmatrix}0 & 1-a+a^2 & a-a^2 & 0 & 0\\ -1 & 1-a & a & 0 & 0\\ 0 & -1 & 1-a & a & 0\\ 0 & 0 & -1 & 1-a & a\\ 0 & 0 & 0 & -1 & 1-a\end{vmatrix}$$

$$\overset{r1+(1-a+a^2)r3}{=}\begin{vmatrix}0 & 0 & 1-a+a^2-a^3 & a-a^2+a^3 & 0\\ -1 & 1-a & a & 0 & 0\\ 0 & -1 & 1-a & a & 0\\ 0 & 0 & -1 & 1-a & a\\ 0 & 0 & 0 & -1 & 1-a\end{vmatrix}$$

$$\overset{r1+(1-a+a^2-a^3)r4}{=}\begin{vmatrix}0 & 0 & 0 & 1-a+a^2-a^3+a^4 & a-a^2+a^3-a^4\\ -1 & 1-a & a & 0 & 0\\ 0 & -1 & 1-a & a & 0\\ 0 & 0 & -1 & 1-a & a\\ 0 & 0 & 0 & -1 & 1-a\end{vmatrix}$$

$$\overset{r1+(1-a+a^2-a^3+a^4)r5}{=}\begin{vmatrix}0 & 0 & 0 & 0 & 1-a+a^2-a^3+a^4-a^5\\ -1 & 1-a & a & 0 & 0\\ 0 & -1 & 1-a & a & 0\\ 0 & 0 & -1 & 1-a & a\\ 0 & 0 & 0 & -1 & 1-a\end{vmatrix}$$

$$\overset{r1\text{展开}}{=}(1-a+a^2-a^3+a^4-a^5)\cdot(-1)^{5+1}(-1)^4$$
$$=1-a+a^2-a^3+a^4-a^5.$$

例 22　证明

$$D_n=\begin{vmatrix}x & -1 & 0 & \cdots & 0\\ 0 & x & -1 & \cdots & 0\\ \vdots & \vdots & \vdots & & \vdots\\ a_n & a_{n-1} & a_{n-2} & \cdots & x+a_1\end{vmatrix}=x^n+a_1x^{n-1}+\cdots+a_{n-1}x+a_n.$$

证 **方法1** 递推法.按第1列展开,有

$$D_n=xD_{n-1}+(-1)^{n+1}a_n\begin{vmatrix}-1 & & & & \\ x & -1 & & & \\ & x & -1 & & \\ & & \ddots & \ddots & \\ & & & x & -1\end{vmatrix}_{n-1}=xD_{n-1}+a_n$$

由于 $D_1=x+a_1, D_2=\begin{vmatrix}x & -1\\ a_2 & x+a_1\end{vmatrix}$,于是

$$D_n=xD_{n-1}+a_n=x(xD_{n-2}+a_{n-1})+a_n=x^2D_{n-2}+a_{n-1}x+a_n$$

$$=\cdots=x^{n-1}D_1+a_2x^{n-2}+\cdots+a_{n-1}x+a_n=x^n+a_1x^{n-1}+\cdots+a_{n-1}x+a_n$$

方法2 第2列的 x 倍,第3列的 x^2 倍,…,第 n 列的 x^{n-1} 倍分别加到第1列上

$$D_n\overset{c1+xc2}{=}\begin{vmatrix}0 & -1 & 0 & \cdots & 0\\ x^2 & x & -1 & \cdots & 0\\ 0 & 0 & x & \cdots & 0\\ \vdots & \vdots & \vdots & & \vdots\\ a_n+xa_{n-1} & a_{n-1} & a_{n-2} & \cdots & x+a_1\end{vmatrix}$$

$$\overset{c1+x^2c3}{=}\begin{vmatrix}0 & -1 & 0 & 0 & \cdots & 0\\ 0 & x & -1 & 0 & \cdots & 0\\ x^3 & & & & & \\ \vdots & 0 & & & & \\ \vdots & x & & & & \\ \vdots & -1 & & & & \\ \vdots & \cdots & & & & \\ & 0 & & & & \\ \vdots & & & & & \\ a_n+xa_{n-1}+x^2a_{n-2} & a_{n-1} & a_{n-2} & a_{n-3} & \cdots & x+a_1\end{vmatrix}$$

$$=\cdots\cdots=\begin{vmatrix}0 & -1 & & \\ & x & -1 & \\ & \ddots & \ddots & -1\\ f & & \ddots & x\end{vmatrix}$$

$$\overset{按 r_n 展开}{=} (-1)^{n+1} f \begin{vmatrix} -1 & & & & \\ x & -1 & & & \\ & x & & & \\ & & \ddots & \ddots & \\ & & & x & -1 \end{vmatrix}_{n-1} = f,$$

其中 $f = a_n + a_{n-1}x + \cdots + a_1 x^{n-1} + x^n$.

或 $$D_n \overset{c_1 + xc_2 + x^2 c_3 + \cdots + x^{n-1} c_n}{=} \begin{vmatrix} 0 & -1 & 0 & \cdots & 0 & 0 \\ 0 & x & -1 & \cdots & 0 & 0 \\ \vdots & \vdots & \vdots & & \vdots & \vdots \\ 0 & 0 & 0 & \cdots & x & -1 \\ f & a_{n-1} & a_{n-2} & \cdots & a_2 & x + a_1 \end{vmatrix}$$

$$\overset{按 c_1 展开}{=} (-1)^{n+1} f \begin{vmatrix} -1 & & & & \\ x & -1 & & & \\ & x & & & \\ & & \ddots & \ddots & \\ & & & x & -1 \end{vmatrix}_{n-1}$$

$$= (-1)^{n+1} f (-1)^{n-1} = f$$

其中 $f = a_n + a_{n-1}x + \cdots + a_1 x^{n-1} + x^n$.

方法 3　利用性质，将行列式化为上三角行列式.

$$D_n \overset{\substack{c_2 + \frac{1}{x}c_1 \\ c_3 + \frac{1}{x}c_2 \\ \cdots \\ c_n + \frac{1}{x}c_{n-1}}}{=} \begin{vmatrix} x & 0 & 0 & \cdots & 0 \\ 0 & x & 0 & \cdots & 0 \\ 0 & 0 & x & \cdots & 0 \\ \vdots & \vdots & \vdots & & \vdots \\ a_n & a_{n-1} + \dfrac{a_n}{x} & a_{n-2} + \dfrac{a_{n-1}}{x} + \dfrac{a_n}{x^2} & \cdots & k_n \end{vmatrix}$$

$$\overset{按 c_n 展开}{=} x^{n-1} k_n = x^{n-1}\left(\frac{a_n}{x^{n-1}} + \frac{a_{n-1}}{x^{n-2}} + \cdots + \frac{a_2}{x} + a_1 + x\right)$$

$$= a_n + a_{n-1}x + \cdots + a_1 x^{n-1} + x^n$$

方法 4　$$D_n \overset{按 r_n 展开}{=} (-1)^{n+1} a_n \begin{vmatrix} -1 & 0 & \cdots & 0 & 0 \\ x & -1 & \cdots & 0 & 0 \\ \vdots & \vdots & & \vdots & \vdots \\ 0 & 0 & \cdots & x & -1 \end{vmatrix} +$$

$$(-1)^{n+2}a_{n-1}\begin{vmatrix} x & 0 & \cdots & 0 & 0 \\ 0 & -1 & \cdots & 0 & 0 \\ \vdots & \vdots & & \vdots & \vdots \\ 0 & 0 & \cdots & x & -1 \end{vmatrix}+\cdots+(-1)^{2n-1}a_2\begin{vmatrix} x & -1 & \cdots & 0 & 0 \\ 0 & x & \cdots & 0 & 0 \\ \vdots & \vdots & & \vdots & \vdots \\ 0 & 0 & \cdots & 0 & -1 \end{vmatrix}$$

$$+(-1)^{2n}(a_1+x)\begin{vmatrix} x & -1 & \cdots & 0 & 0 \\ 0 & x & \cdots & 0 & 0 \\ \vdots & \vdots & & \vdots & \vdots \\ 0 & 0 & \cdots & 0 & x \end{vmatrix}$$

$=(-1)^{n+1}(-1)^{n-1}a_n+(-1)^{n+2}(-1)^{n-2}a_{n-1}x+\cdots+(-1)^{2n-1}(-1)a_2x^{n-2}+(-1)^{2n}(a_1+x)x$

$=a_n+a_{n-1}x+\cdots+a_1x^{n-1}+x^n.$

例 23 计算 n 阶“三对角”行列式

$$D_n=\begin{vmatrix} \alpha+\beta & \alpha\beta & 0 & \cdots & 0 & 0 \\ 1 & \alpha+\beta & \alpha\beta & \cdots & 0 & 0 \\ 0 & 1 & \alpha+\beta & \cdots & 0 & 0 \\ \vdots & \vdots & \vdots & & \vdots & \vdots \\ 0 & 0 & 0 & \cdots & 1 & \alpha+\beta \end{vmatrix}$$

解:方法 1 递推法.

$$D_n\overset{按c_1展开}{=}(\alpha+\beta)D_{n-1}-\begin{vmatrix} \alpha\beta & 0 & 0 & \cdots & 0 & 0 \\ 1 & \alpha+\beta & \alpha\beta & \cdots & 0 & 0 \\ \vdots & \vdots & \vdots & & \vdots & \vdots \\ 0 & 0 & 0 & \cdots & 1 & \alpha+\beta \end{vmatrix}_{(n-1)}$$

$$\overset{按r_1展开}{=}(\alpha+\beta)D_{n-1}-\alpha\beta D_{n-2}D_{n-2}$$

即有递推关系式 $D_n=(\alpha+\beta)D_{n-1}-\alpha\beta D_{n-2}(n\geqslant 3)$

故 $D_n-\alpha D_{n-1}=\beta(D_{n-1}-\alpha D_{n-2})$

递推得到 $D_n-\alpha D_{n-1}=\beta(D_{n-1}-\alpha D_{n-2})=\beta^2(D_{n-2}-\alpha D_{n-3})$

$$=\cdots=\beta^{n-2}(D_2-\alpha D_1)$$

而 $D_1=(\alpha+\beta)$,$D_2=\begin{vmatrix} \alpha+\beta & \alpha\beta \\ 1 & \alpha+\beta \end{vmatrix}=\alpha^2+\alpha\beta+\beta^2$,代入上式得

$$D_n-\alpha D_{n-1}=\beta^n$$

$$D_n=\alpha D_{n-1}+\beta^n \tag{1.1}$$

由递推公式得

$$\begin{aligned}D_n&=\alpha D_{n-1}+\beta^n=\alpha(\alpha D_{n-2}+\beta^{n-1})+\beta^n\\&=\alpha^2D_{n-2}+\alpha\beta^{n-1}+\beta^n=\cdots\\&=\alpha^n+\alpha^{n-1}\beta+\cdots+\alpha\beta^{n-1}+\beta^n\\&=\begin{cases}\dfrac{\beta^{n+1}-\alpha^{n+1}}{\beta-\alpha},\text{当 }\alpha\neq\beta\text{ 时}\\(n+1)\alpha^{n+1},\text{当 }\alpha=\beta\text{ 时}\end{cases}\end{aligned}$$

方法 2　把 D_n 按第 1 列拆成 2 个 n 阶行列式

$$D_n=\begin{vmatrix}\alpha&\alpha\beta&0&\cdots&0&0\\1&\alpha+\beta&\alpha\beta&\cdots&0&0\\0&1&\alpha+\beta&\cdots&0&0\\\vdots&\vdots&\vdots&&\vdots&\vdots\\0&0&0&\cdots&1&\alpha+\beta\end{vmatrix}+\begin{vmatrix}\beta&\alpha\beta&0&\cdots&0&0\\1&\alpha+\beta&\alpha\beta&\cdots&0&0\\0&1&\alpha+\beta&\cdots&0&0\\\vdots&\vdots&\vdots&&\vdots&\vdots\\0&0&0&\cdots&\alpha+\beta&\alpha\beta\\0&0&0&\cdots&1&\alpha\beta\end{vmatrix}$$

上式右端第一个行列式等于 αD_{n-1}，而第二个行列式

$$\begin{vmatrix}\beta&\alpha\beta&0&\cdots&0&0\\1&\alpha+\beta&\alpha\beta&\cdots&0&0\\0&1&\alpha+\beta&\cdots&0&0\\\vdots&\vdots&\vdots&&\vdots&\vdots\\0&0&0&\cdots&\alpha+\beta&\alpha\beta\\0&0&0&\cdots&1&\alpha\beta\end{vmatrix}\overset{c_i-\alpha c_{i-1}}{\underset{i=2,\cdots,n}{=}}\begin{vmatrix}\beta&0&0&\cdots&0&0\\1&\beta&0&\cdots&0&0\\0&1&\beta&\cdots&0&0\\\vdots&\vdots&\vdots&&\vdots&\vdots\\0&0&0&\cdots&1&\beta\end{vmatrix}=\beta^n$$

于是得递推公式 $D_n=\alpha D_{n-1}+\beta^n$，已与(1.1)式相同.

方法 3　在方法 1 中得递推公式

$$D_n=(\alpha+\beta)D_{n-1}-\alpha\beta D_{n-2}$$

又因为当 $\alpha\neq\beta$ 时　　$D_1=\alpha+\beta=\dfrac{\alpha^2-\beta^2}{\alpha-\beta}$

$$D_2=\begin{vmatrix}\alpha+\beta&\alpha\beta\\1&\alpha+\beta\end{vmatrix}=(\alpha+\beta)^2-\alpha\beta=\alpha^2+\alpha\beta+\beta^2=\frac{\alpha^3-\beta^3}{\alpha-\beta}$$

$$D_3=\begin{vmatrix}\alpha+\beta&\alpha\beta&0\\1&\alpha+\beta&\alpha\beta\\0&1&\alpha+\beta\end{vmatrix}=(\alpha+\beta)^3-2\alpha\beta(\alpha+\beta)=\frac{\alpha^4-\beta^4}{\alpha-\beta}$$

于是猜想 $D_n=\dfrac{\alpha^{n+1}-\beta^{n+1}}{\alpha-\beta}$,下面用数学归纳法证明.

当 $n=1$ 时,等式成立,假设当 $n\leqslant k$ 时成立.

当 $n=k+1$ 是,由递推公式得

$$\begin{aligned}D_{k+1}&=(\alpha+\beta)D_k-\alpha\beta D_{k-1}\\&=(\alpha+\beta)\frac{\alpha^{k+1}-\beta^{k+1}}{\alpha-\beta}-\alpha\beta\frac{\alpha^k-\beta^k}{\alpha-\beta}=\frac{\alpha^{k+2}-\beta^{k+2}}{\alpha-\beta}\end{aligned}$$

所以对于 $n\in\mathbf{N}^+$,等式都成立.

五、自我练习及解答

(一)单项选择题

1.下列排列是5阶偶排列的是(   ).

A.24315　　B.14325　　C.41523　　D.24351

2.如果 n 阶排列的逆序数是 k,则排列 $j_n\cdots j_2j_1$ 的逆序数是(   ).

A.k　　B.$n-k$　　C.$\dfrac{n!}{2}-k$　　D.$\dfrac{n(n-1)}{2}-k$

3.n 阶行列式的展开式中含 $a_{11}a_{12}$ 的项共有(   )项.

A.0　　B.$n-2$　　C.$(n-2)!$　　D.$(n-1)!$

4.$\begin{vmatrix}0&0&0&1\\0&0&1&0\\0&1&0&0\\1&0&0&0\end{vmatrix}=($ $)$.

A.0　　B.-1　　C.1　　D.2

5.$\begin{vmatrix}0&0&1&0\\0&1&0&0\\0&0&0&1\\1&0&0&0\end{vmatrix}=($ $)$.

A.0　　B.-1　　C.1　　D.2

6.在函数 $f(x)=\begin{vmatrix}2x&x&-1&1\\-1&-x&1&2\\3&2&-x&3\\0&0&0&1\end{vmatrix}$ 中 x^3 项的系数是(   ).

A.0　　B.-1　　C.1　　D.2

7.若 $D=\begin{vmatrix} a_{11} & a_{12} & a_{13} \\ a_{21} & a_{22} & a_{23} \\ a_{31} & a_{32} & a_{33} \end{vmatrix}=\frac{1}{2}$,则 $D_1=\begin{vmatrix} 2a_{11} & a_{13} & a_{11}-2a_{12} \\ 2a_{21} & a_{23} & a_{21}-2a_{22} \\ 2a_{31} & a_{33} & a_{31}-2a_{32} \end{vmatrix}=$(　　).

A.4　　B.-4　　C.2　　D.-2

8.若 $\begin{vmatrix} a_{11} & a_{12} \\ a_{21} & a_{22} \end{vmatrix}=a$,则 $\begin{vmatrix} a_{12} & ka_{22} \\ a_{11} & ka_{21} \end{vmatrix}=$(　　).

A.ka　　B.$-ka$　　C.k^2a　　D.$-k^2a$

9.已知 4 阶行列式中第 1 行元依次是 $-4,0,1,3$, 第 3 行元的余子式依次为 $-2,5,1,x$, 则 $x=$(　　).

A.0　　B.-3　　C.3　　D.2

10.若 $D=\begin{vmatrix} -8 & 7 & 4 & 3 \\ 6 & -2 & 3 & -1 \\ 1 & 1 & 1 & 1 \\ 4 & 3 & -7 & 5 \end{vmatrix}$,则 D 中第一行元的代数余子式的和为(　　).

A.-1　　B.-2　　C.-3　　D.0

11.若 $D=\begin{vmatrix} 3 & 0 & 4 & 0 \\ 1 & 1 & 1 & 1 \\ 0 & -1 & 0 & 0 \\ 5 & 3 & -2 & 2 \end{vmatrix}$,则 D 中第四行元的余子式的和为(　　).

A.-1　　B.-2　　C.-3　　D.0

12.k 等于下列选项中哪个值时, 齐次线性方程组 $\begin{cases} x_1+x_2+kx_3=0 \\ x_1+kx_2+x_3=0 \\ kx_1+x_2+x_3=0 \end{cases}$ 有非零解.(　　)

A.-1　　B.-2　　C.-3　　D.0

(二) 填空题

1.$2n$ 阶排列 $24\cdots(2n)13\cdots(2n-1)$ 的逆序数是________.

2.在六阶行列式中项 $a_{32}a_{54}a_{41}a_{65}a_{13}a_{26}$ 所带的符号是________.

3.四阶行列式中包含 $a_{22}a_{43}$ 且带正号的项是________.

4.若一个 n 阶行列式中至少有 n^2-n+1 个元素等于 0, 则这个行列式的值等于________.

5.行列式 $\begin{vmatrix} 1 & 1 & 1 & 0 \\ 0 & 1 & 0 & 1 \\ 0 & 1 & 1 & 1 \\ 0 & 0 & 1 & 0 \end{vmatrix} =$ ________.

6.行列式 $\begin{vmatrix} 0 & 1 & 0 & \cdots & 0 \\ 0 & 0 & 2 & \cdots & 0 \\ & \cdots & \cdots & \cdots & \\ 0 & 0 & 0 & \cdots & n-1 \\ n & 0 & 0 & \cdots & 0 \end{vmatrix} =$ ________.

7.行列式 $\begin{vmatrix} a_{11} & \cdots & a_{1(n-1)} & a_{1n} \\ a_{21} & \cdots & a_{2(n-1)} & 0 \\ & \cdots & \cdots & \\ a_{n1} & \cdots & 0 & 0 \end{vmatrix} =$ ________.

8.如果 $D = \begin{vmatrix} a_{11} & a_{12} & a_{13} \\ a_{21} & a_{22} & a_{23} \\ a_{31} & a_{32} & a_{33} \end{vmatrix} = M$,则 $D_1 = \begin{vmatrix} a_{11} & a_{13} - 3a_{12} & 3a_{12} \\ a_{21} & a_{23} - 3a_{22} & 3a_{22} \\ a_{31} & a_{33} - 3a_{32} & 3a_{32} \end{vmatrix} =$ ________.

9.已知某5阶行列式的值为5,将其第一行与第5行交换并转置,再用2乘所有元素,则所得的新行列式的值为 ________.

10.行列式 $\begin{vmatrix} 1 & -1 & 1 & x-1 \\ 1 & -1 & x+1 & -1 \\ 1 & x-1 & 1 & -1 \\ x+1 & -1 & 1 & -1 \end{vmatrix} =$ ________.

11.n 阶行列式 $\begin{vmatrix} 1+\lambda & 1 & \cdots & 1 \\ 1 & 1+\lambda & \cdots & 1 \\ & \cdots & \cdots & \\ 1 & 1 & \cdots & 1+\lambda \end{vmatrix} =$ ________.

12.已知三阶行列式中第二列元素依次为1,2,3,其对应的余子式依次为3,2,1,则该行列式的值为 ________.

13.设行列式 $D=\begin{vmatrix}1&2&3&4\\5&6&7&8\\4&3&2&1\\8&7&6&5\end{vmatrix}$，$A_{4j}(j=1,2,3,4)$ 为 D 中第四行元的代数余子式，则 $4A_{41}+3A_{42}+2A_{43}+A_{44}=$ _______.

14.已知 $D=\begin{vmatrix}a&b&c&a\\c&b&a&b\\b&a&c&c\\a&c&b&d\end{vmatrix}$，$D$ 中第四列元的代数余子式的和为 _______.

15.设行列式 $D=\begin{vmatrix}1&2&3&4\\3&3&4&4\\1&5&6&7\\1&1&2&2\end{vmatrix}=-6$，$A_{4j}$ 为 $a_{4j}(j=1,2,3,4)$ 的代数余子式，则 $A_{41}+A_{42}=$ _______，$A_{43}+A_{44}=$ _______.

16.已知行列式 $D=\begin{vmatrix}1&3&5&\cdots&2n-1\\1&2&0&\cdots&0\\1&0&3&\cdots&0\\ &\cdots&\cdots&\cdots&\\1&0&0&\cdots&n\end{vmatrix}$，$D$ 中第一行元的代数余子式的和为 _______.

17.齐次线性方程组 $\begin{cases}kx_1+2x_2+x_3=0\\2x_1+kx_2=0\\x_1-x_2+x_3=0\end{cases}$ 仅有零解的充要条件是 _______.

18.若齐次线性方程组 $\begin{cases}x_1+2x_2+x_3=0\\2x_2+5x_3=0\\-3x_1-2x_2+kx_3=0\end{cases}$ 有非零解，则 $k=$ _______.

（三）计算题

1. $\begin{vmatrix}a&b&c&d\\a^2&b^2&c^2&d^2\\a^3&b^3&c^3&d^3\\b+c+d&a+c+d&a+b+d&a+b+c\end{vmatrix}$；

2. $\begin{vmatrix} x & y & x+y \\ y & x+y & x \\ x+y & x & y \end{vmatrix}$;

3.解方程 $\begin{vmatrix} 0 & 1 & x & 1 \\ 1 & 0 & 1 & x \\ x & 1 & 1 & 0 \\ 1 & x & 1 & 0 \end{vmatrix}=0$;

4. $\begin{vmatrix} x & a_1 & a_2 & \cdots & a_{n-2} & 1 \\ a_1 & x & a_2 & \cdots & a_{n-2} & 1 \\ a_1 & a_2 & x & \cdots & a_{n-2} & 1 \\ & \cdots & \cdots & \cdots & \cdots & \\ a_1 & a_2 & a_3 & \cdots & x & 1 \\ a_1 & a_2 & a_3 & \cdots & a_{n-1} & 1 \end{vmatrix}$;

5. $\begin{vmatrix} a_0 & 1 & 1 & \cdots & 1 \\ 1 & a_1 & 1 & \cdots & 1 \\ 1 & 1 & a_2 & \cdots & 1 \\ & \cdots & \cdots & \cdots & \\ 1 & 1 & 1 & \cdots & a_n \end{vmatrix}(a_j \neq 1, j=0,1,\cdots,n)$;

6. $\begin{vmatrix} 1 & 1 & 1 & \cdots & 1 \\ 3 & 1-b & 1 & \cdots & 1 \\ 1 & 1 & 2-b & \cdots & 1 \\ & \cdots & \cdots & \cdots & \\ 1 & 1 & 1 & \cdots & (n-1)-b \end{vmatrix}$

7. $\begin{vmatrix} 1 & 1 & 1 & \cdots & 1 \\ b_1 & a_1 & a_1 & \cdots & a_1 \\ b_1 & b_2 & a_2 & \cdots & a_2 \\ & \cdots & \cdots & \cdots & \\ b_1 & b_2 & b_3 & \cdots & a_n \end{vmatrix}$;

8. $\begin{vmatrix} x & a_1 & a_2 & \cdots & a_n \\ a_1 & x & a_2 & \cdots & a_n \\ a_1 & a_2 & x & \cdots & a_n \\ & \cdots & \cdots & \cdots & \\ a_1 & a_2 & a_3 & \cdots & x \end{vmatrix}$；

9. $\begin{vmatrix} 1+x_1^2 & x_1x_2 & \cdots & x_1x_n \\ x_2x_1 & 1+x_2^2 & \cdots & x_2x_n \\ \vdots & \cdots & \cdots & \vdots \\ x_nx_1 & x_nx_2 & \cdots & 1+x_n^2 \end{vmatrix}$；

10. $\begin{vmatrix} 2 & 1 & 0 & \cdots & 0 & 0 \\ 1 & 2 & 1 & \cdots & 0 & 0 \\ 0 & 1 & 2 & \cdots & 0 & 0 \\ & \cdots & \cdots & \cdots & \cdots & \\ 0 & 0 & 0 & \cdots & 2 & 1 \\ 0 & 0 & 0 & \cdots & 1 & 2 \end{vmatrix}$

11. $D=\begin{vmatrix} 1-a & a & 0 & 0 & 0 \\ -1 & 1-a & a & 0 & 0 \\ 0 & -1 & 1-a & a & 0 \\ 0 & 0 & -1 & 1-a & a \\ 0 & 0 & 0 & -1 & 1-a \end{vmatrix}$.

(四) 证明题

1.设 $abcd=1$,证明：$\begin{vmatrix} a^2+\frac{1}{a^2} & a & \frac{1}{a} & 1 \\ b^2+\frac{1}{b^2} & b & \frac{1}{b} & 1 \\ c^2+\frac{1}{c^2} & c & \frac{1}{c} & 1 \\ d^2+\frac{1}{d^2} & d & \frac{1}{d} & 1 \end{vmatrix}=0$.

2. $\begin{vmatrix} a_1+b_1x & a_1x+b_1 & c_1 \\ a_2+b_2x & a_2x+b_2 & c_2 \\ a_3+b_3x & a_3x+b_3 & c_3 \end{vmatrix}=(1-x^2)\begin{vmatrix} a_1 & b_1 & c_1 \\ a_2 & b_2 & c_2 \\ a_3 & b_3 & c_3 \end{vmatrix}$.

3. $\begin{vmatrix} 1 & 1 & 1 & 1 \\ a & b & c & d \\ a^2 & b^2 & c^2 & d^2 \\ a^4 & b^4 & c^4 & d^4 \end{vmatrix}=(b-a)(c-a)(d-a)(c-b)(d-b)(d-c)(a+b+c+d).$

4. $\begin{vmatrix} 1 & 1 & \cdots & 1 \\ a_1 & a_2 & \cdots & a_n \\ a_1^2 & a_2^2 & \cdots & a_n^2 \\ & \cdots & \cdots & \\ a_1^{n-2} & a_2^{n-2} & \cdots & a_n^{n-2} \\ a_1^n & a_2^n & \cdots & a_n^n \end{vmatrix}=\sum_{i=1}^{n} a_i \prod_{1\leqslant i<j\leqslant n}(a_j-a_i).$

5.设 a,b,c 两两不等,证明 $\begin{vmatrix} 1 & 1 & 1 \\ a & b & c \\ a^3 & b^3 & c^3 \end{vmatrix}=0$ 的充要条件是 $a+b+c=0$.

第二章 矩阵和矩阵的初等变换

一、基本要求

(1) 理解矩阵的概念；

(2) 了解各类特殊矩阵以及它们的性质；

(3) 熟练掌握矩阵的线性运算、乘法、转置，以及它们的运算规律；

(4) 理解方阵的幂、方阵乘积的行列式；

(5) 理解逆矩阵的概念，掌握逆矩阵的性质以及矩阵可逆的充分必要条件，理解伴随矩阵的概念，会用伴随矩阵求逆矩阵；

(6) 了解分块矩阵及其运算.掌握特殊分块的相关运算；

(7) 掌握矩阵的初等变换方法，了解初等矩阵的性质和矩阵等价的概念，理解行阶梯形，最简形，标准形以及矩阵的秩的概念，熟练掌握用初等变换求矩阵的秩和逆矩阵的方法.

二、知识框架图

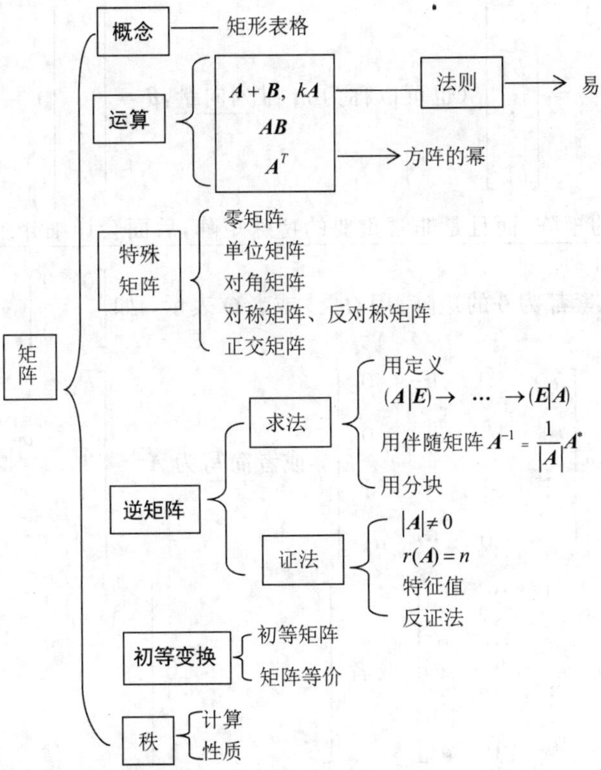

三、知识要点

1.矩阵的概念(数表)

定义:由 $m \times n$ 个数 $a_{ij}(i=1,2,\cdots m;j=1,2,\cdots n)$ 排成的一个 m 行 n 列的数表

$$\begin{bmatrix} a_{11} & a_{12} & \cdots & a_{1n} \\ a_{21} & a_{22} & \cdots & a_{2n} \\ \vdots & \vdots & & \vdots \\ a_{m1} & a_{m2} & \cdots & a_{mn} \end{bmatrix},称为一个 m 行 n 列矩阵.$$

(1)a_{ij} 称为矩阵的第 m 行第 n 列元素;

(2)i:行标;j:列标;

(3) 第 i 行与第 j 列的交叉位置记为(i,j);

(4) 一般用大写字母 $\boldsymbol{A},\boldsymbol{B},\boldsymbol{C}$ 表示矩阵,如 $\boldsymbol{A}=(a_{ij})_{m\times n}$,或$(a_{ij})_{m\times n}$,或 $\boldsymbol{A}_{m\times n}$.

注意:一般情况下 $m\neq n$,若 $m=n$ 则称矩阵为 n 阶方阵.

2.特殊矩阵

(1) 行矩阵:只有一行元素的矩阵

$\boldsymbol{A}=\boldsymbol{A}_{1\times n}=(a_1,a_2,\cdots a_n)$(也可以称为 n 维行向量,$\alpha=(a_1,a_2,\cdots a_n)$)

(2) 列矩阵:只有一列元素的矩阵

$$\boldsymbol{B}=\boldsymbol{B}_{m\times 1}=\begin{bmatrix} b_1 \\ b_2 \\ \vdots \\ b_m \end{bmatrix}(也可以称为 m 维列向量,\boldsymbol{\beta}=\begin{bmatrix} b_1 \\ b_2 \\ \vdots \\ b_m \end{bmatrix})$$

注意:向量是特殊的矩阵,而且是非常重要的特殊矩阵,后面会详细介绍.

(3) 零矩阵:所有元素都为 0 的矩阵,用 $\boldsymbol{O}_{m\times n}$ 或者 $\boldsymbol{O}$ 表示,如 $\begin{bmatrix} 0 & 0 \\ 0 & 0 \end{bmatrix}$, $\begin{bmatrix} 0 & 0 & 0 \\ 0 & 0 & 0 \end{bmatrix}$.

(4)n 阶对角阵:$\boldsymbol{\Lambda}=\begin{bmatrix} a_{11} & 0 & \cdots & 0 \\ 0 & a_{22} & \cdots & 0 \\ \vdots & \vdots & & \vdots \\ 0 & 0 & \cdots & a_{nn} \end{bmatrix}$,或者简写为 $\boldsymbol{\Lambda}=\begin{bmatrix} a_{11} & & & \\ & a_{22} & \cdots & \\ & & \ddots & \\ & & \cdots & a_{nn} \end{bmatrix}$.

(5)n 阶数量阵:$\begin{bmatrix} a & 0 & \cdots & 0 \\ 0 & a & \cdots & 0 \\ \vdots & \vdots & & \vdots \\ 0 & 0 & \cdots & a \end{bmatrix}$ 或者 $\begin{bmatrix} a & & & \\ & a & & \\ & & \ddots & \\ & & & a \end{bmatrix}$.

(6)n 阶单位阵：$E_n = \begin{bmatrix} 1 & 0 & \cdots & 0 \\ 0 & 1 & \cdots & 0 \\ \vdots & \vdots & & \vdots \\ 0 & 0 & \cdots & 1 \end{bmatrix}$，或者 $E_n = \begin{bmatrix} 1 & & & \\ & 1 & & \\ & & \ddots & \\ & & & 1 \end{bmatrix}$.

(7)n 阶对称矩阵(实对称矩阵)：设 $A=(a_{ij})$ 为 n 阶实方阵，若 $A=A^T$，称 A 为对称阵($A=A^T \Leftrightarrow a_{ij}=a_{ji}, i,j=1,2,\cdots n$).

(8)n 阶反对称阵(实反对称矩阵)：设 $A=(a_{ij})$ 为 n 阶实方阵，若 $A=-A^T$，称 A 为反对称阵 ($A=-A^T \Leftrightarrow a_{ij}=-a_{ji}, i,j=1,2,\cdots n$).

注意：若 A 为反对称矩阵，则必有 $a_{ii}=0, i=1,2,\cdots n$(主对角线上的元素都为 0)

(9) 可交换矩阵：满足 $AB=BA$，称 A,B 为可交换矩阵.

(10) 正交矩阵：若 n 阶实方阵 A 满足 $A^TA=AA^T=E_n$，则称 A 为正交矩阵.

3.矩阵的运算

(1) 矩阵的相等：同型矩阵 $A_{m\times n}$ 与 $B_{m\times n}$，若对应元素都相等，即 $a_{ij}=b_{ij}(i=1, 2,\cdots, m, j=1, 2,\cdots,n)$，则称这两个矩阵相等，记作 $A=B$.

(2) 矩阵的加法运算：同型矩阵 $A_{m\times n}$ 与 $B_{m\times n}$，由 A 与 B 的对应元素相加所得到的一个 $m\times n$ 矩阵，称为 A 与 B 的和，记为 $A+B$，即 $A+B=(a_{ij}+b_{ij})_{m\times n}$.

加法具有下述运算法则：

①$A+B=B+A$；

②$(A+B)+C=A+(B+C)$；

③$A+O=O+A=A$；

④$A+C=B+C \Leftrightarrow A=B$；

⑤$A+(-A)=A-A=O$.

其中 $-A$ 称为 A 的负矩阵.

(3) 矩阵的数乘运算：对于任意一个矩阵 $A=(a_{ij})_{m\times n}$ 和任意一个数 k，规定 k 与 A 的乘积为 $kA=(ka_{ij})_{m\times n}$(每个元素 a_{ij} 都与 k 相乘).

数乘运算法则：

① 结合律：$(kl)A=k(lA)=klA$，k,l 为任意实数；

② 分配律：$k(A+B)=kA+kB$，$(k+l)A=kA+lA$，k,l 为任意实数.

(4) 矩阵的乘法运算($A_{m\times S_1}$，$B_{S_2\times n}$)

① 可行性判断：要求前面矩阵 A 的列数＝后面矩阵 B 的行数(即 $S_1=S_2$)；

② 如可行，确定新矩阵的行和列：记 $A\times B=C$，则 $C=C_{m\times n}=(c_{ij})_{m\times n}$(先宏观)$C$ 的行

数等于矩阵 $\boldsymbol{A}$ 的行数,$\boldsymbol{C}$ 的列数等于矩阵 $\boldsymbol{B}$ 的列数;

③ 计算新矩阵中的每一个元素 c_{ij}:其中 $\boldsymbol{C}_{ij}=\sum_{k=1}^{s}a_{ik}b_{kj}=a_{i1}b_{1j}+a_{i2}b_{2j}+\cdots a_{is}b_{sj}$(后微观).(前面矩阵 $\boldsymbol{A}$ 取行元素,后面矩阵 $\boldsymbol{B}$ 取列元素,对应相乘再相加)

乘法运算的法则:

① 一般不满足交换律,即 $\boldsymbol{AB}\neq\boldsymbol{BA}$.定义:若 $\boldsymbol{AB}=\boldsymbol{BA}$,则称 $\boldsymbol{A},\boldsymbol{B}$ 为可交换矩阵;

②$(\boldsymbol{AB})\boldsymbol{C}=\boldsymbol{A}(\boldsymbol{BC})$;

③$(\boldsymbol{A}+\boldsymbol{B})\boldsymbol{C}=\boldsymbol{AC}+\boldsymbol{BC}$,$\boldsymbol{A}(\boldsymbol{B}+\boldsymbol{C})=\boldsymbol{AB}+\boldsymbol{AC}$(两种情况,左分配与右分配);

④$k(\boldsymbol{AB})=(k\boldsymbol{A})\boldsymbol{B}=\boldsymbol{A}(k\boldsymbol{B})$,$k$ 为任意实数;

⑤$\boldsymbol{EA}=\boldsymbol{A}$,$\boldsymbol{AE}=\boldsymbol{A}$.

方阵的方幂

①$\boldsymbol{A}^0=\boldsymbol{E}$,$\boldsymbol{A}^2=\boldsymbol{AA}$,$\cdots$,$\boldsymbol{A}^m=\underbrace{\boldsymbol{AA}\cdots\boldsymbol{A}}_{m个}$;

②$\boldsymbol{A}^k\boldsymbol{A}^l=\boldsymbol{A}^{k+l}$,$(\boldsymbol{A}^k)^l=\boldsymbol{A}^{kl}$,$k$,$l$ 为任意正整数.

注意:方阵的幂与实数域中的运算法则相同

(5) 矩阵的转置:设矩阵 $\boldsymbol{A}=\begin{bmatrix}a_{11}&a_{12}&\cdots&a_{1n}\\a_{21}&a_{22}&\cdots&a_{2n}\\\vdots&\vdots&&\vdots\\a_{m1}&a_{m2}&\cdots&a_{mn}\end{bmatrix}$,把矩阵的行与列互换得到的 $n\times m$ 矩阵,称为矩阵 $\boldsymbol{A}$ 的转置矩阵,记作 $\boldsymbol{A}^T$ 或 $\boldsymbol{A}'$,即 $\boldsymbol{A}^T=\begin{bmatrix}a_{11}&a_{21}&\cdots&a_{m1}\\a_{12}&a_{22}&\cdots&a_{m2}\\\vdots&\vdots&&\vdots\\a_{1n}&a_{2n}&\cdots&a_{mn}\end{bmatrix}$.

转置矩阵运算法则:

① $(\boldsymbol{A}^T)^T=\boldsymbol{A}$;

② $(\boldsymbol{A}+\boldsymbol{B})^T=\boldsymbol{A}^T+\boldsymbol{B}^T$;

③ $(k\boldsymbol{A})^T=k\boldsymbol{A}^T$,$k$ 为实数;

④ $(\boldsymbol{AB})^T=\boldsymbol{B}^T\boldsymbol{A}^T$(交换位置)(对比:$(\boldsymbol{AB})^{-1}=\boldsymbol{B}^{-1}\boldsymbol{A}^{-1}$).

(6) 方阵的行列式:由 n 阶方阵 $\boldsymbol{A}$ 的元素按原来的顺序构成的行列式称为方阵 $\boldsymbol{A}$ 的行列式,记作 $|\boldsymbol{A}|$ 或 $\det(\boldsymbol{A})$,即,如果 $\boldsymbol{A}=\begin{bmatrix}a_{11}&a_{12}&\cdots&a_{1n}\\a_{21}&a_{22}&\cdots&a_{2n}\\\vdots&\vdots&&\vdots\\a_{n1}&a_{m2}&\cdots&a_{nn}\end{bmatrix}$,则 $|\boldsymbol{A}|=$

$$\begin{vmatrix} a_{11} & a_{12} & \cdots & a_{1n} \\ a_{21} & a_{22} & \cdots & a_{2n} \\ \vdots & \vdots & & \vdots \\ a_{n1} & a_{n2} & \cdots & a_{nn} \end{vmatrix}.$$

方阵行列式的运算法则：

(1) $|k\boldsymbol{A}|=k^n|\boldsymbol{A}|$；(2) $|\boldsymbol{A}^T|=|\boldsymbol{A}|$；(3) $|\boldsymbol{A}^k|=|\boldsymbol{A}|^k$；

(4) $|\boldsymbol{A}^*|=|\boldsymbol{A}|^{n-1}$；(5) $|\boldsymbol{A}^{-1}|=\dfrac{1}{|\boldsymbol{A}|}$；(6) $|\boldsymbol{AB}|=|\boldsymbol{A}||\boldsymbol{B}|$；

(7) $|\boldsymbol{A}+\boldsymbol{B}|\neq|\boldsymbol{A}|+|\boldsymbol{B}|$.

(7) 方阵多项式：任意给定一个多项式 $f(x)=a_mx^m+a_{m-1}x^{m-1}+a_1x+a_0$ 和任意给定一个 n 阶方阵 $\boldsymbol{A}$，都可以定义一个 n 阶方阵 $f(\boldsymbol{A})=a_m\boldsymbol{A}^m+a_{m-1}\boldsymbol{A}^{m-1}+a_1\boldsymbol{A}+a_0\boldsymbol{E}_n$，称 $f(\boldsymbol{A})$ 为 $\boldsymbol{A}$ 的方阵多项式(本质是个方阵)(末项是数量矩阵 $a_0\boldsymbol{E}_n$ 而不是常数 a_0，方阵多项式是以多项式表示的方阵).

4.逆矩阵

设 $\boldsymbol{A}$ 是一个 n 阶方阵，若存在一个 n 阶方阵 $\boldsymbol{B}$，使得 $\boldsymbol{AB}=\boldsymbol{BA}=\boldsymbol{E}_n$ 成立，则称 $\boldsymbol{A}$ 是可逆矩阵(或非奇异矩阵)，并称方阵 $\boldsymbol{B}$ 为 $\boldsymbol{A}$ 的逆矩阵，记为 $\boldsymbol{B}=\boldsymbol{A}^{-1}$；若这样的方阵 $\boldsymbol{B}$ 不存在，则称 $\boldsymbol{A}$ 为不可逆矩阵(或奇异矩阵).

逆矩阵的性质运算法则：

① $(\boldsymbol{A}^{-1})^{-1}=\boldsymbol{A}$；

② $(\boldsymbol{AB})^{-1}=\boldsymbol{B}^{-1}\boldsymbol{A}^{-1}$(交换位置)(对比：$(\boldsymbol{AB})^T=\boldsymbol{B}^T\boldsymbol{A}^T$).推广：设 $\boldsymbol{A}_1,\boldsymbol{A}_2,\cdots\boldsymbol{A}_m$ 是 m 个同阶的可逆矩阵，则 $\boldsymbol{A}_1\boldsymbol{A}_2\cdots\boldsymbol{A}_m$ 也可逆，且 $(\boldsymbol{A}_1\boldsymbol{A}_2\cdots\boldsymbol{A}_m)^{-1}=\boldsymbol{A}_m{}^{-1}\boldsymbol{A}_{m-1}{}^{-1}\cdots\boldsymbol{A}_2{}^{-1}\boldsymbol{A}_1{}^{-1}$；

③ $(\lambda\boldsymbol{A})^{-1}=\dfrac{1}{\lambda}\boldsymbol{A}^{-1}$；

④ $(\boldsymbol{A}^T)^{-1}=(\boldsymbol{A}^{-1})^T$，(逆运算与转置运算可以互换顺序)；

⑤ $(\boldsymbol{A}+\boldsymbol{B})^{-1}\neq\boldsymbol{A}^{-1}+\boldsymbol{B}^{-1}$；

⑥ 可逆矩阵可以从矩阵等式的同侧消去，即当 P 为可逆矩阵时，有

$$P\boldsymbol{A}=P\boldsymbol{B}\Leftrightarrow\boldsymbol{A}=\boldsymbol{B};\boldsymbol{A}P=\boldsymbol{B}P\Leftrightarrow\boldsymbol{A}=\boldsymbol{B}$$

⑦ 设 $\boldsymbol{A}$ 是一个 n 阶可逆方阵，我们记 $\boldsymbol{A}^0=\boldsymbol{E}_n$，并定义 $\boldsymbol{A}^{-k}=(\boldsymbol{A}^{-1})^k$，其中 k 是

任意正整数，则有 $\boldsymbol{A}^k\boldsymbol{A}^l=\boldsymbol{A}^{k+l}$，$(\boldsymbol{A}^k)^l=\boldsymbol{A}^{kl}$.这里，$k$ 和 l 为任意整数(包括负整数，零和正整数).

5.伴随矩阵

设 $\boldsymbol{A}=(a_{ij})_{n\times n}$，$\boldsymbol{A}_{ij}$ 为 $\boldsymbol{A}$ 的元素 a_{ij} 的代数余子式($i,j=1,2,\cdots n$)，则定义矩阵

$\begin{bmatrix} A_{11} & A_{21} & \cdots & A_{n1} \\ A_{12} & A_{22} & \cdots & A_{n2} \\ \vdots & \vdots & & \vdots \\ A_{1n} & A_{2n} & \cdots & A_{nn} \end{bmatrix}$为 $\boldsymbol{A}$ 的伴随矩阵,记为 $\boldsymbol{A}^*$,即 $\boldsymbol{A}^* = \begin{bmatrix} A_{11} & A_{21} & \cdots & A_{n1} \\ A_{12} & A_{22} & \cdots & A_{n2} \\ \vdots & \vdots & & \vdots \\ A_{1n} & A_{2n} & \cdots & A_{nn} \end{bmatrix}$.

用伴随矩阵求逆矩阵公式:$\boldsymbol{A}^{-1} = \dfrac{1}{|\boldsymbol{A}|}\boldsymbol{A}^*$.

伴随矩阵性质:

①$\boldsymbol{A}\boldsymbol{A}^* = \boldsymbol{A}^*\boldsymbol{A} = |\boldsymbol{A}|\boldsymbol{E}$;② $|\boldsymbol{A}^*| = |\boldsymbol{A}|^{n-1}$;③ $(\boldsymbol{A}^*)^* = |\boldsymbol{A}|^{n-2}\boldsymbol{A}$;

④ 若 $\boldsymbol{A}$ 可逆,则 $\boldsymbol{A}^*$ 也可逆,且$(\boldsymbol{A}^*)^{-1} = (\boldsymbol{A}^{-1})^* = \dfrac{1}{|\boldsymbol{A}|}\boldsymbol{A}$.

6.求逆矩阵的两种方法

方法一:$\boldsymbol{A}^{-1} = \dfrac{\boldsymbol{A}^*}{|\boldsymbol{A}|}$,其中 $\boldsymbol{A}^*$ 为矩阵 $\boldsymbol{A}$ 的伴随矩阵,$|\boldsymbol{A}|$ 为矩阵 $\boldsymbol{A}$ 的行列式.

(缺点:矩阵阶数为 4 阶以上时,计算量太大,使用不方便)

方法二:利用初等行变换法将原来矩阵化为单位矩阵即可,$(\boldsymbol{A} \mid \boldsymbol{E}) \to (\boldsymbol{E} \mid \boldsymbol{A}^{-1})$

具体步骤:主要是对竖线左边的矩阵 $\boldsymbol{A}$ 施行初等变换.

第一步:从上到下,从左到右,化为 0 元素,同时实现 $a_{ii} = 1$,变为上三角矩阵;

第二步:从下到上,从右到左,化为 0 元素,在每一步中,及时实现主对角线上的元素 $a_{ii} = 1(i = 1,2,\cdots n-1)$;此时竖线右边的矩阵 就是我们要求的 $\boldsymbol{A}^{-1}$.

7.分块矩阵

矩阵$\boldsymbol{A} = (a_{ij})_{m\times n}$ 的分块矩阵的一般形式为$\boldsymbol{A} = \begin{bmatrix} A_{11} & A_{12} & \cdots & A_{1s} \\ A_{21} & A_{22} & \cdots & A_{2s} \\ \vdots & \vdots & & \vdots \\ A_{r1} & A_{r2} & \cdots & A_{rs} \end{bmatrix} = (\boldsymbol{A}_{ij})_{r\times s}$,对于同一个矩阵可以有不同的分块法,采用不同的分块方法得到的是不同的分块矩阵.对于任意一个 $m \times n$ 矩阵$\boldsymbol{A} = (a_{ij})_{m\times n}$,常采用以下两种特殊的分块方法

(1)($\boldsymbol{A}$ 按行分块)行向量表示法$\boldsymbol{A} = \begin{bmatrix} \alpha_1 \\ \alpha_2 \\ \vdots \\ \alpha_m \end{bmatrix}$,其中$\alpha_i = (a_{i1}, a_{i2}, \cdots a_{in})$,$i = 1,2,\cdots,m$;

(2)($\boldsymbol{A}$ 按列分块)列向量表示法 $\boldsymbol{A}=[\boldsymbol{\beta}_1,\boldsymbol{\beta}_2,\cdots,\boldsymbol{\beta}_n]$,其中 $\boldsymbol{\beta}_j=\begin{bmatrix}a_{1j}\\a_{2j}\\\vdots\\a_{mj}\end{bmatrix}$,$j=1,2,\cdots,n$.

几种最常用的分块矩阵的运算

(1) 分块矩阵的加法

把 $m\times n$ 矩阵 $\boldsymbol{A}$ 和 $\boldsymbol{B}$ 作同样的分块:$\boldsymbol{A}=\begin{bmatrix}A_{11}&A_{12}&\cdots&A_{1s}\\A_{21}&A_{22}&\cdots&A_{2s}\\\vdots&\vdots&&\vdots\\A_{r1}&A_{r2}&\cdots&A_{rs}\end{bmatrix}$,$\boldsymbol{B}=\begin{bmatrix}B_{11}&B_{12}&\cdots&B_{1s}\\B_{21}&B_{22}&\cdots&B_{2s}\\\vdots&\vdots&&\vdots\\B_{r1}&B_{r2}&\cdots&B_{rs}\end{bmatrix}$,其中 $\boldsymbol{A}_{ij}$ 的行数$=\boldsymbol{B}_{ij}$ 的行数;$\boldsymbol{A}_{ij}$ 的列数$=\boldsymbol{B}_{ij}$ 的列数,$1\leqslant i\leqslant r$,$1\leqslant j\leqslant s$,则 $\boldsymbol{A}+\boldsymbol{B}=\begin{bmatrix}A_{11}+B_{11}&A_{12}+B_{12}&\cdots&A_{1s}+B_{1s}\\A_{21}+B_{21}&A_{22}+B_{22}&\cdots&A_{2s}+B_{2s}\\\vdots&\vdots&&\vdots\\A_{r1}+B_{r1}&A_{r2}+B_{r2}&\cdots&A_{rs}+B_{rs}\end{bmatrix}$.

(2) 数乘分块矩阵

数 k 与分块矩阵 $\boldsymbol{A}=(a_{ij})_{r\times s}$ 的乘积为 $k\boldsymbol{A}=\begin{bmatrix}kA_{11}&kA_{12}&\cdots&kA_{1s}\\kA_{21}&kA_{22}&\cdots&kA_{2s}\\\vdots&\vdots&&\vdots\\kA_{r1}&kA_{r2}&\cdots&kA_{rs}\end{bmatrix}$(矩阵 $\boldsymbol{A}=(a_{ij})_{r\times s}$ 中所有元素都与 k 相乘).

(3) 分块矩阵的乘法和分块方阵求逆

方阵地特殊分块矩阵主要有以下三类:(凡空白处都是零块)

① 形如 $\begin{bmatrix}A_1&&&\\&A_2&\cdots&\\\vdots&\vdots&&\vdots\\&&\cdots&A_r\end{bmatrix}$ 的分块矩阵称为分块对角矩阵或准对角矩阵,其中 $\boldsymbol{A}_1$,

$\boldsymbol{A}_2,\cdots\boldsymbol{A}_r$ 均为方阵；若 $\boldsymbol{A}_1,\boldsymbol{A}_2,\cdots\boldsymbol{A}_r$ 都是可逆矩阵，则分块对角矩阵

$$\begin{bmatrix} A_1 & & & \\ & A_2 & \cdots & \\ \vdots & \vdots & & \vdots \\ & & \cdots & A_r \end{bmatrix} \text{可逆,且} \begin{bmatrix} A_1 & & & \\ & A_2 & \cdots & \\ \vdots & \vdots & & \vdots \\ & & \cdots & A_r \end{bmatrix}^{-1} = \begin{bmatrix} A_1{}^{-1} & & & \\ & A_2{}^{-1} & \cdots & \\ \vdots & \vdots & & \vdots \\ & & \cdots & A_r{}^{-1} \end{bmatrix}.$$

② 两个准对角矩阵的乘积,设 $\boldsymbol{A}_i$ 与 $\boldsymbol{B}_i(1\leqslant i\leqslant r)$ 是同阶方阵,则

$$\begin{bmatrix} A_1 & & & \\ & A_2 & \cdots & \\ \vdots & \vdots & & \vdots \\ & & \cdots & A_r \end{bmatrix} \begin{bmatrix} B_1 & & & \\ & B_2 & \cdots & \\ \vdots & \vdots & & \vdots \\ & & \cdots & B_r \end{bmatrix} = \begin{bmatrix} A_1B_1 & & & \\ & A_2B_2 & \cdots & \\ \vdots & \vdots & & \vdots \\ & & \cdots & A_rB_r \end{bmatrix},$$

若对某个 $1\leqslant i\leqslant r$,$\boldsymbol{A}_i$ 与 $\boldsymbol{B}_i$ 不是同阶方阵,则上面的两个分块对角矩阵不能相乘

8.矩阵的初等变换

对一个矩阵 $\boldsymbol{A}=(a_{ij})_{m\times n}$ 施行以下三种类型的变换,称为矩阵的初等行(列)变换,统称为矩阵的初等变换(用"→"联结变换前后的矩阵).

(1) 交换 $\boldsymbol{A}$ 的某两行(列)

(2) 用一个非零的数 k 乘 $\boldsymbol{A}$ 的某一行(列)

(3) 把 $\boldsymbol{A}$ 中某一行(列) 的 k 倍加到另一行(列) 上

9.矩阵的等价

若矩阵 $\boldsymbol{A}$ 经过若干次初等变换变为 $\boldsymbol{B}$,则称 $\boldsymbol{A}$ 与 $\boldsymbol{B}$ 等价,记为 $\boldsymbol{A}\cong\boldsymbol{B}$.

矩阵之间的等价关系有以下三条性质

(1) 反身性:$\boldsymbol{A}\cong\boldsymbol{A}$

(2) 对称性:若 $\boldsymbol{A}\cong\boldsymbol{B}$,则 $\boldsymbol{B}\cong\boldsymbol{A}$

(3) 传递性:若 $\boldsymbol{A}\cong\boldsymbol{B},\boldsymbol{B}\cong\boldsymbol{C}$,则 $\boldsymbol{A}\cong\boldsymbol{C}$

定理:若 $\boldsymbol{A}$ 与 $\boldsymbol{B}$ 等价 $\Leftrightarrow(1)r(\boldsymbol{A})=r(\boldsymbol{B})$;

$\Leftrightarrow(2)$ 存在可逆矩阵 $\boldsymbol{P},\boldsymbol{Q}$,使得 $\boldsymbol{PAQ}=\boldsymbol{B}$.

10.初等矩阵

由单位矩阵 $\boldsymbol{E}$ 经过一次初等变换得到的矩阵称为初等矩阵.

(1) 交换任意两行(列);

(2) 用一个非零的数 k 乘 $\boldsymbol{A}$ 的某一行(列);

(3) 把 $\boldsymbol{A}$ 中某一行(列) 的 k 倍加到另一行(列) 上.

11.矩阵的等价标准形

任意一个 $m\times n$ 矩阵 $\boldsymbol{A}$，一定可以经过有限次初等行变换和初等列变换化成如下形式的 $m\times n$ 矩阵：$\begin{bmatrix} E_r & 0 \\ 0 & 0 \end{bmatrix}$（这是一个分块矩阵），其中 $\boldsymbol{E}_r$ 为 r 阶单位矩阵，而其余子块都是零块矩阵.称 $\begin{bmatrix} E_r & 0 \\ 0 & 0 \end{bmatrix}$ 为 $\boldsymbol{A}$ 的等价标准形.

定理：对于任意一个 $m\times n$ 矩阵 $\boldsymbol{A}$，一定存在 m 阶可逆矩阵 $\boldsymbol{P}$ 和 n 阶可逆矩阵 $\boldsymbol{Q}$，使得 $\boldsymbol{PAQ}=\begin{bmatrix} \boldsymbol{E}_r & 0 \\ 0 & 0 \end{bmatrix}$.

12.阶梯形矩阵

满足下列两个条件的矩阵称为阶梯形矩阵.

(1) 如果存在全零行（元素全为零的行），则全零行都位于矩阵中非零行（元素不全为零的行）的下方；

(2) 各非零行中从左边数起的第一个非零元素（称为主元）的列指标 j 随着行指标的递增而严格增大.

（注意：最直观的判断，从上到下从左到右，在非零元素的下方画横线，所有的线连接起来后看是否像个阶梯 ）.

13.行最简形矩阵

将阶梯形矩阵进一步进行初等变换，将主元全化为 1，且这些主元所在列的其他元素全化为零，得到的阶梯形矩阵称为 $\boldsymbol{A}$ 的行最简形矩阵.

（比喻：每一行非 0 的排头兵都是 1，1 是老大，其所在列的其他元素都只能是 0）.

14.子式与非零子式

(1) 子式：在 $m\times n$ 矩阵 $\boldsymbol{A}$ 中，任意取定 k 行和 k 列，$k\leqslant\min\{m,n\}$.位于这些行与列交叉处的 k^2 个元素按原来的相对顺序排成的 k 阶行列式称为 $\boldsymbol{A}$ 的一个 k 阶子式.

(2) 非零子式：对于确定的 k 来说，在 $m\times n$ 矩阵 $\boldsymbol{A}$ 中，k 阶子式的总个数为 $C_m^k\times C_n^k$.

把 $\boldsymbol{A}$ 中对应不同的 k 的所有 k 阶子式放在一起，可以分成两大类：值为零的与值不为零的.值不为零的子式称为非零子式.

15.矩阵的秩

在 $m\times n$ 矩阵 $\boldsymbol{A}$ 中，非零子式的最高阶数称为 $\boldsymbol{A}$ 的秩，记为 $R(\boldsymbol{A})$.

（注意：实际在求 $\boldsymbol{A}$ 的秩时，只需要求出 $\boldsymbol{A}$ 的行阶梯形矩阵的非零行的行数就行了，简单易行. $R(\boldsymbol{A})=$阶梯形矩阵中非零行的行数,在方程中反映了有效方程的个数).

定理:对矩阵施行初等变换,不改变矩阵的秩.

矩阵秩的性质

下面是矩阵秩的一些常用性质:

性质1 $0\leqslant \boldsymbol{R}(\boldsymbol{A}_{m\times n})\leqslant \min\{m,n\}$.

性质2 $\boldsymbol{R}(\boldsymbol{A}^T)=\boldsymbol{R}(\boldsymbol{A})$.

性质3 设 k 为常数,则 $\boldsymbol{R}(k\boldsymbol{A})=\begin{cases}0, k=0\\ \boldsymbol{R}(\boldsymbol{A}), k\neq 0\end{cases}$.

性质4 若 $\boldsymbol{A}\xrightarrow{\text{初等变换}}\boldsymbol{B}$,则 $\boldsymbol{R}(\boldsymbol{A})=R(\boldsymbol{B})$.

性质5 设 $\boldsymbol{A}$ 为 $m\times n$ 矩阵,$\boldsymbol{P}$ 为 m 阶可逆矩阵,$\boldsymbol{Q}$ 为 n 阶可逆矩阵,则

$$\boldsymbol{R}(\boldsymbol{A})=\boldsymbol{R}(\boldsymbol{PA})=\boldsymbol{R}(\boldsymbol{AQ})=\boldsymbol{R}(\boldsymbol{PAQ}).$$

性质6 $\max\{\boldsymbol{R}(\boldsymbol{A}),\boldsymbol{R}(\boldsymbol{B})\}\leqslant \boldsymbol{R}(\boldsymbol{A}\mid\boldsymbol{B})\leqslant \boldsymbol{R}(\boldsymbol{A})+\boldsymbol{R}(\boldsymbol{B})$;特别地,若 b 为列矩阵,则

$$\boldsymbol{R}(\boldsymbol{A})\leqslant \boldsymbol{R}(\boldsymbol{A}\mid b)\leqslant \boldsymbol{R}(\boldsymbol{A})+1.$$

性质7 $\boldsymbol{R}(\boldsymbol{A}\pm\boldsymbol{B})\leqslant \boldsymbol{R}(\boldsymbol{A})+\boldsymbol{R}(\boldsymbol{B})$.

性质8 $\boldsymbol{R}(\boldsymbol{AB})\leqslant \min\{\boldsymbol{R}(\boldsymbol{A}),\boldsymbol{R}(\boldsymbol{B})\}$.

性质9 如果 $\boldsymbol{A}_{m\times s}\boldsymbol{B}_{s\times n}=0$,则 $\boldsymbol{R}(\boldsymbol{A})+\boldsymbol{R}(\boldsymbol{B})\leqslant s$.

性质10 设 $\boldsymbol{A}$ 为 n 阶矩阵,则 $\boldsymbol{R}(\boldsymbol{A}^*)=\begin{cases}n,\text{若 }\boldsymbol{R}(\boldsymbol{A})=n\\ 1,\text{若 }\boldsymbol{R}(\boldsymbol{A})=n-1\\ 0,\text{若 }\boldsymbol{R}(\boldsymbol{A})<n-1\end{cases}$.

16.矩阵方程的标准形及解的公式

$\boldsymbol{AX}=\boldsymbol{B}\Rightarrow\boldsymbol{X}=\boldsymbol{A}^{-1}\boldsymbol{B}$;

$\boldsymbol{XA}=\boldsymbol{B}\Rightarrow\boldsymbol{X}=\boldsymbol{BA}^{-1}$;

$\boldsymbol{A}_1\boldsymbol{XA}_2=\boldsymbol{B}\Rightarrow\boldsymbol{X}=\boldsymbol{A}_1^{-1}\boldsymbol{BA}_2^{-1}$.

四、典型例题及其解法

例1 设矩阵 $\boldsymbol{A}=(1,2)$,$\boldsymbol{B}=\begin{pmatrix}1&2\\3&4\end{pmatrix}$,$\boldsymbol{C}=\begin{pmatrix}1&2&3\\4&5&6\end{pmatrix}$,则下列矩阵运算中有意义的是(　　)

A. $\boldsymbol{ACB}$　　　　B. $\boldsymbol{ABC}$

C. $\boldsymbol{BAC}$　　　　D. $\boldsymbol{CAB}$

测试点:矩阵相乘有意义的充分必要条件

答案:B

例 2　设矩阵 $\boldsymbol{A}=\begin{pmatrix}1&2&0\\2&1&0\\0&0&1\end{pmatrix}$，$\boldsymbol{B}=\begin{pmatrix}1&0&0\\0&2&1\\0&1&3\end{pmatrix}$，则 $\boldsymbol{A}+2\boldsymbol{B}=$________.

测试点:矩阵运算的定义

解:$\boldsymbol{A}+2\boldsymbol{B}=\begin{pmatrix}1&2&0\\2&1&0\\0&0&1\end{pmatrix}+\begin{pmatrix}2&0&0\\0&4&2\\0&2&6\end{pmatrix}=\begin{pmatrix}3&2&0\\2&5&2\\0&2&7\end{pmatrix}$.

例 3　设矩阵 $\boldsymbol{A}=\begin{pmatrix}1\\2\end{pmatrix}$，$\boldsymbol{B}=\begin{pmatrix}2\\3\end{pmatrix}$，则 $\boldsymbol{A}^TB=$________.

测试点:矩阵运算的定义

解:$\boldsymbol{A}^T\boldsymbol{B}=(1,2)\begin{pmatrix}2\\3\end{pmatrix}=8$.

例 4　矩阵 $\boldsymbol{A},\boldsymbol{B},\boldsymbol{C}$ 为同阶方阵，则 $(\boldsymbol{ABC})^T=$(　　)

A.$\boldsymbol{A}^T\boldsymbol{B}^T\boldsymbol{C}^T$　　　　B.$\boldsymbol{C}^T\boldsymbol{B}^T\boldsymbol{A}^T$

C.$\boldsymbol{C}^T\boldsymbol{A}^T\boldsymbol{B}^T$　　　　D.$\boldsymbol{A}^T\boldsymbol{C}^T\boldsymbol{B}^T$

答案:B

例 5　设 $\boldsymbol{\alpha}=(1,2,3)$，$\boldsymbol{\beta}=(1,-1,1)$，令 $\boldsymbol{A}=\boldsymbol{\alpha}^T\boldsymbol{\beta}$，试求 $\boldsymbol{A}^5$.

测试点:矩阵乘法的一个常用技巧

解:$\boldsymbol{A}=\boldsymbol{\alpha}^T\boldsymbol{\beta}=\begin{pmatrix}1&-1&1\\2&-2&2\\3&-3&3\end{pmatrix}$，$\boldsymbol{\beta\alpha}^T=2$

$$\boldsymbol{A}^5=\boldsymbol{\alpha}^T\boldsymbol{\beta\alpha}^T\boldsymbol{\beta\alpha}^T\boldsymbol{\beta\alpha}^T\boldsymbol{\beta\alpha}^T\boldsymbol{\beta}=\boldsymbol{\alpha}^T(\boldsymbol{\beta\alpha}^T)(\boldsymbol{\beta\alpha}^T)(\boldsymbol{\beta\alpha}^T)(\boldsymbol{\beta\alpha}^T)\boldsymbol{\beta}$$

$$=(\boldsymbol{\beta\alpha}^T)^5\boldsymbol{\alpha}^T\boldsymbol{\beta}=2^5\begin{bmatrix}1&-1&1\\2&-2&2\\3&-3&3\end{bmatrix}=32\begin{bmatrix}1&-1&1\\2&-2&2\\3&-3&3\end{bmatrix}.$$

答案:$32\begin{bmatrix}1&-1&1\\2&-2&2\\3&-3&3\end{bmatrix}$.

例6 $\boldsymbol{A}$ 为任意 n 阶矩阵,下列矩阵中为反对称矩阵的是(　　)

A.$\boldsymbol{A}+\boldsymbol{A}^T$　　　　B.$\boldsymbol{A}-\boldsymbol{A}^T$

C.$\boldsymbol{A}\boldsymbol{A}^T$　　　　D.$\boldsymbol{A}^T\boldsymbol{A}$

解析:$(\boldsymbol{A}+\boldsymbol{A}^T)^T=\boldsymbol{A}^T+(\boldsymbol{A}^T)^T=\boldsymbol{A}^T+\boldsymbol{A}=\boldsymbol{A}+\boldsymbol{A}^T$.故 $\boldsymbol{A}+\boldsymbol{A}^T$ 为对称阵.

$(\boldsymbol{A}-\boldsymbol{A}^T)^T=\boldsymbol{A}^T-\boldsymbol{A}=-(\boldsymbol{A}-\boldsymbol{A}^T)$.故 $\boldsymbol{A}-\boldsymbol{A}^T$ 为反对称阵.

$(\boldsymbol{A}\boldsymbol{A}^T)^T=\boldsymbol{A}\boldsymbol{A}^T$.故 $\boldsymbol{A}\boldsymbol{A}^T$ 为对称阵.同理 $\boldsymbol{A}^T\boldsymbol{A}$ 也为对称阵.

答案:B

例7 已知矩阵 $\boldsymbol{A}=\begin{bmatrix}1 & -1\\2 & 3\end{bmatrix}$,$\boldsymbol{E}$ 为2阶单位矩阵,令 $\boldsymbol{B}=\boldsymbol{A}^2-3\boldsymbol{A}+2\boldsymbol{E}$,求 $\boldsymbol{B}$.

测试点:方阵多项式的概念

$$\boldsymbol{B}=\boldsymbol{A}^2-3\boldsymbol{A}+2\boldsymbol{E}=\begin{bmatrix}1 & -1\\2 & 3\end{bmatrix}\begin{bmatrix}1 & -1\\2 & 3\end{bmatrix}-3\begin{bmatrix}1 & -1\\2 & 3\end{bmatrix}+2\begin{bmatrix}1 & 0\\0 & 1\end{bmatrix}$$

$$=\begin{bmatrix}-1 & -4\\8 & 7\end{bmatrix}-\begin{bmatrix}3 & -3\\6 & 9\end{bmatrix}+\begin{bmatrix}2 & 0\\0 & 2\end{bmatrix}=\begin{bmatrix}-2 & -1\\2 & 0\end{bmatrix}.$$

例8 设 $\boldsymbol{A}$ 为 n 阶方阵,λ 为实数,则 $|\lambda\boldsymbol{A}|=$(　　)

A.$\lambda|\boldsymbol{A}|$　　　　B.$|\lambda||\boldsymbol{A}|$

C.$\lambda^n|\boldsymbol{A}|$　　　　D.$|\lambda|^n|\boldsymbol{A}|$

答案:C

例9 矩阵 $\boldsymbol{A}=\begin{pmatrix}1 & 2\\3 & 4\end{pmatrix}$,$\boldsymbol{B}=\begin{pmatrix}1 & 2\\4 & 5\end{pmatrix}$,则行列式 $|\boldsymbol{A}^TB^{-1}|=$________.

解析:$|\boldsymbol{A}^TB^{-1}|=|\boldsymbol{A}^T||\boldsymbol{B}^{-1}|=|\boldsymbol{A}|\dfrac{1}{|\boldsymbol{B}|}=(-2)\cdot\dfrac{1}{(-3)}=\dfrac{2}{3}$.

答案:$\dfrac{2}{3}$.

例10 二阶矩阵 $\boldsymbol{A}=\begin{pmatrix}a & b\\c & d\end{pmatrix}$,则 $\boldsymbol{A}^*=$(　　)

A.$\begin{pmatrix}d & -b\\-c & a\end{pmatrix}$　　　　B.$\begin{pmatrix}-d & c\\b & -a\end{pmatrix}$

C.$\begin{pmatrix}-d & b\\c & -a\end{pmatrix}$　　　　D.$\begin{pmatrix}d & -c\\-b & a\end{pmatrix}$

测试点:伴随矩阵的定义,二阶方阵的伴随阵

答案:A

例 11　三阶阵 $\boldsymbol{A}=\begin{pmatrix}1&0&0\\2&2&0\\3&3&3\end{pmatrix}$,则 $\boldsymbol{A}^*\boldsymbol{A}=$________.

测试点:重要公式　$\boldsymbol{A}\boldsymbol{A}^*=\boldsymbol{A}^*\boldsymbol{A}=|\boldsymbol{A}|\boldsymbol{E}$.

答案:$6\boldsymbol{E}=\begin{bmatrix}6&0&0\\0&6&0\\0&0&6\end{bmatrix}$

例 12　$\boldsymbol{A}=\begin{pmatrix}2&0&0\\3&6&3\\5&3&2\end{pmatrix}$,则 $|\boldsymbol{A}^*|=$________.

解:$|\boldsymbol{A}^*|=|\boldsymbol{A}|^{3-1}=6^2=36$

例 13　设 $\boldsymbol{A}$ 为 2 阶可逆矩阵,且已知 $(2\boldsymbol{A})^{-1}=\begin{bmatrix}1&2\\3&4\end{bmatrix}$,则 $\boldsymbol{A}=$(　　)

A.$2\begin{bmatrix}1&2\\3&4\end{bmatrix}$　　B.$\frac{1}{2}\begin{bmatrix}1&2\\3&4\end{bmatrix}$

C.$2\begin{bmatrix}1&2\\3&4\end{bmatrix}^{-1}$　　D.$\frac{1}{2}\begin{bmatrix}1&2\\3&4\end{bmatrix}^{-1}$

测试点:逆矩阵的性质

解:由 $(2\boldsymbol{A})^{-1}=\begin{bmatrix}1&2\\3&4\end{bmatrix}$,所以 $2\boldsymbol{A}=\begin{bmatrix}1&2\\3&4\end{bmatrix}^{-1}$,故 $\boldsymbol{A}=\frac{1}{2}\begin{bmatrix}1&2\\3&4\end{bmatrix}^{-1}$

答案:D

例 14　设 $\boldsymbol{A}=\begin{pmatrix}1&0&1\\2&1&0\\-3&2&-5\end{pmatrix}$,求 $\boldsymbol{A}^{-1}$.

测试点:求逆矩阵的方法

解:$[\boldsymbol{A}\mid\boldsymbol{E}]=\begin{pmatrix}1&0&1&1&0&0\\2&1&0&0&1&0\\-3&2&-5&0&0&1\end{pmatrix}\xrightarrow[r_3+3r_1]{r_2+(-2)r_1}\begin{pmatrix}1&0&1&1&0&0\\0&1&-2&-2&1&0\\0&2&-2&3&0&1\end{pmatrix}$

$$\xrightarrow{r_3+(-2)r_2}\begin{bmatrix}1&0&1&1&0&0\\0&1&-2&-2&1&0\\0&0&2&7&-2&1\end{bmatrix}\xrightarrow{\frac{1}{2}r_3}\begin{bmatrix}1&0&1&1&0&0\\0&1&-2&-2&1&0\\0&0&1&\frac{7}{2}&-1&\frac{1}{2}\end{bmatrix}\rightarrow$$

$$\longrightarrow\begin{bmatrix}1&0&0&-\frac{5}{2}&1&-\frac{1}{2}\\0&1&0&5&-1&1\\0&0&1&\frac{7}{2}&-1&\frac{1}{2}\end{bmatrix}$$

所以 $\boldsymbol{A}^{-1}=\begin{bmatrix}-\frac{5}{2}&1&-\frac{1}{2}\\5&-1&1\\\frac{7}{2}&-1&\frac{1}{2}\end{bmatrix}$.

注意:一定要验算

例 15 已知 $\boldsymbol{A}^2-2\boldsymbol{A}-8\boldsymbol{E}=O$, 则$(\boldsymbol{A}+\boldsymbol{E})^{-1}=$________.

测试点:关于逆矩阵的重要推论

若 $\boldsymbol{A},\boldsymbol{B}$ 都是 n 阶矩阵,且满足 $\boldsymbol{AB}=\boldsymbol{E}_n$,则 $\boldsymbol{A},\boldsymbol{B}$ 都可逆,且 $\boldsymbol{A}^{-1}=\boldsymbol{B},\boldsymbol{B}^{-1}=\boldsymbol{A}$.

解:由 $\boldsymbol{A}^2-2\boldsymbol{A}-8\boldsymbol{E}=O$ 得$(\boldsymbol{A}+\boldsymbol{E})(\boldsymbol{A}-3\boldsymbol{E})=5\boldsymbol{E}$,

即 $(\boldsymbol{A}+\boldsymbol{E})\dfrac{(\boldsymbol{A}-3\boldsymbol{E})}{5}=\boldsymbol{E}$,故 $(\boldsymbol{A}+\boldsymbol{E})^{-1}=\dfrac{1}{5}(\boldsymbol{A}-3\boldsymbol{E})$.

答案:$(\boldsymbol{A}+\boldsymbol{E})^{-1}=\dfrac{1}{5}(\boldsymbol{A}-3\boldsymbol{E})$.

例 16 设 $\boldsymbol{A}$ 是 n 阶方阵,且$(\boldsymbol{A}+\boldsymbol{E})^2=O$,证明 $\boldsymbol{A}$ 可逆.

测试点:若 $\boldsymbol{AB}=\boldsymbol{E}$ 则 $\boldsymbol{A},\boldsymbol{B}$ 都可逆,且 $\boldsymbol{A}^{-1}=\boldsymbol{B},\boldsymbol{B}^{-1}=\boldsymbol{A}$.

证 因为$(\boldsymbol{A}+\boldsymbol{E})^2=O$,即 $\boldsymbol{A}^2+2\boldsymbol{A}+\boldsymbol{E}=\boldsymbol{0}$,所以 $-\boldsymbol{A}(\boldsymbol{A}+2\boldsymbol{E})=\boldsymbol{E}$

故 $\boldsymbol{A}$ 可逆,且 $\boldsymbol{A}^{-1}=-(\boldsymbol{A}+2\boldsymbol{E})$.

例 17 设 n 阶方阵 $\boldsymbol{A}$ 满足 $\boldsymbol{A}^m=O$,其中 m 为正整数,证明 $\boldsymbol{E}-\boldsymbol{A}$ 可逆,且

$$(\boldsymbol{E}-\boldsymbol{A})^{-1}=\boldsymbol{E}+\boldsymbol{A}+\boldsymbol{A}^2+\cdots+\boldsymbol{A}^{m-1}.$$

分析 只要检查$(\boldsymbol{E}-\boldsymbol{A})(\boldsymbol{E}+\boldsymbol{A}+\boldsymbol{A}^2+\cdots+\boldsymbol{A}^{m-1})=\boldsymbol{E}$ 即可

证 因为 $(\boldsymbol{E}-\boldsymbol{A})(\boldsymbol{E}+\boldsymbol{A}+\boldsymbol{A}^2+\cdots+\boldsymbol{A}^{m-1})$

$$=\boldsymbol{E}-\boldsymbol{A}+\boldsymbol{A}-\boldsymbol{A}^2+\boldsymbol{A}^2-+\cdots-\boldsymbol{A}^m$$

$$=\boldsymbol{E}-\boldsymbol{A}^m=\boldsymbol{E}.$$

故 $$(\boldsymbol{E}-\boldsymbol{A})^{-1}=\boldsymbol{E}+\boldsymbol{A}+\boldsymbol{A}^2+\cdots+\boldsymbol{A}^{m-1}.$$

例 18 下列矩阵中,是初等矩阵的为(　　)

A. $\begin{bmatrix}1&0\\0&0\end{bmatrix}$　　B. $\begin{bmatrix}0&1&-1\\-1&0&1\\0&0&1\end{bmatrix}$

C. $\begin{bmatrix}1&0&0\\0&1&0\\1&0&1\end{bmatrix}$　　D. $\begin{bmatrix}0&1&0\\0&0&3\\1&0&0\end{bmatrix}$

测试点:初等矩阵的定义和性质

解析:C. $\begin{bmatrix}1&0&0\\0&1&0\\1&0&1\end{bmatrix}$是由单位矩阵经第三行加第一行得到的,故是初等矩阵.

答案:C

例 19 设三阶矩阵 $\boldsymbol{A}=\begin{bmatrix}a_{11}&a_{12}&a_{13}\\a_{21}&a_{22}&a_{23}\\a_{31}&a_{32}&a_{33}\end{bmatrix}$,若存在初等矩阵 $\boldsymbol{P}$,使得 $\boldsymbol{PA}=\begin{bmatrix}a_{11}-2a_{31}&a_{12}-2a_{32}&a_{13}-2a_{33}\\a_{21}&a_{22}&a_{23}\\a_{31}&a_{32}&a_{33}\end{bmatrix}$,则 $\boldsymbol{P}=$(　　)

A. $\begin{bmatrix}1&0&0\\0&1&0\\-2&0&1\end{bmatrix}$　　B. $\begin{bmatrix}1&0&-2\\0&1&0\\0&0&1\end{bmatrix}$

C. $\begin{bmatrix}1&0&0\\-2&1&0\\0&0&1\end{bmatrix}$　　D. $\begin{bmatrix}1&-2&0\\0&1&0\\0&0&1\end{bmatrix}$

测试点:矩阵的初等变换和用初等矩阵乘的关系

答案:B

例 20 设矩阵 $\boldsymbol{A}=\begin{pmatrix}1&0&-1&0\\0&-2&3&4\\0&0&0&5\end{pmatrix}$,则 $\boldsymbol{A}$ 中(　　)

A.所有2阶子式都不为零　　B.所有2阶子式都为零

C.所有3阶子式都不为零　　D.存在一个3阶子式不为零

测试点:矩阵的 k 阶子式的概念.

答案:D

例 21　设矩阵 $\boldsymbol{A}=\begin{pmatrix}1&0&1\\0&2&0\\0&0&1\end{pmatrix}$,矩阵 $\boldsymbol{B}=\boldsymbol{A}-\boldsymbol{E}$,则矩阵 $\boldsymbol{B}$ 的秩 $r(\boldsymbol{B})=$(　　)

测试点:矩阵秩的概念

解:

$$\boldsymbol{B}=\boldsymbol{A}-\boldsymbol{E}=\begin{bmatrix}0&0&1\\0&1&0\\0&0&0\end{bmatrix}$$

答案:$R(\boldsymbol{B})=2$

例 22　设矩阵 $\boldsymbol{A}=\begin{pmatrix}1&2&-1&3\\4&8&-4&12\\3&6&-3&a\end{pmatrix}$,问 a 为何值时,

(1) 秩$(\boldsymbol{A})=1$;

(2) 秩$(\boldsymbol{A})=2$.

测试点:求矩阵秩的方法

解:$\boldsymbol{A}=\begin{pmatrix}1&2&-1&3\\4&8&-4&12\\3&6&-3&a\end{pmatrix}\xrightarrow[r_3+(-3)r_1]{r_2+(-4)r_1}\begin{bmatrix}1&2&-1&3\\0&0&0&0\\0&0&0&a-9\end{bmatrix}\rightarrow\begin{bmatrix}1&2&-1&3\\0&0&0&a-9\\0&0&0&0\end{bmatrix}$

所以　当 $a=9$ 时,秩$(\boldsymbol{A})=1$;当 $a\neq 9$ 时,秩$(\boldsymbol{A})=2$.

例 23　设 $\boldsymbol{A}$ 为 $m\times n$ 矩阵,$\boldsymbol{C}$ 是 n 阶可逆矩阵,矩阵 $\boldsymbol{A}$ 的秩为 r,则矩阵 $\boldsymbol{B}=\boldsymbol{AC}$ 的秩为________.

测试点:用可逆矩阵左(右)乘任意矩阵 $\boldsymbol{A}$,则 $\boldsymbol{A}$ 的秩不变.

答案:r

例 24　设3阶方阵 $\boldsymbol{A}$ 的秩为2,则与 $\boldsymbol{A}$ 等价的矩阵为(　　)

A.$\begin{pmatrix}1&1&1\\0&0&0\\0&0&0\end{pmatrix}$　　B.$\begin{pmatrix}1&1&1\\0&1&1\\0&0&0\end{pmatrix}$

C. $\begin{pmatrix}1&1&1\\2&2&2\\0&0&0\end{pmatrix}$　　　　D. $\begin{pmatrix}1&1&1\\2&2&2\\3&3&3\end{pmatrix}$

答案:B

测试点:矩阵等价的概念;等价矩阵有相等的秩;反之同形的两个矩阵只要其秩相等,必等价.

解:因为 $\boldsymbol{A}$，$\boldsymbol{C}$，$\boldsymbol{D}$ 矩阵的秩都为 1,$\boldsymbol{B}$ 矩阵的秩等于 2.故答案应为 $\boldsymbol{B}$.

例 25　设矩阵 $\boldsymbol{A}=\begin{pmatrix}2&1\\5&3\end{pmatrix}$，$\boldsymbol{B}=\begin{pmatrix}1&3\\2&0\end{pmatrix}$,求矩阵方程 $\boldsymbol{XA}=\boldsymbol{B}$ 的解 $\boldsymbol{X}$.

测试点:解矩阵方程的方法

解:

$$\boldsymbol{X}=\boldsymbol{BA}^{-1}=\begin{bmatrix}1&3\\2&0\end{bmatrix}\frac{1}{|\boldsymbol{A}|}\begin{bmatrix}3&-1\\-5&2\end{bmatrix}=\begin{bmatrix}-12&5\\6&-2\end{bmatrix}$$

验算!

例 26　设 $\boldsymbol{A}$,$\boldsymbol{B}$ 均为 3 阶矩阵,$\boldsymbol{E}$ 为 3 阶单位矩阵,且满足:$\boldsymbol{AB}+\boldsymbol{E}=\boldsymbol{A}^2+\boldsymbol{B}$.若已知 $\boldsymbol{A}=\begin{bmatrix}1&0&-1\\0&2&0\\-1&0&1\end{bmatrix}$,求矩阵 $\boldsymbol{B}$.

测试点:解矩阵方程的方法

解:因为 $\boldsymbol{AB}+\boldsymbol{E}=\boldsymbol{A}^2+\boldsymbol{B}$,故 $\boldsymbol{AB}-\boldsymbol{B}=\boldsymbol{A}^2-\boldsymbol{E}$

从而 $(\boldsymbol{A}-\boldsymbol{E})\boldsymbol{B}=\boldsymbol{A}^2-\boldsymbol{E}=(\boldsymbol{A}-\boldsymbol{E})(\boldsymbol{A}+\boldsymbol{E})$,又

$\boldsymbol{A}-\boldsymbol{E}=\begin{bmatrix}1&0&-1\\0&2&0\\-1&0&1\end{bmatrix}-\begin{bmatrix}1&0&0\\0&1&0\\0&0&1\end{bmatrix}=\begin{bmatrix}0&0&-1\\0&1&0\\-1&0&0\end{bmatrix}$,显然 $\boldsymbol{A}-\boldsymbol{E}$ 可逆,应用消去律得

$$\boldsymbol{B}=\boldsymbol{A}+\boldsymbol{E}=\begin{bmatrix}2&0&-1\\0&3&0\\-1&0&2\end{bmatrix}.$$

验算　$\boldsymbol{AB}+\boldsymbol{E}=\begin{bmatrix}1&0&-1\\0&2&0\\-1&0&1\end{bmatrix}\begin{bmatrix}2&0&-1\\0&3&0\\-1&0&2\end{bmatrix}+\begin{bmatrix}1&0&0\\0&1&0\\0&0&1\end{bmatrix}$

$$=\begin{bmatrix}3&0&-3\\0&6&0\\-3&0&3\end{bmatrix}+\begin{bmatrix}1&0&0\\0&1&0\\0&0&1\end{bmatrix}=\begin{bmatrix}4&0&-3\\0&7&0\\-3&0&4\end{bmatrix}$$

$$\boldsymbol{A}^2+\boldsymbol{B}=\begin{bmatrix}2&0&-2\\0&4&0\\-2&0&2\end{bmatrix}+\begin{bmatrix}2&0&-1\\0&3&0\\-1&0&2\end{bmatrix}=\begin{bmatrix}4&0&-3\\0&7&0\\-3&0&4\end{bmatrix}$$

所以确有 $\boldsymbol{AB}+\boldsymbol{E}=\boldsymbol{A}^2+\boldsymbol{B}$.

例 27 已知 $\boldsymbol{A}=\begin{bmatrix}2&3\\1&0\end{bmatrix}$, $\boldsymbol{B}=\begin{bmatrix}-3&-1\\-2&1\end{bmatrix}$, $\boldsymbol{C}=\begin{bmatrix}0&-1&1\\1&2&0\end{bmatrix}$, $\boldsymbol{D}=\begin{bmatrix}1&2&0\\1&0&1\end{bmatrix}$, 矩阵 $\boldsymbol{X}$ 满足方程 $\boldsymbol{AX}+\boldsymbol{BX}=\boldsymbol{D}-\boldsymbol{C}$,求 $\boldsymbol{X}$.

测试点:求矩阵方程的解

解:由 $\boldsymbol{AX}+\boldsymbol{BX}=D-\boldsymbol{C}$ 得 $(\boldsymbol{A}+\boldsymbol{B})\boldsymbol{X}=\boldsymbol{D}-\boldsymbol{C}$

故
$$\boldsymbol{X}=(\boldsymbol{A}+\boldsymbol{B})^{-1}(\boldsymbol{D}-\boldsymbol{C})$$

其中 $\boldsymbol{A}+\boldsymbol{B}=\begin{bmatrix}-1&2\\-1&1\end{bmatrix}$, $\boldsymbol{D}-\boldsymbol{C}=\begin{bmatrix}1&3&-1\\0&-2&1\end{bmatrix}$.

$$[\boldsymbol{A}+\boldsymbol{B}\mid\boldsymbol{D}-\boldsymbol{C}]=\begin{bmatrix}-1&2&1&3&-1\\-1&1&0&-2&1\end{bmatrix}\longrightarrow\begin{bmatrix}1&-2&-1&-3&1\\-1&1&0&-2&1\end{bmatrix}$$

$$\longrightarrow\begin{bmatrix}1&-2&-1&-3&1\\0&-1&-1&-5&2\end{bmatrix}\longrightarrow\begin{bmatrix}1&-2&-1&-3&1\\0&1&1&5&-2\end{bmatrix}$$

$$\longrightarrow\begin{bmatrix}1&0&1&7&-3\\0&1&1&5&-2\end{bmatrix}$$

所以 $\boldsymbol{X}=\begin{bmatrix}1&7&-3\\1&5&-2\end{bmatrix}$

验算!

例 28 (2006)设 $\boldsymbol{A}=\begin{pmatrix}2&1\\-1&2\end{pmatrix}$,$\boldsymbol{E}$ 为2阶单位矩阵,矩阵 $\boldsymbol{B}$ 满足 $\boldsymbol{BA}=\boldsymbol{B}+2\boldsymbol{E}$, 则 $|\boldsymbol{B}|=$________.

解:$\boldsymbol{BA}=\boldsymbol{B}+2\boldsymbol{E}\Rightarrow\boldsymbol{B}(\boldsymbol{A}-\boldsymbol{E})=2\boldsymbol{E}\Rightarrow|\boldsymbol{B}||\boldsymbol{A}-\boldsymbol{E}|=|2\boldsymbol{E}|=4$. 而 $|\boldsymbol{A}-\boldsymbol{E}|=\begin{vmatrix}1&1\\-1&1\end{vmatrix}=2$, 故 $|\boldsymbol{B}|=2$.

例 29　(2006)设$\boldsymbol{A}$为3阶矩阵,将$\boldsymbol{A}$的第二行加到第一行得到$\boldsymbol{B}$,再将$\boldsymbol{B}$的第一列的(−1)倍加到第2列得到$\boldsymbol{C}$,记$P=\begin{pmatrix}1&1&0\\0&1&0\\0&0&1\end{pmatrix}$,则(　　).

A.$\boldsymbol{C}=P^{-1}\boldsymbol{A}P$　　　B.$\boldsymbol{C}=P\boldsymbol{A}P^{-1}$

C.$\boldsymbol{C}=P^{T}\boldsymbol{A}P$　　　D.$\boldsymbol{C}=P\boldsymbol{A}P^{T}$

解:$\boldsymbol{P}=\begin{pmatrix}1&1&0\\0&1&0\\0&0&1\end{pmatrix}\Rightarrow\boldsymbol{P}^{-1}=\begin{pmatrix}1&-1&0\\0&1&0\\0&0&1\end{pmatrix}$.由条件可知$\boldsymbol{C}=\boldsymbol{B}\boldsymbol{P}^{-1}=\boldsymbol{P}\boldsymbol{A}\boldsymbol{P}^{-1}$.

选 B

例 30　(2007)$\boldsymbol{A}=\begin{pmatrix}0&1&0&0\\0&0&1&0\\0&0&0&1\\0&0&0&0\end{pmatrix}$,则$\boldsymbol{A}^3$的秩为________.

解:$\boldsymbol{A}=\begin{pmatrix}0&1&0&0\\0&0&1&0\\0&0&0&1\\0&0&0&0\end{pmatrix}\Rightarrow\boldsymbol{A}^2=\begin{pmatrix}0&0&1&0\\0&0&0&1\\0&0&0&0\\0&0&0&0\end{pmatrix}\Rightarrow\boldsymbol{A}^3=\begin{pmatrix}0&0&0&1\\0&0&0&0\\0&0&0&0\\0&0&0&0\end{pmatrix}$

故$\boldsymbol{A}^3$的秩为1.

例 31　(2008)设$\boldsymbol{A}$为n阶非零矩阵,$\boldsymbol{E}$为n阶单位矩阵.若$\boldsymbol{A}^3=\boldsymbol{0}$,则(　　).

A.$\boldsymbol{E}-\boldsymbol{A}$不可逆,$\boldsymbol{E}+\boldsymbol{A}$不可逆;　　B.$\boldsymbol{E}-\boldsymbol{A}$不可逆,$\boldsymbol{E}+\boldsymbol{A}$可逆;

C.$\boldsymbol{E}-\boldsymbol{A}$可逆,$\boldsymbol{E}+\boldsymbol{A}$可逆;　　D.$\boldsymbol{E}-\boldsymbol{A}$可逆,$\boldsymbol{E}+\boldsymbol{A}$不可逆.

解:$(\boldsymbol{E}-\boldsymbol{A})(\boldsymbol{E}+\boldsymbol{A}+\boldsymbol{A}^2)=\boldsymbol{E}-\boldsymbol{A}^3=\boldsymbol{E}$,$(\boldsymbol{E}+\boldsymbol{A})(\boldsymbol{E}-\boldsymbol{A}+\boldsymbol{A}^2)=\boldsymbol{E}+\boldsymbol{A}^3=\boldsymbol{E}$,

故$\boldsymbol{E}-\boldsymbol{A}$,$\boldsymbol{E}+\boldsymbol{A}$都可逆,因此答案为C.

例 32　(2009)设$\boldsymbol{A}$,$\boldsymbol{B}$均为2阶矩阵,$\boldsymbol{A}^*$,$\boldsymbol{B}^*$分别为$\boldsymbol{A}$,$\boldsymbol{B}$的伴随矩阵,若$|\boldsymbol{A}|=2$,$|\boldsymbol{B}|=3$,则分块矩阵$\begin{pmatrix}0&\boldsymbol{A}\\\boldsymbol{B}&0\end{pmatrix}$的伴随矩阵为(　　).

A.$\begin{pmatrix}0&3B^*\\2A^*&0\end{pmatrix}$;　　B.$\begin{pmatrix}0&2B^*\\3A^*&0\end{pmatrix}$

C.$\begin{pmatrix}0&3A^*\\2B^*&0\end{pmatrix}$　　D.$\begin{pmatrix}0&2A^*\\3B^*&0\end{pmatrix}$

解:A,B 均为2阶矩阵,$|A|=2$,$|B|=3\Rightarrow\begin{vmatrix}0&A\\B&0\end{vmatrix}=\begin{vmatrix}A&0\\0&B\end{vmatrix}=6$,$A^{-1}=\frac{1}{2}A^*$,$B^{-1}$

$$=\frac{1}{3}B*.\begin{pmatrix}0&A\\B&0\end{pmatrix}^*\begin{pmatrix}0&A\\B&0\end{pmatrix}=\begin{vmatrix}0&A\\B&0\end{vmatrix}\begin{pmatrix}E&0\\0&E\end{pmatrix}=6\begin{pmatrix}E&0\\0&E\end{pmatrix}$$

$$\Rightarrow\begin{pmatrix}0&A\\B&0\end{pmatrix}*=6\begin{pmatrix}0&A\\B&0\end{pmatrix}^{-1}=6\begin{pmatrix}0&B^{-1}\\A^{-1}&0\end{pmatrix}=6\begin{pmatrix}0&\frac{1}{3}B^*\\\frac{1}{2}A^*&0\end{pmatrix}=\begin{pmatrix}0&2B^*\\3A^*&0\end{pmatrix}$$

选 B

例 33 (2010)设 A 为 $m\times n$ 型矩阵,B 为 $n\times m$ 型矩阵,E 为 m 阶单位阵,若 $AB=E$,则( ).

A.$r(A)=m,r(B)=m$　　B.$r(A)=m,r(B)=n$;

C.$r(A)=n,r(B)=m$　　D.$r(A)=n,r(B)=n$.

解:$m=r(E)=r(AB)\leqslant r(A)\leqslant m\Rightarrow r(A)=m$,

$m=r(E)=r(AB)\leqslant r(B)\leqslant m\Rightarrow r(B)=m$.

选 A

例 34 (2010)A,B 为3阶矩阵,且 $|A|=3$,$|B|=2$,$|A^{-1}+B|=2$,则 $|A+B^{-1}|=$ ________.

解:$\because$ $|A||A^{-1}+B|=|A(A^{-1}+B)|=|E+AB|=|B^{-1}B+AB|=|(B^{-1}+A)B|=|B^{-1}+A||B|$,

$\therefore$ $|A+B^{-1}|=|B^{-1}+A|=3$.

例 35 (2011)A 为3阶矩阵,将 A 的第2列加到第一列,得到矩阵 B,再交换 B 的第二行与第三行得单位矩阵,记 $P_1=\begin{pmatrix}1&0&0\\1&1&0\\0&0&1\end{pmatrix}$,$P_2=\begin{pmatrix}1&0&0\\0&0&1\\0&1&0\end{pmatrix}$,则 $A=$( ).

A.P_1P_2　　B.$P_1^{-1}P_2$

C.P_2P_1　　D.$P_2P_1^{-1}$

解:根据初等变换与初等矩阵的关系以及题目条件可得 $P_2(AP_1)=E$. 故 $A=P_2{}^{-1}P_1{}^{-1}=P_2P_1{}^{-1}$.

选 D

例 36　设 $\boldsymbol{A}$ 是三阶方阵，且 $|\boldsymbol{A}|=\frac{1}{2}$，求 $|(3\boldsymbol{A})^{-1}-2\boldsymbol{A}^*|$.

解：已知 $\boldsymbol{A}$ 是三阶方阵，且 $|\boldsymbol{A}|=\frac{1}{2}$，则 $|\boldsymbol{A}^{-1}|=2$，故

$$|(3\boldsymbol{A})^{-1}-2\boldsymbol{A}^*|=\left|\frac{1}{3}\boldsymbol{A}^{-1}-2\times|\boldsymbol{A}|\boldsymbol{A}^{-1}\right|=\left|(\frac{1}{3}-2\times|\boldsymbol{A}|)\boldsymbol{A}^{-1}\right|=(-\frac{2}{3})^3\times 2$$

$$=-\frac{16}{27}.$$

例 37　设 $\boldsymbol{A}=\begin{pmatrix}5&2&0&0\\2&1&0&0\\0&0&1&-2\\0&0&1&1\end{pmatrix}$，求 $\boldsymbol{A}^{-1}$，$|\boldsymbol{A}|$.

解：设 $\boldsymbol{A}=\begin{pmatrix}A_1&O\\O&A_2\end{pmatrix}$，其中 $\boldsymbol{A}_1=\begin{pmatrix}5&2\\2&1\end{pmatrix}$，$\boldsymbol{A}_2=\begin{pmatrix}1&-2\\1&1\end{pmatrix}$，则 $\boldsymbol{A}$ 为准对角阵，

因为 $|\boldsymbol{A}_1|=1\neq 0$，$|\boldsymbol{A}_2|=3\neq 0$，所以 $\boldsymbol{A}_1$，$\boldsymbol{A}_2$ 均为可逆阵，且有 $\boldsymbol{A}^{-1}=\begin{pmatrix}A_1^{-1}&O\\O&A_2^{-1}\end{pmatrix}$.

由于

$$\boldsymbol{A}_1^{-1}=\frac{\boldsymbol{A}_1^*}{|\boldsymbol{A}_1|}=\begin{pmatrix}1&-2\\-2&5\end{pmatrix},\quad \boldsymbol{A}_2^{-1}=\frac{\boldsymbol{A}_2^*}{|\boldsymbol{A}_2|}=\frac{1}{3}\begin{pmatrix}1&2\\-1&1\end{pmatrix}，故$$

$$\boldsymbol{A}^{-1}=\begin{pmatrix}1&-2&0&0\\-2&5&0&0\\0&0&\frac{1}{3}&\frac{2}{3}\\0&0&-\frac{1}{3}&\frac{1}{3}\end{pmatrix}.$$

另一方面，有 $|\boldsymbol{A}|=\begin{vmatrix}A_1&O\\O&A_2\end{vmatrix}=|\boldsymbol{A}_1||\boldsymbol{A}_2|=1\times 3=3.$

例 38　已知 $\boldsymbol{A}=\begin{pmatrix}2&1&0\\1&2&1\\0&1&2\end{pmatrix}$，$\boldsymbol{B}=\begin{pmatrix}1&2\\3&4\\2&1\end{pmatrix}$，求矩阵方程 $\boldsymbol{AX}=\boldsymbol{X}+\boldsymbol{B}$ 的解.

解：由矩阵方程 $\boldsymbol{AX}=\boldsymbol{X}+\boldsymbol{B}$，经过整理，得 $(\boldsymbol{A}-\boldsymbol{E})\boldsymbol{X}=\boldsymbol{B}$.由于

$$|\boldsymbol{A}-\boldsymbol{E}|=\begin{vmatrix}1&1&0\\1&1&1\\0&1&1\end{vmatrix}=1-1-1=-1\neq 0,$$

矩阵$(\boldsymbol{A}-\boldsymbol{E})$可逆.故得$X=(\boldsymbol{A}-\boldsymbol{E})^{-1}\boldsymbol{B}$.下面先求$(\boldsymbol{A}-\boldsymbol{E})^{-1}$.对$(\boldsymbol{A}-\boldsymbol{E}\mid\boldsymbol{E})$实施初等行变换,即

$$(\boldsymbol{A}-\boldsymbol{E}\mid\boldsymbol{E})=\left(\begin{array}{ccc|ccc}1&1&0&1&0&0\\1&1&1&0&1&0\\0&1&1&0&0&1\end{array}\right)$$

$$\xrightarrow{r_2-r_1}\left(\begin{array}{ccc|ccc}1&1&0&1&0&0\\0&0&1&-1&1&0\\0&1&1&0&0&1\end{array}\right)\xrightarrow{r_2\leftrightarrow r_3}\left(\begin{array}{ccc|ccc}1&1&0&1&0&0\\0&1&1&0&0&1\\0&0&1&-1&1&0\end{array}\right)$$

$$\xrightarrow{r_2-r_3}\left(\begin{array}{ccc|ccc}1&1&0&1&0&0\\0&1&0&1&-1&1\\0&0&1&-1&1&0\end{array}\right)\xrightarrow{r_1-r_2}\left(\begin{array}{ccc|ccc}1&0&0&0&1&-1\\0&1&0&1&-1&1\\0&0&1&-1&1&0\end{array}\right).$$

因此,得

$$(\boldsymbol{A}-\boldsymbol{E})^{-1}=\begin{pmatrix}0&1&-1\\1&-1&1\\-1&1&0\end{pmatrix}.$$

从而,

$$X=(\boldsymbol{A}-\boldsymbol{E})^{-1}\boldsymbol{B}=\begin{pmatrix}0&1&-1\\1&-1&1\\-1&1&0\end{pmatrix}\begin{pmatrix}1&2\\3&4\\2&1\end{pmatrix}=\begin{pmatrix}1&3\\0&-1\\2&2\end{pmatrix}.$$

例 39 求矩阵方程$\boldsymbol{X}\begin{pmatrix}2&1&-1\\2&1&0\\1&-1&1\end{pmatrix}=\begin{pmatrix}1&-1&3\\4&3&2\end{pmatrix}$的解.

解:因为$\begin{vmatrix}2&1&-1\\2&1&0\\1&-1&1\end{vmatrix}=\begin{vmatrix}0&0&-1\\2&1&0\\1&-1&1\end{vmatrix}=\begin{vmatrix}2&1\\1&-1\end{vmatrix}=-3\neq0$,所以矩阵$\begin{pmatrix}2&1&-1\\2&1&0\\1&-1&1\end{pmatrix}$可逆.又$\left(\begin{array}{ccc|ccc}2&1&-1&1&0&0\\2&1&0&0&1&0\\1&-1&1&0&0&1\end{array}\right)\xrightarrow{r_1\leftrightarrow r_3}\left(\begin{array}{ccc|ccc}1&-1&1&0&0&1\\2&1&0&0&1&0\\2&1&-1&1&0&0\end{array}\right)$

$$\xrightarrow[r_2-2r_1]{r_3-r_2}\left(\begin{array}{ccc|ccc}1&-1&1&0&0&1\\0&3&-2&0&1&-2\\0&0&-1&1&-1&0\end{array}\right)\xrightarrow[r_2\div 3]{r_3\div(-1)}\left(\begin{array}{ccc|ccc}1&-1&1&0&0&1\\0&1&-\frac{2}{3}&0&\frac{1}{3}&-\frac{2}{3}\\0&0&1&-1&1&0\end{array}\right)$$

$$\xrightarrow[r_1 - r_3]{r_2 + \frac{2}{3}r_3}\left(\begin{array}{ccc|ccc} 1 & -1 & 0 & 1 & -1 & 1 \\ 0 & 1 & 0 & \frac{2}{3} & 1 & -\frac{2}{3} \\ 0 & 0 & 1 & -1 & 1 & 0 \end{array}\right)\xrightarrow{r_1 + r_2}\left(\begin{array}{ccc|ccc} 1 & 0 & 0 & \frac{1}{3} & 0 & \frac{1}{3} \\ 0 & 1 & 0 & \frac{2}{3} & 1 & -\frac{2}{3} \\ 0 & 0 & 1 & -1 & 1 & 0 \end{array}\right).$$

故

$$\begin{pmatrix} 2 & 1 & -1 \\ 2 & 1 & 0 \\ 1 & -1 & 1 \end{pmatrix}^{-1} = \begin{pmatrix} \frac{1}{3} & 0 & \frac{1}{3} \\ \frac{2}{3} & 1 & -\frac{2}{3} \\ -1 & 1 & 0 \end{pmatrix}.$$

所以该方程的解为：

$$\boldsymbol{X} = \begin{pmatrix} 1 & -1 & 3 \\ 4 & 3 & 2 \end{pmatrix}\begin{pmatrix} 2 & 1 & -1 \\ 2 & 1 & 0 \\ 1 & -1 & 1 \end{pmatrix}^{-1} =$$

$$\begin{pmatrix} 1 & -1 & 3 \\ 4 & 3 & 2 \end{pmatrix}\begin{pmatrix} \frac{1}{3} & 0 & \frac{1}{3} \\ \frac{2}{3} & 1 & -\frac{2}{3} \\ -1 & 1 & 0 \end{pmatrix} = \begin{pmatrix} -2 & 2 & 1 \\ -\frac{3}{8} & 5 & -\frac{2}{3} \end{pmatrix}.$$

例 40　设 n 阶方阵 $\boldsymbol{A}$ 和 $\boldsymbol{B}$ 满足条件 $\boldsymbol{A} + \boldsymbol{B} = \boldsymbol{AB}$，

(1) 证明 $\boldsymbol{A} - \boldsymbol{E}$ 可逆($\boldsymbol{E}$ 为 n 阶单位阵)；

(2) 已知 $\boldsymbol{B} = \begin{pmatrix} 1 & -3 & 0 \\ 2 & 1 & 0 \\ 0 & 0 & 2 \end{pmatrix}$，求矩阵 $\boldsymbol{A}$.

(1) 证明　因为 n 阶方阵 $\boldsymbol{A}$ 和 $\boldsymbol{B}$ 满足条件 $\boldsymbol{A} + \boldsymbol{B} = \boldsymbol{AB}$，所以有 $\boldsymbol{AB} - \boldsymbol{A} - \boldsymbol{B} + \boldsymbol{E} = \boldsymbol{E}$. 整理得：$\boldsymbol{A}(\boldsymbol{B} - \boldsymbol{E}) - (\boldsymbol{B} - \boldsymbol{E}) = \boldsymbol{E}$，故 $(\boldsymbol{A} - \boldsymbol{E})(\boldsymbol{B} - \boldsymbol{E}) = \boldsymbol{E}$ 成立，因此，$(\boldsymbol{A} - \boldsymbol{E})$ 可逆，且 $(\boldsymbol{A} - \boldsymbol{E})^{-1} = (\boldsymbol{B} - \boldsymbol{E})$.

(2) 解由 $\boldsymbol{A} + \boldsymbol{B} = \boldsymbol{AB}$，得 $\boldsymbol{A}(\boldsymbol{B} - \boldsymbol{E}) = \boldsymbol{B}$，故 $\boldsymbol{A} = \boldsymbol{B}(\boldsymbol{B} - \boldsymbol{E})^{-1}$. 而 $\boldsymbol{B} - \boldsymbol{E} = \begin{pmatrix} 0 & -3 & 0 \\ 2 & 0 & 0 \\ 0 & 0 & 1 \end{pmatrix}$，

且

$$\begin{pmatrix} 0 & -3 & 0 & 1 & 0 & 0 \\ 2 & 0 & 0 & 0 & 1 & 0 \\ 0 & 0 & 1 & 0 & 0 & 1 \end{pmatrix} \xrightarrow[r_2 \leftrightarrow r_1]{r_2 \div 2} \begin{pmatrix} 1 & 0 & 0 & 0 & \frac{1}{2} & 0 \\ 0 & -3 & 0 & 1 & 0 & 0 \\ 0 & 0 & 1 & 0 & 0 & 1 \end{pmatrix}$$

$$\xrightarrow{r_3 \div (-3)} \begin{pmatrix} 1 & 0 & 0 & 0 & \frac{1}{2} & 0 \\ 0 & 1 & 0 & -\frac{1}{3} & 0 & 0 \\ 0 & 0 & 1 & 0 & 0 & 1 \end{pmatrix}$$

所以，$(\boldsymbol{B}-\boldsymbol{E})^{-1}=\begin{pmatrix} 0 & \frac{1}{2} & 0 \\ -\frac{1}{3} & 0 & 0 \\ 0 & 0 & 1 \end{pmatrix}$.

因此，$\boldsymbol{A}=\boldsymbol{B}(\boldsymbol{B}-\boldsymbol{E})^{-1}=\begin{pmatrix} 1 & -3 & 0 \\ 2 & 1 & 0 \\ 0 & 0 & 2 \end{pmatrix}\begin{pmatrix} 0 & \frac{1}{2} & 0 \\ -\frac{1}{3} & 0 & 0 \\ 0 & 0 & 1 \end{pmatrix}=\begin{pmatrix} -1 & \frac{1}{2} & 0 \\ \frac{1}{3} & 1 & 0 \\ 0 & 0 & 2 \end{pmatrix}$.

例 41 设 n 阶方阵 $\boldsymbol{A}$ 的伴随矩阵为 $\boldsymbol{A}^*$，证明：

(1) 若 $|\boldsymbol{A}|=0$，则 $|\boldsymbol{A}^*|=0$；

(2) $|\boldsymbol{A}^*|=|\boldsymbol{A}|^{n-1}$.

证明：(1) 当 $|\boldsymbol{A}|=0$ 时，用反证法，若 $|\boldsymbol{A}^*|\neq 0$，则 $(\boldsymbol{A}^*)^{-1}$ 存在，且 $\boldsymbol{A}^*\cdot(\boldsymbol{A}^*)^{-1}=\boldsymbol{E}$，于是

$$\boldsymbol{A}=\boldsymbol{AE}=\boldsymbol{A}\cdot\boldsymbol{A}^*(\boldsymbol{A}^*)^{-1}=|\boldsymbol{A}|\boldsymbol{E}\cdot(\boldsymbol{A}^*)^{-1}=|\boldsymbol{A}|(\boldsymbol{A}^*)^{-1}=\boldsymbol{O},$$

故必有 $\boldsymbol{A}^*=\boldsymbol{O}$，所以有 $|\boldsymbol{A}^*|=0$，这与假设 $|\boldsymbol{A}^*|\neq 0$ 矛盾.所以，有 $|\boldsymbol{A}^*|=0$；

(2) 设方阵 $\boldsymbol{A}=(a_{ij})_{n\times n}$，则

$$\boldsymbol{AA}^*=\begin{pmatrix} a_{11} & a_{12} & \cdots & a_{1,n-1} & a_{1,n} \\ a_{21} & a_{22} & \cdots & a_{2,n-1} & a_{2,n} \\ \vdots & \vdots & \vdots & \vdots & \vdots \\ a_{n-1,1} & a_{n-1,2} & \cdots & a_{n-1,n-1} & a_{n-1,n} \\ a_{n,1} & a_{n,2} & \cdots & a_{n,n-1} & a_{n,n} \end{pmatrix}\begin{pmatrix} A_{11} & A_{21} & \cdots & A_{n-1,1} & A_{n,1} \\ A_{12} & A_{22} & \cdots & A_{n-1,2} & A_{n,2} \\ \vdots & \vdots & \vdots & \vdots & \vdots \\ A_{1,n-1} & A_{2,n-1} & \cdots & A_{n-1,n-1} & A_{n,n-1} \\ A_{1,n} & A_{2,n} & \cdots & A_{n-1,n} & A_{n,n} \end{pmatrix}$$

$$=\begin{vmatrix} |A| & 0 & \cdots & 0 \\ 0 & |A| & \cdots & 0 \\ \vdots & \vdots & & \vdots \\ 0 & 0 & \cdots & |A| \end{vmatrix}=|\boldsymbol{A}|\boldsymbol{E},$$

对上式两端取行列式,得 $|\boldsymbol{AA}^*|=||\boldsymbol{A}|\boldsymbol{E}|=|\boldsymbol{A}|^n\cdot|\boldsymbol{E}|=|\boldsymbol{A}|^n$,

即 $|\boldsymbol{A}||\boldsymbol{A}^*|=|\boldsymbol{A}|^n$,当 $\boldsymbol{A}$ 为可逆矩阵时,$|\boldsymbol{A}|\neq 0$,则有 $|\boldsymbol{A}^*|=|\boldsymbol{A}|^{n-1}$;当 $|\boldsymbol{A}|=0$ 时,由(1)有 $|\boldsymbol{A}^*|=0$.

综上所述,对任意阶方阵 $\boldsymbol{A}$,都有 $|\boldsymbol{A}^*|=|\boldsymbol{A}|^{n-1}$.

例 42　证明下列命题:

(1) 若 $\boldsymbol{A},\boldsymbol{B}$ 是同阶可逆矩阵,则 $(\boldsymbol{AB})^*=\boldsymbol{B}^*\boldsymbol{A}^*$;

(2) 若 $\boldsymbol{A}$ 可逆,则 $\boldsymbol{A}^*$ 可逆且 $(\boldsymbol{A}^*)^{-1}=(\boldsymbol{A}^{-1})^*$;

(3) 若 $\boldsymbol{AA}^T=\boldsymbol{E}$,则 $(\boldsymbol{A}^*)^T=(\boldsymbol{A}^*)^{-1}$.

证明:(1) 若 $\boldsymbol{A},\boldsymbol{B}$ 是同阶可逆矩阵,则 $\boldsymbol{AB}$ 也可逆.由公式

$$(\boldsymbol{AB})^{-1}=\frac{1}{|\boldsymbol{AB}|}(\boldsymbol{AB})^*,$$

得

$$(\boldsymbol{AB})^*=|\boldsymbol{AB}|(\boldsymbol{AB})^{-1}=|\boldsymbol{A}||\boldsymbol{B}|(\boldsymbol{B})^{-1}(\boldsymbol{A})^{-1}=|\boldsymbol{B}|(\boldsymbol{B})^{-1}\cdot|\boldsymbol{A}|(\boldsymbol{A})^{-1}=\boldsymbol{B}^*\boldsymbol{A}^*;$$

(2) 若 $\boldsymbol{A}$ 可逆,由公式 $\boldsymbol{AA}^*=\boldsymbol{A}^*\boldsymbol{A}=|\boldsymbol{A}|\boldsymbol{E}$,得

$$\boldsymbol{A}^*=|\boldsymbol{A}|\boldsymbol{A}^{-1}.$$

于是

$$(\boldsymbol{A}^{-1})^*=|\boldsymbol{A}^{-1}|(\boldsymbol{A}^{-1})^{-1}=\frac{1}{|\boldsymbol{A}|}\boldsymbol{A},$$

$$(\boldsymbol{A}^*)^{-1}=(|\boldsymbol{A}|\boldsymbol{A}^{-1})^{-1}=\frac{1}{|\boldsymbol{A}|}\boldsymbol{A},$$

所以,有 $(\boldsymbol{A}^*)^{-1}=(\boldsymbol{A}^{-1})^*$;

(3) 设

$$\boldsymbol{A}=\begin{pmatrix} a_{11} & a_{12} & \cdots & a_{1n} \\ a_{21} & a_{22} & \cdots & a_{2n} \\ \vdots & \vdots & & \vdots \\ a_{n1} & a_{n2} & \cdots & a_{nn} \end{pmatrix},\text{则 }\boldsymbol{A}^*=\begin{pmatrix} A_{11} & A_{21} & \cdots & A_{n1} \\ A_{12} & A_{22} & \cdots & A_{n2} \\ \vdots & \vdots & & \vdots \\ A_{1n} & A_{2n} & \cdots & A_{nn} \end{pmatrix},$$

$$\boldsymbol{A}^T=\begin{pmatrix} a_{11} & a_{21} & \cdots & a_{n1} \\ a_{12} & a_{22} & \cdots & a_{n2} \\ \vdots & \vdots & & \vdots \\ a_{1n} & a_{n2} & \cdots & a_{nn} \end{pmatrix},\text{则 }(\boldsymbol{A}^T)^*=\begin{pmatrix} A_{11} & A_{12} & \cdots & A_{1n} \\ A_{21} & A_{22} & \cdots & A_{2n} \\ \vdots & \vdots & & \vdots \\ A_{n1} & A_{n2} & \cdots & A_{nn} \end{pmatrix}.$$

由 $\boldsymbol{A}\boldsymbol{A}^T=\boldsymbol{E}$，得 $\boldsymbol{A}^T=\boldsymbol{A}^{-1}$.显然，$(\boldsymbol{A}^*)^T=(\boldsymbol{A}^T)^*=(\boldsymbol{A}^{-1})^*=(\boldsymbol{A}^*)^{-1}$.

五、自我练习及解答

一、填空题

1.已知 $\boldsymbol{A}$ 是三阶方阵,$\boldsymbol{B}$ 是四阶方阵,且 $|\boldsymbol{A}|=2$, $|\boldsymbol{B}|=3$, 则 $|\boldsymbol{A}||\boldsymbol{B}|=$______;

2.设 $\boldsymbol{A}$ 是 n 阶方阵，$|\boldsymbol{A}|=2$,则 $|\boldsymbol{A}^2|=$______, $|-2\boldsymbol{A}|=$______;

3.$\begin{pmatrix}1 & -1 & 3 & 4\\ 2 & 1 & 4 & 0\end{pmatrix}\begin{pmatrix}1 & 3 & 1\\ 0 & -1 & 2\\ 4 & 0 & -2\\ 1 & -3 & 1\end{pmatrix}=$______;

4.设 $\boldsymbol{A}=\begin{bmatrix}1 & 0 & 0\\ 2 & 2 & 0\\ 3 & 4 & 5\end{bmatrix}$,$\boldsymbol{A}^*$ 是 $\boldsymbol{A}$ 的伴随矩阵,则$(\boldsymbol{A}^*)^{-1}=$______;

5.设 $\boldsymbol{A}$ 为 n 阶可逆阵,$\boldsymbol{A}^*$ 是 $\boldsymbol{A}$ 的伴随矩阵,则 $\boldsymbol{A}\boldsymbol{A}^*=$______,若 $\boldsymbol{A}$ 是可逆的,则 $(\boldsymbol{A}^*)^{-1}=$______;

6.已知矩阵 $\boldsymbol{A}=\begin{pmatrix}1 & 2 & 0 & 0\\ 2 & 1 & 0 & 0\\ 0 & 0 & 3 & 0\\ 0 & 0 & 2 & 1\end{pmatrix}$,则 $|\boldsymbol{A}|^6=$______,$\boldsymbol{A}^4=$______,$\boldsymbol{A}^{-1}=$______;

7.$\begin{pmatrix}2\\ -1\\ 3\end{pmatrix}(2\quad -1)\begin{pmatrix}1 & -1\\ 3 & -2\end{pmatrix}=$______

8.$\begin{pmatrix}1 & 2\\ 3 & 4\end{pmatrix}^{-1}=$______.

二、选择题

(1) 设 $\boldsymbol{A}=\begin{pmatrix}a_{11} & a_{12} & a_{13}\\ a_{21} & a_{22} & a_{23}\\ a_{31} & a_{32} & a_{33}\end{pmatrix}$, $\boldsymbol{B}=\begin{pmatrix}a_{21} & a_{22} & a_{23}\\ a_{11} & a_{12} & a_{13}\\ a_{31}+a_{11} & a_{32}+a_{12} & a_{33}+a_{13}\end{pmatrix}$,$\boldsymbol{P}_1=\begin{pmatrix}0 & 1 & 0\\ 1 & 0 & 0\\ 0 & 0 & 1\end{pmatrix}$,

$\boldsymbol{P}_2=\begin{pmatrix}1&0&0\\0&1&0\\1&0&1\end{pmatrix}$，则必有（　　）.

A.$\boldsymbol{AP}_1\boldsymbol{P}_2=\boldsymbol{B}$　　B.$\boldsymbol{AP}_2\boldsymbol{P}_1=\boldsymbol{B}$

C.$\boldsymbol{P}_1\boldsymbol{P}_2\boldsymbol{A}=\boldsymbol{B}$　　D.$\boldsymbol{P}_2\boldsymbol{P}_1\boldsymbol{A}=\boldsymbol{B}$

(2) 设$\boldsymbol{A}$是任一$n(n\geqslant 3)$阶方阵，$\boldsymbol{A}^*$是其伴随矩阵，k为常数，且$k\neq 0,\pm 1$，则必有$(k\boldsymbol{A})^*=$（　　）.

A.$k\boldsymbol{A}^*$　　B.$k^{n-1}\boldsymbol{A}^*$

C.$k^n\boldsymbol{A}^*$　　D.$k^{-1}\boldsymbol{A}^*$

(3)$\boldsymbol{A}$为四阶方阵，则$|3\boldsymbol{A}|$为（　　）.

A.$4^3|\boldsymbol{A}|$　　B.$3|\boldsymbol{A}|$　　C.$4|\boldsymbol{A}|$　　D.$3^4|\boldsymbol{A}|$

(4) 若$|\boldsymbol{A}|=2$，且$\boldsymbol{A}$为5阶方阵，则$|-2\boldsymbol{A}|=$（　　）.

A.4　　B.-4　　C.-64　　D.64

(5) 设$\boldsymbol{A}$和$\boldsymbol{B}$都是n阶方阵，且$|\boldsymbol{A}+\boldsymbol{AB}|=0$，则有（　　）.

A.$|\boldsymbol{A}|=0$　　B.$|\boldsymbol{E}+\boldsymbol{B}|=0$

C.$|\boldsymbol{A}|=0$或$|\boldsymbol{E}+\boldsymbol{B}|=0$　　D $|\boldsymbol{A}|=0$且$|\boldsymbol{E}+\boldsymbol{B}|=0$

(6) 设矩阵$\boldsymbol{A},\boldsymbol{B},\boldsymbol{C}$满足$\boldsymbol{AB}=\boldsymbol{AC}$，且$\boldsymbol{A}\neq O$，则（　　）.

A.$\boldsymbol{B}=\boldsymbol{C}$　　B.$\boldsymbol{B}\neq\boldsymbol{C}$　　C.$\boldsymbol{B}$可能等于$\boldsymbol{C}$，也可能不等于$\boldsymbol{C}$

(7) 设$\boldsymbol{A}$为3阶方阵，行列式$|\boldsymbol{A}|=1$，$\boldsymbol{A}^*$为$\boldsymbol{A}$的伴随矩阵，则行列式$|(2\boldsymbol{A})^{-1}-2\boldsymbol{A}^*|=$（　　）.

A.$-\dfrac{27}{8}$　　B.$-\dfrac{8}{27}$　　C.$\dfrac{27}{8}$　　D.$\dfrac{8}{27}$

三、判断题：(若错，请举反例；若对，请论证)

(1) 若$\boldsymbol{A}^2=\boldsymbol{O}$，则$\boldsymbol{A}=\boldsymbol{O}$；　　（　　）

(2) 若$\boldsymbol{A}^2=\boldsymbol{A}$，则$\boldsymbol{A}=\boldsymbol{O}$或$\boldsymbol{A}=\boldsymbol{E}$；　　（　　）

(3) 若$\boldsymbol{AB}=\boldsymbol{O}$，则$\boldsymbol{BA}=\boldsymbol{O}$；　　（　　）

(4) 设$\boldsymbol{A}$是n阶方阵，若存在n阶非零方阵$\boldsymbol{B}$，使得$\boldsymbol{AB}=\boldsymbol{BA}=\boldsymbol{B}$，则$\boldsymbol{A}=\boldsymbol{E}$；

（　　）

(5) 若$\boldsymbol{AX}=\boldsymbol{AY}$，则$\boldsymbol{X}=\boldsymbol{Y}$.　　（　　）

四、用两种方法判断下列矩阵是否可逆，若可逆求其逆阵：

(1)$\begin{pmatrix}1&1&-1\\2&1&0\\1&-1&0\end{pmatrix}$　　(2)$d\begin{pmatrix}a&0&0\\0&0&b\\0&c&0\end{pmatrix}(abcd\neq 0)$

(3) $\begin{pmatrix}0&1&1\\1&0&1\\1&1&0\end{pmatrix}\begin{pmatrix}1&2&0\\2&5&0\\0&2&3\end{pmatrix}$

五、已知 $\boldsymbol{A}=\begin{pmatrix}1&0&0\\-1&2&0\\1&4&1\end{pmatrix}$，$\boldsymbol{I}$ 为单位阵，试计算 $(4\boldsymbol{I}+\boldsymbol{A})^T(4\boldsymbol{I}-\boldsymbol{A})^{-1}(16\boldsymbol{I}-\boldsymbol{A}^2)$ 的行列式的值.

六、设 $\boldsymbol{A}=\begin{pmatrix}2&1&4\\-1&0&-3\\0&1&2\end{pmatrix}$，$\boldsymbol{B}=\begin{pmatrix}1&0&-1\\1&1&-1\\0&0&3\end{pmatrix}$，$\boldsymbol{C}=\begin{pmatrix}0&1&2\\1&-1&1\end{pmatrix}$，求矩阵 $\boldsymbol{X}$，使 $\boldsymbol{XA}-2\boldsymbol{X}=\boldsymbol{C}-\boldsymbol{XB}$.

七、求下列矩阵的 n 次幂 $\boldsymbol{A}^n$.

(1) $\boldsymbol{A}=\begin{pmatrix}2&-1&2\\4&-2&4\\2&-1&2\end{pmatrix}$；　(2) $\boldsymbol{A}=\begin{pmatrix}\lambda&1&0\\0&\lambda&1\\0&0&\lambda\end{pmatrix}$.

八、设 $\boldsymbol{A}$、$\boldsymbol{B}$ 为 n 阶方阵，且 $\boldsymbol{AB}$ 可逆，求证：$\boldsymbol{A}$，$\boldsymbol{B}$，$\boldsymbol{A}^n$，$\boldsymbol{B}^n$ 均为可逆阵.

九、写出下列等式成立的充分条件：($\boldsymbol{A}$、$\boldsymbol{B}$ 均为 n 阶矩阵)

(1) $(\boldsymbol{A}+\boldsymbol{B})^3=\boldsymbol{A}^3+3\boldsymbol{A}^2\boldsymbol{B}+3\boldsymbol{AB}^2+\boldsymbol{B}^3$；

(2) $(\boldsymbol{A}+\boldsymbol{B})(\boldsymbol{A}-\boldsymbol{B})=\boldsymbol{A}^2-\boldsymbol{B}^2$.

十、证明：若 $\boldsymbol{A}$ 为实矩阵，满足 $\boldsymbol{A}^T=\boldsymbol{A}$ 且 $\boldsymbol{A}^2=O$，则 $\boldsymbol{A}=O$.

十一、若 $\boldsymbol{A}$，$\boldsymbol{B}$ 为 n 阶方阵，$\boldsymbol{B}$ 和 $\boldsymbol{A}-I$ 都可逆，且 $(\boldsymbol{A}-I)^{-1}=(\boldsymbol{B}-I)^T$，则 $\boldsymbol{A}$ 可逆.

十二、已知 $\boldsymbol{A}=\begin{pmatrix}3\\1\\-2\\4\end{pmatrix}$，$\boldsymbol{B}=(1\quad -1\quad 2\quad 3)$，试计算 $\boldsymbol{AB}$，$\boldsymbol{BA}$，$-2\boldsymbol{B}^T\boldsymbol{A}^T$.

十三、已知三阶方阵 $\boldsymbol{A}$ 的逆矩阵为 $\boldsymbol{A}^{-1}=\begin{pmatrix}1&1&1\\1&2&1\\1&1&3\end{pmatrix}$，试求 $\boldsymbol{A}$ 的伴随矩阵 $\boldsymbol{A}^*$ 的逆矩阵.

十四、设 $\boldsymbol{A}$，$\boldsymbol{B}$ 为 n 阶方阵，$I-\boldsymbol{AB}$ 可逆，证明：$I-\boldsymbol{BA}$ 也可逆，且 $(I-\boldsymbol{BA})^{-1}=I+\boldsymbol{B}(I-\boldsymbol{AB})^{-1}\boldsymbol{A}$.

十五、设 $\boldsymbol{A}$，$\boldsymbol{B}$，$\boldsymbol{A}+\boldsymbol{B}$ 为同阶可逆方阵，试证明 $\boldsymbol{A}^{-1}+\boldsymbol{B}^{-1}$ 可逆，并求其逆.

十六、设$\boldsymbol{A}=\begin{pmatrix} a & b & c & d \\ -b & a & -d & c \\ -c & d & a & -b \\ -d & -c & b & a \end{pmatrix}$，$(a,b,c,d\in\boldsymbol{R})$

(1) 求$\boldsymbol{A}$的行列式$|\boldsymbol{A}|$；(2) 当a,b,c,d满足什么条件时，$\boldsymbol{A}$为正交矩阵？

十七、已知矩阵$\boldsymbol{A}=\begin{pmatrix} \frac{1}{2} & -\frac{\sqrt{3}}{2} \\ \frac{\sqrt{3}}{2} & \frac{1}{2} \end{pmatrix}$，且$\boldsymbol{A}^6=I$，求$\boldsymbol{A}^{11}$.

十八、设将n阶可逆阵$\boldsymbol{A}$的第i，j行互换之后得到矩阵$\boldsymbol{B}$.

(1) 求证$\boldsymbol{B}$是可逆的；

(2)$\boldsymbol{B}^{-1}=$?

十九、设方阵$\boldsymbol{A}$满足$\boldsymbol{A}^2-\boldsymbol{A}-2\boldsymbol{I}=O$，证明$\boldsymbol{A}$及$\boldsymbol{A}+2I$都可逆，并求$\boldsymbol{A}^{-1}$，$(\boldsymbol{A}+2\boldsymbol{I})^{-1}$.

第三章 向量组与矩阵的秩

一、基本要求

（1）理解 n 维向量的概念，理解向量组线性相关、线性无关的概念，了解并会运用有关向量组线性相关、线性无关的有关结论；

（2）了解向量组的极大线性无关组和向量组的秩的概念，熟练掌握向量组的极大线性无关组及秩的求法；

（3）了解向量组等价的概念，了解向量组的秩与矩阵的秩的关系；

（4）了解 n 维向量空间、子空间、基、维数等概念.

二、知识框架图

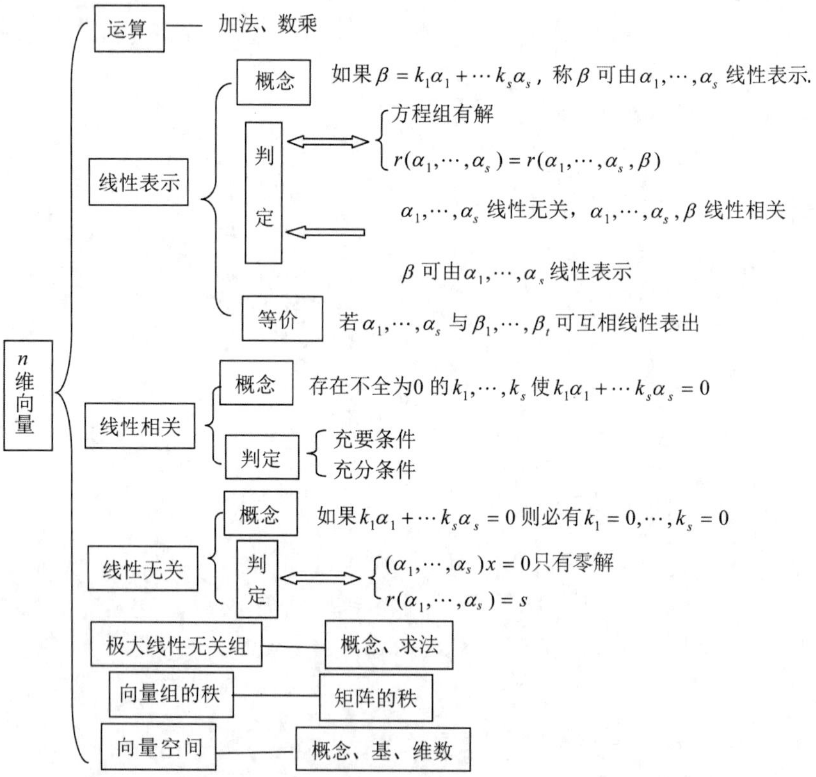

三、知识要点

1.向量的概念

定义：由 n 个数 $a_1,a_2,\cdots a_n$ 组成的有序数组$(a_1,a_2,\cdots a_n)$称为一个 n 维向量，数 a_i 称为该向量的第 i 个分量.$(i=1,2,\cdots n)$

向量的维数指的是向量中的分量个数.

(1) 行向量：$\boldsymbol{\alpha}=(a_1,a_2,\cdots a_n)$；

(2) 列向量：$\boldsymbol{\beta}=\begin{bmatrix}a_1\\a_2\\\vdots\\a_n\end{bmatrix}$；

(3) 零向量：所有分量都是零的 n 维向量称为 n 维零向量，记作 $O=(0,0,\cdots 0)$；

注意：不同维数的 O 向量是不相等的

(4) 负向量：把向量 $\boldsymbol{\alpha}=(a_1,a_2,\cdots a_n)$ 的各个分量都取相反数组成的向量，称为 $\boldsymbol{\alpha}$ 的负向量，记为 $-\boldsymbol{\alpha}=(-a_1,-a_2,\cdots -a_n)$；

(5) 相等向量：如果 n 维向量 $\boldsymbol{\alpha}=(a_1,a_2,\cdots a_n)$ 与 n 维向量 $\boldsymbol{\beta}=(b_1,b_2,\cdots b_n)$ 的对应分量都相等，即 $a_i=b_i$，则称向量 $\boldsymbol{\alpha}$ 与 $\boldsymbol{\beta}$ 相等，记作 $\boldsymbol{\alpha}=\boldsymbol{\beta}$.

2.向量的运算(线性运算)

(1) 加法：设 n 维向量 $\boldsymbol{\alpha}=(a_1,a_2,\cdots a_n)$，$\boldsymbol{\beta}=(b_1,b_2,\cdots b_n)$，则 $\boldsymbol{\alpha}$ 和 $\boldsymbol{\beta}$ 的和是向量 $\boldsymbol{\alpha}+\boldsymbol{\beta}=(a_1+b_1,a_2+b_2,\cdots a_n+b_n)$；

(2) 数乘：设 $\boldsymbol{\alpha}=(a_1,a_2,\cdots a_n)$ 是一个维向量，k 为一个数，则数 k 与 $\boldsymbol{\alpha}$ 的乘积称为数乘向量，简称为数乘，记作 $k\boldsymbol{\alpha}$，并且 $k\boldsymbol{\alpha}=(ka_1,ka_2,\cdots ka_n)$；

线性运算的 8 条运算律：设 $\boldsymbol{\alpha},\boldsymbol{\beta},\gamma$ 都是 n 维向量，k,l 是数，则

(1)$\boldsymbol{\alpha}+\boldsymbol{\beta}=\boldsymbol{\beta}+\boldsymbol{\alpha}$；(加法交换律)

(2)$(\boldsymbol{\alpha}+\boldsymbol{\beta})+\gamma=\boldsymbol{\alpha}+(\boldsymbol{\beta}+\gamma)$；(加法结合律)

(3)$\boldsymbol{\alpha}+0=\boldsymbol{\alpha}$；

(4)$\boldsymbol{\alpha}+(-\boldsymbol{\alpha})=0$；

(5)$1\times\boldsymbol{\alpha}=\boldsymbol{\alpha}$；

(6)$k(\boldsymbol{\alpha}+\boldsymbol{\beta})=k\boldsymbol{\alpha}+k\boldsymbol{\beta}$；(数乘分配律)

(7)$(k+l)\boldsymbol{\alpha}=k\boldsymbol{\alpha}+l\boldsymbol{\alpha}$；(数乘分配律)

(8) $(kl)\boldsymbol{\alpha}=k(l\boldsymbol{\alpha})$.(数乘与向量结合律)

3.向量的线性组合

定义:设 $\boldsymbol{\alpha}_1,\boldsymbol{\alpha}_2,\cdots\boldsymbol{\alpha}_m$ 是一组n维向量,$k_1,k_2,\cdots k_m$ 是一组常数,则称 $k_1\boldsymbol{\alpha}_1+k_2\boldsymbol{\alpha}_2+\cdots k_m\boldsymbol{\alpha}_m$ 为 $\boldsymbol{\alpha}_1,\boldsymbol{\alpha}_2,\cdots\boldsymbol{\alpha}_m$ 的一个线性组合,常数 $k_1,k_2,\cdots k_m$ 称为该线性组合的组合系数.(比喻:就是找一根绳子,把 m 个珍珠串成一根项链)

(1) 若一个n维向量$\boldsymbol{\beta}$可以表示成$\boldsymbol{\beta}=k_1\boldsymbol{\alpha}_1+k_2\boldsymbol{\alpha}_2+\cdots k_m\boldsymbol{\alpha}_m$,则称$\boldsymbol{\beta}$是$\boldsymbol{\alpha}_1,\boldsymbol{\alpha}_2,\cdots\boldsymbol{\alpha}_m$的线性组合,或称$\boldsymbol{\beta}$可用$\boldsymbol{\alpha}_1,\boldsymbol{\alpha}_2,\cdots\boldsymbol{\alpha}_m$线性表出(或线性表示).仍称$k_1,k_2,\cdots k_m$为组合系数,或表出系数.

(2) 显然,零向量可以用任意一组同维数的向量线性表出.

$O=0\boldsymbol{\alpha}_1+0\boldsymbol{\alpha}_2+\cdots0\boldsymbol{\alpha}_m$,称它为零向量的平凡表出式.

(这说明,表出系数可以全为0,表出系数全为0时被表出的向量必是零向量)

4.线性相关与线性无关

定义:给定向量组 $\boldsymbol{A}:\boldsymbol{\alpha}_1,\boldsymbol{\alpha}_2,\cdots,\boldsymbol{\alpha}_s$,如果存在不全为零的数 $k_1,k_2,\cdots,k_s$,使

$$k_1\boldsymbol{\alpha}_1+k_2\boldsymbol{\alpha}_2+\cdots+k_s\boldsymbol{\alpha}_s=0,\tag{1}$$

则称向量组 $\boldsymbol{A}$ 线性相关,否则称为线性无关.

注:① 当且仅当$k_1=k_2=\cdots=k_s=0$时,(1)式成立,向量组$\boldsymbol{\alpha}_1,\boldsymbol{\alpha}_2,\cdots,\boldsymbol{\alpha}_s$线性无关;

② 包含零向量的任何向量组是线性相关的;

③ 向量组只含有一个向量 $\boldsymbol{\alpha}$ 时,则

(i) $\boldsymbol{\alpha}\neq0$ 的充分必要条件是 $\boldsymbol{\alpha}$ 是线性无关的;

(ii) $\boldsymbol{\alpha}=0$ 的充分必要条件是 $\boldsymbol{\alpha}$ 是线性相关的;

④ 仅含两个向量的向量组线性相关的充分必要条件是这两个向量的对应分量成比例;反之,仅含两个向量的向量组线性无关的充分必要条件是这两个向量的对应分量不成比例.

⑤ 两个向量线性相关的几何意义是这两个向量共线,三个向量线性相关的几何意义是这三个向量共面.

(1) 向量组 $\boldsymbol{\alpha}_1,\boldsymbol{\alpha}_2,\cdots,\boldsymbol{\alpha}_s(s\geqslant2)$ 线性相关的充必要条件是向量组中至少有一个向量可由其余 $s-1$ 个向量线性表示.

(2) 设有列向量组 $\boldsymbol{\alpha}_j=\begin{pmatrix}a_{1j}\\a_{2j}\\\vdots\\a_{nj}\end{pmatrix}$,$(j=1,2,\cdots,s)$,则向量组 $\boldsymbol{\alpha}_1,\boldsymbol{\alpha}_2,\cdots,\boldsymbol{\alpha}_s$ 线性相关的

充要条件是:是矩阵 $\boldsymbol{A}=(\boldsymbol{\alpha}_1,\boldsymbol{\alpha}_2,\cdots,\boldsymbol{\alpha}_s)$ 的秩小于向量的个数 s.

①n 个 n 维列向量组 $\boldsymbol{\alpha}_1,\boldsymbol{\alpha}_2,\cdots,\boldsymbol{\alpha}_n$ 线性无关(线性相关)的充要条件是:矩阵 $\boldsymbol{A}=(\boldsymbol{\alpha}_1,\boldsymbol{\alpha}_2,\cdots,\boldsymbol{\alpha}_n)$ 的秩等于(小于)向量的个数 n.

②n 个 n 维列向量组 $\boldsymbol{\alpha}_1,\boldsymbol{\alpha}_2,\cdots,\boldsymbol{\alpha}_n$ 线性无关(线性相关)的充要条件是:矩阵 $\boldsymbol{A}=(\boldsymbol{\alpha}_1,\boldsymbol{\alpha}_2,\cdots,\boldsymbol{\alpha}_n)$ 的行列式不等于(等于)零.

注:上述结论对于矩阵的行向量组也同样成立.

③ 当向量组中所含向量的个数大于向量的维数时，此向量组必线性相关.

(3) 如果向量组中有一部分向量(部分组)线性相关,则整个向量组线性相关.

线性无关的向量组中的任何一部分组皆线性无关.

(4) 若向量组 $\boldsymbol{\alpha}_1,\cdots,\boldsymbol{\alpha}_s,\boldsymbol{\beta}$ 线性相关，而向量组 $\boldsymbol{\alpha}_1,\boldsymbol{\alpha}_2,\cdots,\boldsymbol{\alpha}_s$ 线性无关，则向量 $\boldsymbol{\beta}$ 可由 $\boldsymbol{\alpha}_1,\boldsymbol{\alpha}_2,\cdots,\boldsymbol{\alpha}_s$ 线性表示且表示法唯一.

(5) 设有两向量组 $\boldsymbol{A}:\boldsymbol{\alpha}_1,\boldsymbol{\alpha}_2,\cdots,\boldsymbol{\alpha}_s$; $\boldsymbol{B}:\boldsymbol{\beta}_1,\boldsymbol{\beta}_2,\cdots,\boldsymbol{\beta}_t$，向量组 $\boldsymbol{B}$ 能由向量组 $\boldsymbol{A}$ 线性表示，若 $s<t$，则向量组 $\boldsymbol{B}$ 线性相关.

① 向量组 $\boldsymbol{B}$ 能由向量组 $\boldsymbol{A}$ 线性表示，若向量组 $\boldsymbol{B}$ 线性无关，则 $s\geq t$.

② 设向量组 $\boldsymbol{A}$ 与 $\boldsymbol{B}$ 可以相互线性表示，若 $\boldsymbol{A}$ 与 $\boldsymbol{B}$ 都是线性无关的，则 $s=t$.

5.向量组的极大无关组与向量组的秩

定义 1:设有向量组 $\boldsymbol{A}:\boldsymbol{\alpha}_1,\boldsymbol{\alpha}_2,\cdots,\boldsymbol{\alpha}_s$,若在 $\boldsymbol{A}$ 能选出 r 个向量 $\boldsymbol{\alpha}_{j1},\boldsymbol{\alpha}_{j2},\cdots,\boldsymbol{\alpha}_{jr}$ 满足:

(I) 部分组 $\boldsymbol{A}_0:\boldsymbol{\alpha}_{j1},\boldsymbol{\alpha}_{j2},\cdots,\boldsymbol{\alpha}_{jr}$ 线性无关;

(II) 向量组 $\boldsymbol{A}$ 中任意 $r+1$ 个向量(若有的话)都线性相关,

则称向量组 $\boldsymbol{A}_0$ 是向量组 $\boldsymbol{A}$ 的一个极大线性无关组(简称极大无关组).

注:一个向量组 $\boldsymbol{A}:\boldsymbol{\alpha}_1,\boldsymbol{\alpha}_2,\cdots,\boldsymbol{\alpha}_s$ 的极大无关组 $\boldsymbol{\alpha}_{j1},\boldsymbol{\alpha}_{j2},\cdots,\boldsymbol{\alpha}_{jr}$ 要满足以下几个条件:

① 向量组 $\boldsymbol{\alpha}_{j1},\boldsymbol{\alpha}_{j2},\cdots,\boldsymbol{\alpha}_{jr}$ 是向量组 $\boldsymbol{A}:\boldsymbol{\alpha}_1,\boldsymbol{\alpha}_2,\cdots,\boldsymbol{\alpha}_s$ 的一个线性无关的部分组;

② 向量组 $\boldsymbol{A}:\boldsymbol{\alpha}_1,\boldsymbol{\alpha}_2,\cdots,\boldsymbol{\alpha}_s$ 的其余向量均可由向量组 $\boldsymbol{\alpha}_{j1},\boldsymbol{\alpha}_{j2},\cdots,\boldsymbol{\alpha}_{jr}$ 线性表示或向量组 $\boldsymbol{A}:\boldsymbol{\alpha}_1,\boldsymbol{\alpha}_2,\cdots,\boldsymbol{\alpha}_s$ 与向量组 $\boldsymbol{\alpha}_{j1},\boldsymbol{\alpha}_{j2},\cdots,\boldsymbol{\alpha}_{jr}$ 等价(能够互相线性表示).

定义 2:向量组 $\boldsymbol{\alpha}_1,\boldsymbol{\alpha}_2,\cdots,\boldsymbol{\alpha}_s$ 的极大无关组所含向量的个数称为该向量组的秩,记为 $r(\boldsymbol{\alpha}_1,\boldsymbol{\alpha}_2,\cdots,\boldsymbol{\alpha}_s)$.

设 $\boldsymbol{A}$ 为 $m\times n$ 矩阵,则 $r(\boldsymbol{A})=r$ 的充分必要条件是:$\boldsymbol{A}$ 的列(行)秩为 r.

矩阵 $\boldsymbol{A}$ 的行秩等于列秩

求一个向量组的极大无关组或秩,并将其余向量用此极大无关组线性表示的方法:

由该向量组构造矩阵 $\boldsymbol{A}$,要求各向量作为 $\boldsymbol{A}$ 的列向量,并将该矩阵化为行最简阶梯形矩阵,则非零行的行数即为向量组的秩,非零首元所在的列对应的列向量组成一个极大无关组,其余列向量的各分量即为由极大无关组线性表示的系数.

6.向量空间与子空间

定义1　设 $\boldsymbol{V}$ 为 n 维向量的集合,若集合 $\boldsymbol{V}$ 非空,且集合 $\boldsymbol{V}$ 对于 n 维向量的加法及数乘两种运算封闭,即

① 若 $\boldsymbol{\alpha} \in \boldsymbol{V},\boldsymbol{\beta} \in \boldsymbol{V}$,则 $\boldsymbol{\alpha}+\boldsymbol{\beta} \in \boldsymbol{V}$;

② 若 $\boldsymbol{\alpha} \in \boldsymbol{V},\lambda \in \boldsymbol{R}$,则 $\lambda\boldsymbol{\alpha} \in \boldsymbol{V}$.

则称集合 $\boldsymbol{V}$ 为 $\boldsymbol{R}$ 上的向量空间.

记所有 n 维向量的集合为 $\boldsymbol{R}^n$,由 n 维向量的线性运算规律,容易验证集合 $\boldsymbol{R}^n$ 对于加法及数乘两种运算封闭.因而集合 $\boldsymbol{R}^n$ 构成一向量空间,称 $\boldsymbol{R}^n$ 为 n 维向量空间.

注:$n=3$ 时,三维向量空间 $\boldsymbol{R}^3$ 表示实体空间;

$n=2$ 时,二维向量空间 $\boldsymbol{R}^2$ 表示平面;

$n=1$ 时,一维向量空间 $\boldsymbol{R}^1$ 表示数轴.

$n>3$ 时,$\boldsymbol{R}^n$ 没有直观的几何形象.

定义2　设有向量空间 $\boldsymbol{V}_1$ 和 $\boldsymbol{V}_2$,若向量空间 $\boldsymbol{V}_1 \subset \boldsymbol{V}_2$,则称 $\boldsymbol{V}_1$ 是 $\boldsymbol{V}_2$ 的子空间.

7.向量空间的基与维数

定义　设 $\boldsymbol{V}$ 是向量空间,若有 r 个向量 $\boldsymbol{\alpha}_1,\boldsymbol{\alpha}_2,\cdots,\boldsymbol{\alpha}_r \in \boldsymbol{V}$,且满足

①$\boldsymbol{\alpha}_1,\cdots,\boldsymbol{\alpha}_r$ 线性无关;

②V 中任一向量都可由 $\boldsymbol{\alpha}_1,\cdots,\boldsymbol{\alpha}_r$ 线性表示.

则称向量组 $\boldsymbol{\alpha}_1,\cdots,\boldsymbol{\alpha}_r$ 为向量空间 $\boldsymbol{V}$ 的一个基,数 r 称为向量空间 $\boldsymbol{V}$ 的维数,记为 $\dim\boldsymbol{V}=r$,并称 $\boldsymbol{V}$ 为 r 维向量空间.

注:(1) 只含零向量的向量空间称为0维向量空间,它没有基;

(2) 若把向量空间 $\boldsymbol{V}$ 看作向量组,则 $\boldsymbol{V}$ 的基就是向量组的极大无关组,$\boldsymbol{V}$ 的维数就是向量组的秩;

(3) 若向量组 $\boldsymbol{\alpha}_1,\cdots,\boldsymbol{\alpha}_r$ 是向量空间 $\boldsymbol{V}$ 的一个基,则 V 可表示为:

$$\boldsymbol{V}=\{x \mid x=\lambda_1\boldsymbol{\alpha}_1+\cdots+\lambda_r\boldsymbol{\alpha}_r,\lambda_1,\lambda_2,\cdots,\lambda_r \in \boldsymbol{R}\}.$$

此时,$\boldsymbol{V}$ 又称为由基 $\boldsymbol{\alpha}_1,\cdots,\boldsymbol{\alpha}_r$ 所生成的向量空间.故数组 $\lambda_1,\cdots,\lambda_r$ 称为向量 x 在基

$\boldsymbol{\alpha}_1,\cdots,\boldsymbol{\alpha}_r$ 中的坐标.

注:如果在向量空间 $\boldsymbol{V}$ 中取定一个基 $a_1,a_2,\cdots,a_r$，那么 $\boldsymbol{V}$ 中任一向量 x 可唯一地表示为

$$x=\lambda_1 a_1+\lambda_2 a_2+\cdots+\lambda_r a_r,$$

数组 $\lambda_1,\lambda_2,\cdots,\lambda_r$ 称为向量 x 在基 $a_1,a_2,\cdots,a_r$ 中的坐标.

特别地，在 n 维向量空间 $\boldsymbol{R}^n$ 中取单位坐标向量组 $e_1,e_2,\cdots,e_n$ 为基,则以 $x_1,x_2,\cdots,x_n$ 为分量的向量 x,可表示为

$$x=x_1e_1+x_2e_2+\cdots+x_ne_n,$$

可见向量在基 $e_1,e_2,\cdots,e_n$ 中的坐标就是该向量的分量.因此 $e_1,e_2,\cdots,e_n$ 叫作 $\boldsymbol{R}^n$ 中的自然基.

四、典型例题及其解法

例 1　已知 $\boldsymbol{\alpha}_1-5\boldsymbol{\alpha}_2+2\boldsymbol{\alpha}_3=\boldsymbol{\beta}$ 其中,$\boldsymbol{\alpha}_1=(3,4,-1)$,$\boldsymbol{\alpha}_2=(1,0,3)$,$\boldsymbol{\beta}=(0,2,-5)$,则 $\boldsymbol{\alpha}_3=$ ________.

测试点:n 维向量线性运算的定义和性质

解:因为 $\boldsymbol{\alpha}_1-5\boldsymbol{\alpha}_2+2\boldsymbol{\alpha}_3=\boldsymbol{\beta}$,所以

$$\boldsymbol{\alpha}_3=\frac{1}{2}(\boldsymbol{\beta}-\boldsymbol{\alpha}_1+5\boldsymbol{\alpha}_2)=\frac{1}{2}[(0,2,-5)-(3,4,-1)+5(1,0,3)]=\left(1,-1,\frac{11}{2}\right)$$

答案:$\boldsymbol{\alpha}_3=\left(1,-1,\frac{11}{2}\right)$.(请验算)

例 2　设向量 $\boldsymbol{\alpha}_1=(1,1,1)^T$,$\boldsymbol{\alpha}_2=(1,1,0)^T$,$\boldsymbol{\alpha}_3=(1,0,0)^T$,$\boldsymbol{\beta}=(0,1,1)^T$，则 $\boldsymbol{\beta}$ 由 $\boldsymbol{\alpha}_1,\boldsymbol{\alpha}_2,\boldsymbol{\alpha}_3$ 线性表出的表示式为 ________.

测试点:向量由向量组线性表示;组合系数的求法

解:考虑　$x_1\boldsymbol{\alpha}_1+x_2\boldsymbol{\alpha}_2+x_3\boldsymbol{\alpha}_3=\boldsymbol{\beta}$

该线性方程组的增广矩阵

$$\bar{\boldsymbol{A}}=[\boldsymbol{\alpha}_1\quad\boldsymbol{\alpha}_2\quad\boldsymbol{\alpha}_3\quad\boldsymbol{\beta}]=\begin{bmatrix}1&1&1&0\\1&1&0&1\\1&0&0&1\end{bmatrix}\longrightarrow\begin{bmatrix}1&1&1&0\\0&0&-1&1\\0&-1&-1&1\end{bmatrix}\rightarrow$$

$$\rightarrow\begin{bmatrix}1&1&1&0\\0&1&1&-1\\0&0&1&-1\end{bmatrix}\longrightarrow\begin{bmatrix}1&1&0&1\\0&1&0&0\\0&0&1&-1\end{bmatrix}\longrightarrow\begin{bmatrix}1&0&0&1\\0&1&0&0\\0&0&1&-1\end{bmatrix}$$

所以 $\boldsymbol{\beta}=\boldsymbol{\alpha}_1-\boldsymbol{\alpha}_3$

答案:$\boldsymbol{\beta}=\boldsymbol{\alpha}_1-\boldsymbol{\alpha}_3$(验算!)

例 3 设向量组 $\boldsymbol{\alpha}_1,\boldsymbol{\alpha}_2,\cdots,\boldsymbol{\alpha}_s$ 线性相关,则必可推出( )

A.$\boldsymbol{\alpha}_1,\boldsymbol{\alpha}_2,\cdots,\boldsymbol{\alpha}_s$ 中至少有一个向量为零向量

B.$\boldsymbol{\alpha}_1,\boldsymbol{\alpha}_2,\cdots,\boldsymbol{\alpha}_s$ 中至少有两个向量成比例

C.$\boldsymbol{\alpha}_1,\boldsymbol{\alpha}_2,\cdots,\boldsymbol{\alpha}_s$ 中至少有一个向量可以表示为其余向量的线性组合

D.$\boldsymbol{\alpha}_1,\boldsymbol{\alpha}_2,\cdots,\boldsymbol{\alpha}_s$ 中每一个向量都可以表示为其余向量的线性组合

测试点:向量组线性相关的概念

答案:C

例 4 向量组 $\boldsymbol{\alpha}_1,\boldsymbol{\alpha}_2,\cdots,\boldsymbol{\alpha}_s$ 线性无关的充分条件是( )

A.$\boldsymbol{\alpha}_1,\boldsymbol{\alpha}_2,\cdots,\boldsymbol{\alpha}_s$ 都不是零向量

B.$\boldsymbol{\alpha}_1,\boldsymbol{\alpha}_2,\cdots,\boldsymbol{\alpha}_s$ 中任意两个向量都不成比例

C.$\boldsymbol{\alpha}_1,\boldsymbol{\alpha}_2,\cdots,\boldsymbol{\alpha}_s$ 中任意一个向量都不能表为其余向量的线性组合

D.$\boldsymbol{\alpha}_1,\boldsymbol{\alpha}_2,\cdots,\boldsymbol{\alpha}_s$ 中任意 $s-1$ 个向量都线性无关

测试点:向量组线性相关的概念;充分条件;必要条件;充分必要条件.

解:$\boldsymbol{\alpha}_1=\begin{bmatrix}1\\1\end{bmatrix},\boldsymbol{\alpha}_2=\begin{bmatrix}2\\2\end{bmatrix}$都不是零向量,但 $\boldsymbol{\alpha}_1,\boldsymbol{\alpha}_2$ 线性相关.

$\boldsymbol{\alpha}_1=\begin{bmatrix}1\\0\\0\end{bmatrix},\boldsymbol{\alpha}_2=\begin{bmatrix}0\\1\\0\end{bmatrix},\boldsymbol{\alpha}_3=\begin{bmatrix}1\\1\\0\end{bmatrix}$ 中任意两个向量都不成比例,且其中任意 $3-1=2$ 个向量都线性无关,但 $\boldsymbol{\alpha}_1,\boldsymbol{\alpha}_2,\boldsymbol{\alpha}_3$ 线性相关.故 **A**,**B**,D 都不正确.

答案:C

例 5 设向量组 $\boldsymbol{\alpha}_1,\boldsymbol{\alpha}_2$ 线性无关,证明向量组 $\boldsymbol{\beta}_1=\boldsymbol{\alpha}_1+\boldsymbol{\alpha}_2,\boldsymbol{\beta}_2=\boldsymbol{\alpha}_1-\boldsymbol{\alpha}_2$ 也线性无关.

测试点:向量组线性无关的定义;

证 设 $k_1\boldsymbol{\beta}_1+k_2\boldsymbol{\beta}_2=0$

因为 $$\boldsymbol{\beta}_1=\boldsymbol{\alpha}_1+\boldsymbol{\alpha}_2,\boldsymbol{\beta}_2=\boldsymbol{\alpha}_1-\boldsymbol{\alpha}_2$$

则 $$k_1(\boldsymbol{\alpha}_1+\boldsymbol{\alpha}_2)+k_2(\boldsymbol{\alpha}_1-\boldsymbol{\alpha}_2)=0$$

即 $$(k_1+k_2)\boldsymbol{\alpha}_1+(k_1-k_2)\boldsymbol{\alpha}_2=0$$

因为$\boldsymbol{\alpha}_1,\boldsymbol{\alpha}_2$线性无关，故$\begin{cases}k_1+k_2=0\\k_1-k_2=0\end{cases}$，所以只能$k_1=k_2=0$.

这表明若$k_1\boldsymbol{\beta}_1+k_2\boldsymbol{\beta}_2=0$,必有$k_1=k_2=0$.据向量组线性无关的定义,知$\boldsymbol{\beta}_1,\boldsymbol{\beta}_2$也线性无关.

例 6　若向量组$\boldsymbol{\alpha}_1=(3,1,a),\boldsymbol{\alpha}_2=(4,a,0),\boldsymbol{\alpha}_3=(1,0,a)$线性无关,则$a$可能的取值应满足________.

测试点:n **个** n **维向量线性无关** $\Leftrightarrow$ **相应的行列式** $\neq 0$;

解:$D=|\boldsymbol{\alpha}_1^T\quad\boldsymbol{\alpha}_2^T\quad\boldsymbol{\alpha}_3^T|=\begin{vmatrix}3&4&1\\1&a&0\\a&0&a\end{vmatrix}\overset{r_3+(-a)r_1}{=}\begin{vmatrix}3&4&1\\1&a&0\\-2a&-4a&0\end{vmatrix}=-4a+2a^2=2a(a-2)\neq 0$

所以$a\neq 0$，且$a\neq 2$.

答案:$a\neq 0$，且$a\neq 2$.

例 7　设n维向量组$\boldsymbol{\alpha}_1,\boldsymbol{\alpha}_2,\cdots,\boldsymbol{\alpha}_m(m\geqslant 2)$线性无关，则(　　)

A.组中减少任意一个向量后与线性无关

B.组中增加任意一个向量后与线性无关

C.存在不全为零的数$k_1,k_2,\cdots,k_m$,使$\sum\limits_{i=1}^{m}k_i\boldsymbol{\alpha}_i=0$

D.组中至少有一个向量可以由其余向量线性表出

解析:因为若向量组线性相关,则增加任何一个向量后仍线性相关,其等价的定理是向量组相性无关,则组中减少任意一个向量后与线性无关

答案:A

例 8　设向量$\boldsymbol{\alpha}_1=(a_1,b_1,c_1),\boldsymbol{\alpha}_2=(a_2,b_2,c_2),\boldsymbol{\beta}_1=(a_1,b_1,c_1,d_1),\boldsymbol{\beta}_2=(a_2,b_2,c_2,d_2)$,下列命题中正确的是(　　)

A.若$\boldsymbol{\alpha}_1,\boldsymbol{\alpha}_2$线性相关,则必有$\boldsymbol{\beta}_1,\boldsymbol{\beta}_2$线性相关

B.若$\boldsymbol{\alpha}_1,\boldsymbol{\alpha}_2$线性无关,则必有$\boldsymbol{\beta}_1,\boldsymbol{\beta}_2$线性无关

C.若$\boldsymbol{\beta}_1,\boldsymbol{\beta}_2$线性相关,则必有$\boldsymbol{\alpha}_1,\boldsymbol{\alpha}_2$线性无关

D.若$\boldsymbol{\beta}_1,\boldsymbol{\beta}_2$线性无关,则必有$\boldsymbol{\alpha}_1,\boldsymbol{\alpha}_2$线性相关

答案:B

例9 设向量组 $\boldsymbol{\alpha}_1,\boldsymbol{\alpha}_2,\boldsymbol{\alpha}_3$ 线性无关,而向量组 $\boldsymbol{\alpha}_2,\boldsymbol{\alpha}_3,\boldsymbol{\alpha}_4$ 线性相关.证明:向量 $\boldsymbol{\alpha}_4$ 必可表为 $\boldsymbol{\alpha}_1,\boldsymbol{\alpha}_2,\boldsymbol{\alpha}_3$ 的线性组合.

测试点:关于线性相关性的几个定理

证1 因为 $\boldsymbol{\alpha}_2,\boldsymbol{\alpha}_3,\boldsymbol{\alpha}_4$ 线性相关,故 $\boldsymbol{\alpha}_1,\boldsymbol{\alpha}_2,\boldsymbol{\alpha}_3,\boldsymbol{\alpha}_4$ 线性相关,又因为 $\boldsymbol{\alpha}_1,\boldsymbol{\alpha}_2,\boldsymbol{\alpha}_3$ 线性无关,所以 $\boldsymbol{\alpha}_4$ 必可表为 $\boldsymbol{\alpha}_1,\boldsymbol{\alpha}_2,\boldsymbol{\alpha}_3$ 的线性组合.证毕.

证2 因为 $\boldsymbol{\alpha}_1,\boldsymbol{\alpha}_2,\boldsymbol{\alpha}_3$ 线性无关,故 $\boldsymbol{\alpha}_2,\boldsymbol{\alpha}_3$ 必线性无关,又因为 $\boldsymbol{\alpha}_2,\boldsymbol{\alpha}_3,\boldsymbol{\alpha}_4$ 线性相关故 $\boldsymbol{\alpha}_4$ 必能由 $\boldsymbol{\alpha}_2,\boldsymbol{\alpha}_3$ 线性表示,当然可表为 $\boldsymbol{\alpha}_1,\boldsymbol{\alpha}_2,\boldsymbol{\alpha}_3$ 的线性组合.证毕.

例10 $\boldsymbol{A}=\begin{pmatrix}-1 & 0\\ 1 & 3\\ 1 & 6\end{pmatrix}$ 的行向量组的秩 = ________.

测试点:矩阵的秩与向量组的秩之间的关系

答案:2

例11 设 $\boldsymbol{\alpha}_1,\boldsymbol{\alpha}_2,\boldsymbol{\alpha}_3,\boldsymbol{\alpha}_4$ 是一个4维向量组,若已知 $\boldsymbol{\alpha}_4$ 可以表为 $\boldsymbol{\alpha}_1,\boldsymbol{\alpha}_2,\boldsymbol{\alpha}_3$ 的线性组合,且表示法唯一,则向量组 $\boldsymbol{\alpha}_1,\boldsymbol{\alpha}_2,\boldsymbol{\alpha}_3,\boldsymbol{\alpha}_4$ 的秩为(　　)

A.1　　B.2　　C.3　　D.4

测试点:(1)向量组的秩的概念;(2)向量由向量组线性表示的概念 (3)向量组线性相关和线性无关的概念

解:因为 $\boldsymbol{\alpha}_4$ 可以表为 $\boldsymbol{\alpha}_1,\boldsymbol{\alpha}_2,\boldsymbol{\alpha}_3$ 的线性组合,且表示法唯一,必有 $\boldsymbol{\alpha}_1,\boldsymbol{\alpha}_2,\boldsymbol{\alpha}_3$ 线性无关.因为设 $\lambda_1\boldsymbol{\alpha}_1+\lambda_2\boldsymbol{\alpha}_2+\lambda_3\boldsymbol{\alpha}_3=0$,由 $\boldsymbol{\alpha}_4$ 可以表为 $\boldsymbol{\alpha}_1,\boldsymbol{\alpha}_2,\boldsymbol{\alpha}_3$ 的线性组合,即 $\boldsymbol{\alpha}_4=k_1\boldsymbol{\alpha}_1+k_2\boldsymbol{\alpha}_2+k_3\boldsymbol{\alpha}_3$.

故
$$\begin{aligned}\boldsymbol{\alpha}_4=\boldsymbol{\alpha}_4+0&=k_1\boldsymbol{\alpha}_1+k_2\boldsymbol{\alpha}_2+k_3\boldsymbol{\alpha}_3+\lambda_1\boldsymbol{\alpha}_1+\lambda_2\boldsymbol{\alpha}_2+\lambda_3\boldsymbol{\alpha}_3\\&=(k_1+\lambda_1)\boldsymbol{\alpha}_1+(k_2+\lambda_2)\boldsymbol{\alpha}_2+(k_3+\lambda_3)\boldsymbol{\alpha}_3\end{aligned}$$

由表示法唯一,有

$$k_1+\lambda_1=k_1,k_2+\lambda_2=k_2,k_3+\lambda_3=k_3$$

于是有 $\lambda_1=\lambda_2=\lambda_3=0$,故 $\boldsymbol{\alpha}_1,\boldsymbol{\alpha}_2,\boldsymbol{\alpha}_3$ 线性无关,又 $\boldsymbol{\alpha}_4$ 可以表为 $\boldsymbol{\alpha}_1,\boldsymbol{\alpha}_2,\boldsymbol{\alpha}_3$ 的线性组合,所以 $\boldsymbol{\alpha}_1,\boldsymbol{\alpha}_2,\boldsymbol{\alpha}_3$ 为向量组 $\boldsymbol{\alpha}_1,\boldsymbol{\alpha}_2,\boldsymbol{\alpha}_3,\boldsymbol{\alpha}_4$ 的一个极大无关组,故向量组 $\boldsymbol{\alpha}_1,\boldsymbol{\alpha}_2,\boldsymbol{\alpha}_3,\boldsymbol{\alpha}_4$ 的秩为3.

答案:C

例 12　设向量组 $\boldsymbol{\alpha}_1=(1,-1,2,1)^T$，$\boldsymbol{\alpha}_2=(2,-2,4,-2)^T$，$\boldsymbol{\alpha}_3=(3,0,6,-1)^T$，$\boldsymbol{\alpha}_4=(0,3,0,4)^T$.

(1) 求向量组的秩和一个极大线性无关组；

(2) 将其余向量表为该极大线性无关组的线性组合.

测试点:求向量组的极大无关组,并将其余向量由该极大无关组线性表示的方法

解: $\boldsymbol{A}=[\boldsymbol{\alpha}_1\quad\boldsymbol{\alpha}_2\quad\boldsymbol{\alpha}_3\quad\boldsymbol{\alpha}_4]=\begin{bmatrix}1&2&3&0\\-1&-2&0&3\\2&4&6&0\\1&-2&-1&4\end{bmatrix}\xrightarrow[r_4+(-1)r_1]{\substack{r_2+r_1\\r_3+(-2)r_1}}\begin{bmatrix}1&2&3&0\\0&0&3&3\\0&0&0&0\\0&-4&-4&4\end{bmatrix}$

$$\longrightarrow\begin{bmatrix}1&2&3&0\\0&1&1&-1\\0&0&1&1\\0&0&0&0\end{bmatrix}\xrightarrow[r_2+(-1)r_3]{r_1+(-3)r_3}\begin{bmatrix}1&2&0&-3\\0&1&0&-2\\0&0&1&1\\0&0&0&0\end{bmatrix}\xrightarrow{r_1+(-2)r_2}\begin{bmatrix}1&0&0&1\\0&1&0&-2\\0&0&1&1\\0&0&0&0\end{bmatrix}$$

所以原向量组的秩为 3，$\boldsymbol{\alpha}_1,\boldsymbol{\alpha}_2,\boldsymbol{\alpha}_3$ 为所求的极大无关组.$\boldsymbol{\alpha}_4=\boldsymbol{\alpha}_1-2\boldsymbol{\alpha}_2+\boldsymbol{\alpha}_3$.

例 13　设 $\mathbf{V}_1=\{x=(x_1,x_2,x_3,0)\mid x_1,x_2,x_3\in\boldsymbol{R}\}$,$\mathbf{V}_2=\{x=(x_1,x_2,x_3,1)\mid x_1,x_2,x_3\in\boldsymbol{R}\}$,$\mathbf{V}_3=\{x=(x_1,x_2,\cdots,x_n)\mid x_1+x_2+\cdots+x_n=0\}$,说明哪个是向量空间,哪个不是.

解析: 在 $\mathbf{V}_1$ 中,任取 $\boldsymbol{\alpha}=(x_1,x_2,x_3,0)$,$\boldsymbol{\beta}=(y_1,y_2,y_3,0)\in\mathbf{V}_1$,$k$ 为任意数,都有

$$\boldsymbol{\alpha}+\boldsymbol{\beta}=(x_1+y_1,x_2+y_2,x_3+y_3,0)\in\mathbf{V}_1,$$

$$k\boldsymbol{\alpha}=(kx_1,kx_2,kx_3,0)\in\mathbf{V}_1,$$

所以 $\mathbf{V}_1$ 是向量空间.

类似地,可以证明 $\mathbf{V}_3=\{x=(x_1,x_2,\cdots,x_n)\mid x_1+x_2+\cdots+x_n=0\}$ 也是向量空间.

但对 $\mathbf{V}_2=\{x=(x_1,x_2,x_3,1)\mid x_1,x_2,x_3\in\boldsymbol{R}\}$,取 $\boldsymbol{\alpha}=(1,0,0,1)$，$\boldsymbol{\beta}=(0,1,0,1)$ 都属于 $\mathbf{V}_2$,而 $\boldsymbol{\alpha}+\boldsymbol{\beta}=(1,1,0,2)\notin\mathbf{V}_2$.这表明 $\mathbf{V}_2$ 对加法运算不封闭,故 $\mathbf{V}_2$ 不是向量空间.

例 14　向量空间 $\mathbf{V}=\{x=(x_1,x_2,0)\mid x_1,x_2$ 为实数$\}$ 的维数为 ________.

测试点:向量空间维数的概念

解: 容易看出 $\boldsymbol{\alpha}=(1,0,0)$,$\boldsymbol{\beta}=(0,1,0)$ 是 $\mathbf{V}$ 的一个基.

答案: 2

例 15 证明向量组$\boldsymbol{\alpha}_1=(1,1,1),\boldsymbol{\alpha}_2=(1,2,0),\boldsymbol{\alpha}_3=(3,0,0)$是$R^3$的一组基,则向量$\boldsymbol{\beta}=(8,7,3)$在这组基下的坐标是________.

测试点:向量在一组基下的坐标

解:因为

$$|\boldsymbol{\alpha}_1^T \quad \boldsymbol{\alpha}_2^T \quad \boldsymbol{\alpha}_3^T|=\begin{vmatrix}1&1&3\\1&2&0\\1&0&0\end{vmatrix}=-\begin{vmatrix}3&1&1\\0&2&1\\0&0&1\end{vmatrix}=-6\neq 0$$

故$\boldsymbol{\alpha}_1,\boldsymbol{\alpha}_2,\boldsymbol{\alpha}_3$线性无关,所以它是$R^3$的一组基.

考虑

$$x_1\boldsymbol{\alpha}_1^T+x_2\boldsymbol{\alpha}_2^T+x_3\boldsymbol{\alpha}_3^T=\boldsymbol{\beta}^T$$

该线性方程组的增广矩阵为

$$\bar{\boldsymbol{A}}=[\boldsymbol{\alpha}_1^T \quad \boldsymbol{\alpha}_2^T \quad \boldsymbol{\alpha}_3^T \quad \boldsymbol{\beta}^T]=\begin{bmatrix}1&1&3&8\\1&2&0&7\\1&0&0&3\end{bmatrix}\longrightarrow\begin{bmatrix}1&1&3&8\\0&1&-3&-1\\0&-1&-3&-5\end{bmatrix}$$

$$\longrightarrow\begin{bmatrix}1&1&3&8\\0&1&-3&-1\\0&0&-6&-6\end{bmatrix}\to\begin{bmatrix}1&1&3&8\\0&1&-3&-1\\0&0&1&1\end{bmatrix}\to\begin{bmatrix}1&0&0&3\\0&1&0&2\\0&0&1&1\end{bmatrix}$$

得 $x_1=3,x_2=2,x_3=1$.

所以$\boldsymbol{\beta}=(8,7,3)$在这组基下的坐标是$(3,2,1)$(即$\boldsymbol{\beta}=3\boldsymbol{\alpha}_1+2\boldsymbol{\alpha}_2+\boldsymbol{\alpha}_3$)

答案:$(3,2,1)$.

例 16 求由向量组$\boldsymbol{\alpha}_1=(1,1,1),\boldsymbol{\alpha}_2=(1,2,0),\boldsymbol{\alpha}_3=(2,3,1)$生成的子空间的一个基,并说明该生成子空间的维数.

解析:显然$\boldsymbol{\alpha}_1=(1,1,1),\boldsymbol{\alpha}_2=(1,2,0)$是$\boldsymbol{\alpha}_1=(1,1,1),\boldsymbol{\alpha}_2=(1,2,0),\boldsymbol{\alpha}_3=(2,3,1)$的一个极大无关组,故是由向量组$\boldsymbol{\alpha}_1=(1,1,1),\boldsymbol{\alpha}_2=(1,2,0),\boldsymbol{\alpha}_3=(2,3,1)$生成的子空间的一个基,所以该子空间的维数等于2.

例 17 (2002)设三阶矩阵$\boldsymbol{A}=\begin{pmatrix}1&2&-2\\2&1&2\\3&0&4\end{pmatrix}$,三维列向量$\boldsymbol{\alpha}=(a,1,1)^T$.已知$\boldsymbol{A\alpha}$与$\boldsymbol{\alpha}$线性相关,则$a=$________.

解:因为$\boldsymbol{\alpha}=(a,1,1)^T\neq 0$,而且$\boldsymbol{A\alpha}$与$\boldsymbol{\alpha}$线性相关,故存在$\lambda$使得$\boldsymbol{A\alpha}=\lambda\boldsymbol{\alpha}$,即

$$\begin{pmatrix}a\\2a+3\\3a+4\end{pmatrix}=\begin{pmatrix}1&2&-2\\2&1&2\\3&0&4\end{pmatrix}\begin{pmatrix}a\\1\\1\end{pmatrix}=\begin{pmatrix}\lambda a\\\lambda\\\lambda\end{pmatrix}$$

由此可得 $\lambda=1$，$a=-1$.

例 18　(2003) 设 $\boldsymbol{\alpha}$ 为三维列向量，$\boldsymbol{\alpha}^T$ 是 $\boldsymbol{\alpha}$ 的转置.若 $\boldsymbol{\alpha}\boldsymbol{\alpha}^T=\begin{pmatrix}1&-1&1\\-1&1&-1\\1&-1&1\end{pmatrix}$，则 $\boldsymbol{\alpha}^T\boldsymbol{\alpha}=$________.

解:设 $\boldsymbol{\alpha}=\begin{pmatrix}a_1\\a_2\\a_3\end{pmatrix}$，则 $\boldsymbol{\alpha}\boldsymbol{\alpha}^T=\begin{pmatrix}a_1^2&a_1a_2&a_1a_3\\a_2a_1&a_2^2&a_2a_3\\a_3a_1&a_3a_2&a_3^2\end{pmatrix}$，又因为 $\boldsymbol{\alpha}\boldsymbol{\alpha}^T=\begin{pmatrix}1&-1&1\\-1&1&-1\\1&-1&1\end{pmatrix}$，所以 $\boldsymbol{\alpha}^T\boldsymbol{\alpha}=a_1^2+a_2^2+a_3^2=1+1+1=3$.

例 19　(2005) 设 $\boldsymbol{\alpha}_1$，$\boldsymbol{\alpha}_2$，$\boldsymbol{\alpha}_3$ 均为三维列向量，记矩阵 $\boldsymbol{A}=(\boldsymbol{\alpha}_1,\boldsymbol{\alpha}_2,\boldsymbol{\alpha}_3)$，$\boldsymbol{B}=(\boldsymbol{\alpha}_1+\boldsymbol{\alpha}_2+\boldsymbol{\alpha}_3,\boldsymbol{\alpha}_1+2\boldsymbol{\alpha}_2+4\boldsymbol{\alpha}_3,\boldsymbol{\alpha}_1+3\boldsymbol{\alpha}_2+9\boldsymbol{\alpha}_3)$，如果 $|\boldsymbol{A}|=1$，那么 $|\boldsymbol{B}|=$________.

解:由于 $\boldsymbol{B}=(\boldsymbol{\alpha}_1,\boldsymbol{\alpha}_2,\boldsymbol{\alpha}_3)\begin{pmatrix}1&1&1\\1&2&3\\1&4&9\end{pmatrix}=\boldsymbol{A}\begin{pmatrix}1&1&1\\1&2&3\\1&4&9\end{pmatrix}$，取行列式即得 $|\boldsymbol{B}|=|\boldsymbol{A}|\begin{vmatrix}1&1&1\\1&2&3\\1&4&9\end{vmatrix}=2$.

例 20　(2006) 设 $\boldsymbol{\alpha}_1,\boldsymbol{\alpha}_2,\cdots,\boldsymbol{\alpha}_s$ 均为 n 维向量，$\boldsymbol{A}$ 是 $m\times n$ 矩阵，下列选项正确的是 (　　)

A.若 $\boldsymbol{\alpha}_1,\boldsymbol{\alpha}_2,\cdots,\boldsymbol{\alpha}_s$ 线性相关，则 $\boldsymbol{A}\boldsymbol{\alpha}_1,\boldsymbol{A}\boldsymbol{\alpha}_2,\cdots,\boldsymbol{A}\boldsymbol{\alpha}_s$ 线性相关；

B.若 $\boldsymbol{\alpha}_1,\boldsymbol{\alpha}_2,\cdots,\boldsymbol{\alpha}_s$ 线性无关，则 $\boldsymbol{A}\boldsymbol{\alpha}_1,\boldsymbol{A}\boldsymbol{\alpha}_2,\cdots,\boldsymbol{A}\boldsymbol{\alpha}_s$ 线性相关；

C.若 $\boldsymbol{\alpha}_1,\boldsymbol{\alpha}_2,\cdots,\boldsymbol{\alpha}_s$ 线性无关，则 $\boldsymbol{A}\boldsymbol{\alpha}_1,\boldsymbol{A}\boldsymbol{\alpha}_2,\cdots,\boldsymbol{A}\boldsymbol{\alpha}_s$ 线性无关；

D.若 $\boldsymbol{\alpha}_1,\boldsymbol{\alpha}_2,\cdots,\boldsymbol{\alpha}_s$ 线性相关，则 $\boldsymbol{A}\boldsymbol{\alpha}_1,\boldsymbol{A}\boldsymbol{\alpha}_2,\cdots,\boldsymbol{A}\boldsymbol{\alpha}_s$ 线性无关.

解:由题意 $(\boldsymbol{A}\boldsymbol{\alpha}_1,\boldsymbol{A}\boldsymbol{\alpha}_2,\cdots,\boldsymbol{A}\boldsymbol{\alpha}_s)=\boldsymbol{A}(\boldsymbol{\alpha}_1,\boldsymbol{\alpha}_2,\cdots,\boldsymbol{\alpha}_s)$，记 $\boldsymbol{C}=(\boldsymbol{A}\boldsymbol{\alpha}_1,\boldsymbol{A}\boldsymbol{\alpha}_2,\cdots,\boldsymbol{A}\boldsymbol{\alpha}_s)$，$\boldsymbol{B}=(\boldsymbol{\alpha}_1,\boldsymbol{\alpha}_2,\cdots,\boldsymbol{\alpha}_s)$，则有 $\boldsymbol{C}=\boldsymbol{A}\boldsymbol{B}$，所以 $r(\boldsymbol{C})=r(\boldsymbol{A}\boldsymbol{B})\leqslant r(\boldsymbol{B})$.

$\boldsymbol{\alpha}_1,\boldsymbol{\alpha}_2,\cdots,\boldsymbol{\alpha}_s$ 线性相关 $\Leftrightarrow r(\boldsymbol{\alpha}_1,\boldsymbol{\alpha}_2,\cdots,\boldsymbol{\alpha}_s)=r(\boldsymbol{B})<s$，所以

$$r(\boldsymbol{C})=r(\boldsymbol{A}\boldsymbol{B})\leqslant r(\boldsymbol{B})<s,$$

所以 $\boldsymbol{A}\boldsymbol{\alpha}_1,\boldsymbol{A}\boldsymbol{\alpha}_2,\cdots,\boldsymbol{A}\boldsymbol{\alpha}_s$ 线性相关.

例 21 (2007) 设向量组 $\boldsymbol{\alpha}_1,\boldsymbol{\alpha}_2,\boldsymbol{\alpha}_3$ 线性无关，则下列向量组线性相关的是(　　)

A. $\boldsymbol{\alpha}_1-\boldsymbol{\alpha}_2,\boldsymbol{\alpha}_2-\boldsymbol{\alpha}_3,\boldsymbol{\alpha}_3-\boldsymbol{\alpha}_1$；　　B. $\boldsymbol{\alpha}_1+\boldsymbol{\alpha}_2,\boldsymbol{\alpha}_2+\boldsymbol{\alpha}_3,\boldsymbol{\alpha}_3+\boldsymbol{\alpha}_1$

C. $\boldsymbol{\alpha}_1-2\boldsymbol{\alpha}_2,\boldsymbol{\alpha}_2-2\boldsymbol{\alpha}_3,\boldsymbol{\alpha}_3-2\boldsymbol{\alpha}_1$；　　D. $\boldsymbol{\alpha}_1+2\boldsymbol{\alpha}_2,\boldsymbol{\alpha}_2+2\boldsymbol{\alpha}_3,\boldsymbol{\alpha}_3+2\boldsymbol{\alpha}_1$.

解：不妨设 $\boldsymbol{\alpha}_1,\boldsymbol{\alpha}_2,\boldsymbol{\alpha}_3$ 为列向量，则$(\boldsymbol{\alpha}_1-\boldsymbol{\alpha}_2,\boldsymbol{\alpha}_2-\boldsymbol{\alpha}_3,\boldsymbol{\alpha}_3-\boldsymbol{\alpha}_1)=(\boldsymbol{\alpha}_1,\boldsymbol{\alpha}_2,\boldsymbol{\alpha}_3)P$，其中 $P=\begin{pmatrix}1&0&-1\\-1&1&0\\0&-1&1\end{pmatrix}$ 的秩为2$\Rightarrow$秩$(\boldsymbol{\alpha}_1-\boldsymbol{\alpha}_2,\boldsymbol{\alpha}_2-\boldsymbol{\alpha}_3,\boldsymbol{\alpha}_3-\boldsymbol{\alpha}_1)\leqslant$秩$(P)=2<3\Rightarrow\boldsymbol{\alpha}_1-\boldsymbol{\alpha}_2,\boldsymbol{\alpha}_2-\boldsymbol{\alpha}_3,\boldsymbol{\alpha}_3-\boldsymbol{\alpha}_1$ 线性相关.选 A

而$(\boldsymbol{\alpha}_1+\boldsymbol{\alpha}_2,\boldsymbol{\alpha}_2+\boldsymbol{\alpha}_3,\boldsymbol{\alpha}_3+\boldsymbol{\alpha}_1)=(\boldsymbol{\alpha}_1,\ \boldsymbol{\alpha}_2,\ \boldsymbol{\alpha}_3)\begin{bmatrix}1&0&1\\1&1&0\\0&1&1\end{bmatrix}$

$$\begin{vmatrix}1&0&1\\1&1&0\\0&1&1\end{vmatrix}=2\neq0\Rightarrow\begin{pmatrix}1&0&1\\1&1&0\\0&1&1\end{pmatrix}\text{可逆.}$$

又因为 $\boldsymbol{\alpha}_1,\boldsymbol{\alpha}_2,\boldsymbol{\alpha}_3$ 线性无关，所以 $\boldsymbol{\alpha}_1+\boldsymbol{\alpha}_2,\boldsymbol{\alpha}_2+\boldsymbol{\alpha}_3,\boldsymbol{\alpha}_3+\boldsymbol{\alpha}_1$ 线性无关，类似地可以说明选项 C,D 中的向量组线性无关.

例 22 (2009) 设 $\boldsymbol{A},\boldsymbol{P}$ 均为3阶矩阵，$\boldsymbol{P}^T$ 为 $\boldsymbol{P}$ 的转置矩阵，且 $\boldsymbol{P}^T\boldsymbol{A}\boldsymbol{P}=\begin{pmatrix}1&0&0\\0&1&0\\0&0&2\end{pmatrix}$，若 $\boldsymbol{P}=(\boldsymbol{\alpha}_1\quad\boldsymbol{\alpha}_2\quad\boldsymbol{\alpha}_3)$，$\boldsymbol{Q}=(\boldsymbol{\alpha}_1+\boldsymbol{\alpha}_2\quad\boldsymbol{\alpha}_2\quad\boldsymbol{\alpha}_3)$，则 $\boldsymbol{Q}^T\boldsymbol{A}\boldsymbol{Q}$ 为(　　)

A. $\begin{pmatrix}2&1&0\\1&1&0\\0&0&2\end{pmatrix}$　　B. $\begin{pmatrix}1&1&0\\1&2&0\\0&0&2\end{pmatrix}$

C. $\begin{pmatrix}2&0&0\\0&1&0\\0&0&2\end{pmatrix}$　　D. $\begin{pmatrix}1&0&0\\0&2&0\\0&0&2\end{pmatrix}$

解：$Q=(\boldsymbol{\alpha}_1+\boldsymbol{\alpha}_2\quad\boldsymbol{\alpha}_2\quad\boldsymbol{\alpha}_3)=(\boldsymbol{\alpha}_1\quad\boldsymbol{\alpha}_2\quad\boldsymbol{\alpha}_3)\begin{pmatrix}1&0&0\\1&1&0\\0&0&1\end{pmatrix}=P\begin{pmatrix}1&0&0\\1&1&0\\0&0&1\end{pmatrix}$，

$$Q^TAQ=\begin{pmatrix}1&1&0\\0&1&0\\0&0&1\end{pmatrix}P^TAP\begin{pmatrix}1&0&0\\1&1&0\\0&0&1\end{pmatrix}=\begin{pmatrix}1&1&0\\0&1&0\\0&0&1\end{pmatrix}\begin{pmatrix}1&0&0\\0&1&0\\0&0&2\end{pmatrix}\begin{pmatrix}1&0&0\\1&1&0\\0&0&1\end{pmatrix}=$$

$\begin{pmatrix}2&1&0\\1&1&0\\0&0&2\end{pmatrix}$.选 A

例 23 (2010) 设 $\boldsymbol{\alpha}_1=(1\quad 2\quad -1\quad 0)^T,\boldsymbol{\alpha}_2=(1\quad 1\quad 0\quad 2)^T,\boldsymbol{\alpha}_3=(2\quad 1\quad 1\quad a)^T$,若由向量 $\boldsymbol{\alpha}_1,\boldsymbol{\alpha}_2,\boldsymbol{\alpha}_3$ 形成的向量空间维数是 2,则 $a=$________.

解:首先,由 $\boldsymbol{\alpha}_1$,$\boldsymbol{\alpha}_2$,$\boldsymbol{\alpha}_3$ 生成的向量空间的维数=秩($\boldsymbol{\alpha}_1$,$\boldsymbol{\alpha}_2$,$\boldsymbol{\alpha}_3$).

其次,$(\boldsymbol{\alpha}_1,\boldsymbol{\alpha}_2,\boldsymbol{\alpha}_3)=\begin{pmatrix}1&1&2\\2&1&1\\-1&0&1\\0&2&a\end{pmatrix}\rightarrow\cdots\rightarrow\begin{pmatrix}1&1&2\\0&-1&-3\\0&0&a-6\\0&0&0\end{pmatrix}$.

故由 $\boldsymbol{\alpha}_1$,$\boldsymbol{\alpha}_2$,$\boldsymbol{\alpha}_3$ 生成的向量空间的维数是 2$\Leftrightarrow$ 秩($\boldsymbol{\alpha}_1$,$\boldsymbol{\alpha}_2$,$\boldsymbol{\alpha}_3$)$=2\Leftrightarrow a-6=0$.

答案:$a=6$.

例 24 (2010) 设向量组 I :$\boldsymbol{\alpha}_1,\boldsymbol{\alpha}_2,\cdots,\boldsymbol{\alpha}_r$ 可由向量组 II :$\boldsymbol{\beta}_1,\boldsymbol{\beta}_2,\cdots,\boldsymbol{\beta}_s$ 线性表示,则下列命题正确的是(　　)

A.若向量组 I 线性无关,则 $r\leqslant s$;　　B.若向量组 I 线性相关,则 $r>s$;

C.若 II 线性无关,则 $r\leqslant s$;　　D.若 II 线性相关,则 $r>s$.

解:首先,向量组 I :$\boldsymbol{\alpha}_1,\boldsymbol{\alpha}_2,\cdots,\boldsymbol{\alpha}_r$ 可由向量组 II :$\boldsymbol{\beta}_1,\boldsymbol{\beta}_2,\cdots,\boldsymbol{\beta}_s$ 线性表示 $\Rightarrow$ 秩(I)$\leqslant$ 秩(II).

其次,向量组 I 线性无关 $\Rightarrow$ 秩(I)$=r$.

故 $r=$ 秩(I)$\leqslant$ 秩(II)$\leqslant s$.可见命题 A 正确.

下面说明其他 3 个命题不正确.

① 取 $r=2,s=3,\boldsymbol{\alpha}_1=\boldsymbol{\alpha}_2=\boldsymbol{\beta}_1=\boldsymbol{\beta}_2=\boldsymbol{\beta}_3$,

则向量组 I:$\boldsymbol{\alpha}_1$,$\boldsymbol{\alpha}_2$ 可由向量组 II:$\boldsymbol{\beta}_1,\boldsymbol{\beta}_2,\boldsymbol{\beta}_3$ 线性表示,且向量组 I 线性相关,但 $r>s$ 不成立.可见命题 B 不正确.

② 取 $r=3,s=2,\boldsymbol{\alpha}_1=\boldsymbol{\alpha}_2=\boldsymbol{\alpha}_3=(0,0),\boldsymbol{\beta}_1=(1,0),\boldsymbol{\beta}_2=(0,1)$,

则向量组 I:$\boldsymbol{\alpha}_1$,$\boldsymbol{\alpha}_2$,$\boldsymbol{\alpha}_3$ 可由向量组 II:$\boldsymbol{\beta}_1$,$\boldsymbol{\beta}_2$ 线性表示,且向量组 II 线性无关,但 $r\leqslant s$ 不成立.可见命题 C 不正确.

③ 取 $r=2, s=3, \boldsymbol{\alpha}_1=\boldsymbol{\alpha}_2=\boldsymbol{\beta}_1=\boldsymbol{\beta}_2=\boldsymbol{\beta}_3$，

则向量组 I ：$\boldsymbol{\alpha}_1, \boldsymbol{\alpha}_2$ 可由向量组 II ：$\boldsymbol{\beta}_1, \boldsymbol{\beta}_2, \boldsymbol{\beta}_3$ 线性表示，且向量组 II 线性相关，但 $r>s$ 不成立.可见命题D不正确.

选A

例 25 (2006) 设四维向量组 $\boldsymbol{\alpha}_1=\begin{pmatrix}1+a\\1\\1\\1\end{pmatrix}, \boldsymbol{\alpha}_2=\begin{pmatrix}2\\2+a\\2\\2\end{pmatrix}, \boldsymbol{\alpha}_3=\begin{pmatrix}3\\3\\3+a\\3\end{pmatrix}, \boldsymbol{\alpha}_4=\begin{pmatrix}4\\4\\4\\4+a\end{pmatrix}$，当 a 为何值时，上述向量组线性相关；当 $\boldsymbol{\alpha}_1, \boldsymbol{\alpha}_2, \boldsymbol{\alpha}_3, \boldsymbol{\alpha}_4$ 线性相关时，求其一个极大线性无关组，并将其余的向量用极大线性无关组表示.

解：令 $\boldsymbol{A}=(\boldsymbol{\alpha}_1, \boldsymbol{\alpha}_2, \boldsymbol{\alpha}_3, \boldsymbol{\alpha}_4)$，则

$$|\boldsymbol{A}|=\begin{vmatrix}1+a & 2 & 3 & 4\\1 & 2+a & 3 & 4\\1 & 2 & 3+a & 4\\1 & 2 & 3 & 4+a\end{vmatrix}=\begin{vmatrix}10+a & 2 & 3 & 4\\10+a & 2+a & 3 & 4\\10+a & 2 & 3+a & 4\\10+a & 2 & 3 & 4+a\end{vmatrix}$$

$$=(10+a)\begin{vmatrix}1 & 2 & 3 & 4\\1 & 2+a & 3 & 4\\1 & 2 & 3+a & 4\\1 & 2 & 3 & 4+a\end{vmatrix}=(10+a)\begin{vmatrix}1 & 2 & 3 & 4\\0 & a & 0 & 0\\0 & 0 & a & 0\\0 & 0 & 0 & a\end{vmatrix}$$

$$=(10+a)a^3.$$

于是，$\boldsymbol{\alpha}_1, \boldsymbol{\alpha}_2, \boldsymbol{\alpha}_3, \boldsymbol{\alpha}_4$ 是线性相关 $\Leftrightarrow$ 秩$(\boldsymbol{A})<4 \Leftrightarrow |\boldsymbol{A}|=0 \Leftrightarrow a=-10$ 或 0.

当 $a=-10$ 时，$\boldsymbol{A}=\begin{pmatrix}-9 & 2 & 3 & 4\\1 & -8 & 3 & 4\\1 & 2 & -7 & 4\\1 & 2 & 3 & -6\end{pmatrix}\xrightarrow{\text{化成最简阶梯矩阵}}\begin{pmatrix}1 & 0 & 0 & -1\\0 & 1 & 0 & -1\\0 & 0 & 1 & -1\\0 & 0 & 0 & 0\end{pmatrix}$

由此可见 $\boldsymbol{\alpha}_1, \boldsymbol{\alpha}_2, \boldsymbol{\alpha}_3$ 是 $\boldsymbol{\alpha}_1, \boldsymbol{\alpha}_2, \boldsymbol{\alpha}_3, \boldsymbol{\alpha}_4$ 的一个极大线性无关组，且 $\boldsymbol{\alpha}_4=-\boldsymbol{\alpha}_1-\boldsymbol{\alpha}_2-\boldsymbol{\alpha}_3$.

当 $a=0$ 时，$\boldsymbol{\alpha}_1=\begin{pmatrix}1\\1\\1\\1\end{pmatrix}$，$\boldsymbol{\alpha}_2=\begin{pmatrix}2\\2\\2\\2\end{pmatrix}$，$\boldsymbol{\alpha}_3=\begin{pmatrix}3\\3\\3\\3\end{pmatrix}$，$\boldsymbol{\alpha}_4=\begin{pmatrix}4\\4\\4\\4\end{pmatrix}$，显然 $\boldsymbol{\alpha}_1$ 是 $\boldsymbol{\alpha}_1,\boldsymbol{\alpha}_2,\boldsymbol{\alpha}_3,\boldsymbol{\alpha}_4$ 的一个极大线性无关组，且 $\boldsymbol{\alpha}_2=2\boldsymbol{\alpha}_1,\boldsymbol{\alpha}_3=3\boldsymbol{\alpha}_1,\boldsymbol{\alpha}_4=4\boldsymbol{\alpha}_1$.

例 26　(2008) 设 $\boldsymbol{\alpha},\boldsymbol{\beta}$ 是三维列向量，$\boldsymbol{A}=\boldsymbol{\alpha}\boldsymbol{\alpha}^T+\boldsymbol{\beta}\boldsymbol{\beta}^T$，$\boldsymbol{\alpha}^T$ 为 $\boldsymbol{\alpha}$ 的转置，$\boldsymbol{\beta}^T$ 为 $\boldsymbol{\beta}$ 的转置.证明：

(1) $r(\boldsymbol{A})\leqslant 2$；

(2) 若 $\boldsymbol{\alpha},\boldsymbol{\beta}$ 线性相关，则 $r(\boldsymbol{A})<2$.

证明：(1) 因为 $\boldsymbol{\alpha},\boldsymbol{\beta}$ 是三维列向量，则

$$r(\boldsymbol{\alpha}\boldsymbol{\alpha}^T)\leqslant r(\boldsymbol{\alpha})\leqslant 1,r(\boldsymbol{\beta}\boldsymbol{\beta}^T)\leqslant r(\boldsymbol{\beta})\leqslant 1,$$

$$r(\boldsymbol{A})=r(\boldsymbol{\alpha}\boldsymbol{\alpha}^T+\boldsymbol{\beta}\boldsymbol{\beta}^T)\leqslant r(\boldsymbol{\alpha}\boldsymbol{\alpha}^T)+r(\boldsymbol{\beta}\boldsymbol{\beta}^T)\leqslant 1+1=2,$$

即 $r(\boldsymbol{A})\leqslant 2$.

若 $\boldsymbol{\alpha},\boldsymbol{\beta}$ 线性相关，不妨设 $\boldsymbol{\beta}=k\boldsymbol{\alpha}$，则

$r(\boldsymbol{A})=r(\boldsymbol{\alpha}\boldsymbol{\alpha}^T+\boldsymbol{\beta}\boldsymbol{\beta}^T)=r(\boldsymbol{\alpha}\boldsymbol{\alpha}^T+k\boldsymbol{\alpha}(k\boldsymbol{\alpha})^T)=r((1+k^2)\boldsymbol{\alpha}\boldsymbol{\alpha}^T)=r(\boldsymbol{\alpha}\boldsymbol{\alpha}^T)\leqslant 1<2.$
所以 $r(\boldsymbol{A})<2$.

例 27　设 $\boldsymbol{\alpha}_1,\boldsymbol{\alpha}_2,\boldsymbol{\alpha}_3,\boldsymbol{\alpha},\boldsymbol{\beta}$ 均为四维列向量，$\boldsymbol{A}=(\boldsymbol{\alpha}_1,\boldsymbol{\alpha}_2,\boldsymbol{\alpha}_3,\boldsymbol{\alpha})$，$\boldsymbol{B}=(\boldsymbol{\alpha}_1,\boldsymbol{\alpha}_2,\boldsymbol{\alpha}_3,\boldsymbol{\beta})$，且 $|\boldsymbol{A}|=2$，$|\boldsymbol{B}|=3$，求 $|\boldsymbol{A}-3\boldsymbol{B}|$.

解：$|\boldsymbol{A}-3\boldsymbol{B}|=|(\boldsymbol{\alpha}_1,\boldsymbol{\alpha}_2,\boldsymbol{\alpha}_3,\boldsymbol{\alpha})-3(\boldsymbol{\alpha}_1,\boldsymbol{\alpha}_2,\boldsymbol{\alpha}_3,\boldsymbol{\beta})|$

$$=|(-2\boldsymbol{\alpha}_1,-2\boldsymbol{\alpha}_2,-2\boldsymbol{\alpha}_3,\boldsymbol{\alpha}-3\boldsymbol{\beta})|$$

$$=-8|(\boldsymbol{\alpha}_1,\boldsymbol{\alpha}_2,\boldsymbol{\alpha}_3,\boldsymbol{\alpha}-3\boldsymbol{\beta})|$$

$$=-8(|\boldsymbol{A}|-3|\boldsymbol{B}|)=56.$$

五、自我练习及解答

一、单项选择题

1.设 $\boldsymbol{\alpha}_1,\boldsymbol{\alpha}_2,\boldsymbol{\alpha}_3,\boldsymbol{\beta}_1,\boldsymbol{\beta}_2$ 都是四维列向量，且四阶行列式 $|\boldsymbol{\alpha}_1\ \boldsymbol{\alpha}_2\ \boldsymbol{\alpha}_3\ \boldsymbol{\beta}_1|=m$，$|\boldsymbol{\alpha}_1\ \boldsymbol{\beta}_2\ \boldsymbol{\alpha}_3\ \boldsymbol{\alpha}_2|=n$，则行列式 $|\boldsymbol{\alpha}_1\ \boldsymbol{\alpha}_2\ \boldsymbol{\alpha}_3\ \boldsymbol{\beta}_1+\boldsymbol{\beta}_2|=$(　　)

A.$m+n$　　B.$m-n$　　C.$-m+n$　　D.$-m-n$

2.设 $\boldsymbol{A}$ 为 n 阶方阵，且 $|\boldsymbol{A}|=0$，则(　　)

A.$\boldsymbol{A}$ 中两行(列)对应元素成比例

B.$\boldsymbol{A}$ 中任意一行为其他行的线性组合

C.$\boldsymbol{A}$ 中至少有一行元素全为零

D.$\boldsymbol{A}$ 中必有一行为其他行的线性组合

3.设 $\boldsymbol{A}$ 为 n 阶方阵,$r(\boldsymbol{A})=r<n$,则在 $\boldsymbol{A}$ 的 n 个行向量中(　　)

A.必有 r 个行向量线性无关

B.任意 r 个行向量线性无关

C.任意 r 个行向量都构成极大线性无关组

D.任意一个行向量都能被其他 r 个行向量线性表示

4.n 阶方阵 $\boldsymbol{A}$ 可逆的充分必要条件是(　　)

A.$r(\boldsymbol{A})=r<n$

B.$\boldsymbol{A}$ 的列秩为 n

C.$\boldsymbol{A}$ 的每一个行向量都是非零向量

D.$\boldsymbol{A}$ 的伴随矩阵存在

5.n 维向量组 $\boldsymbol{\alpha}_1,\boldsymbol{\alpha}_2,\cdots\cdots,\boldsymbol{\alpha}_s$ 线性无关的充分条件是(　　)

A.$\boldsymbol{\alpha}_1,\boldsymbol{\alpha}_2,\cdots\cdots,\boldsymbol{\alpha}_s$ 都不是零向量

B.$\boldsymbol{\alpha}_1,\boldsymbol{\alpha}_2,\cdots\cdots,\boldsymbol{\alpha}_s$ 中任一向量均不能由其他向量线性表示

C.$\boldsymbol{\alpha}_1,\boldsymbol{\alpha}_2,\cdots\cdots,\boldsymbol{\alpha}_s$ 中任意两个向量都不成比例

D.$\boldsymbol{\alpha}_1,\boldsymbol{\alpha}_2,\cdots\cdots,\boldsymbol{\alpha}_s$ 中有一个部分组线性无关

6.n 维向量组 $\boldsymbol{\alpha}_1,\boldsymbol{\alpha}_2,\cdots\cdots,\boldsymbol{\alpha}_s(s\geqslant 2)$ 线性相关的充要条件是(　　)

A.$\boldsymbol{\alpha}_1,\boldsymbol{\alpha}_2,\cdots\cdots,\boldsymbol{\alpha}_s$ 中至少有一个零向量

B.$\boldsymbol{\alpha}_1,\boldsymbol{\alpha}_2,\cdots\cdots,\boldsymbol{\alpha}_s$ 中至少有两个向量成比例

C$\boldsymbol{\alpha}_1,\boldsymbol{\alpha}_2,\cdots\cdots,\boldsymbol{\alpha}_s$ 中任意两个向量不成比例

D.$\boldsymbol{\alpha}_1,\boldsymbol{\alpha}_2,\cdots\cdots,\boldsymbol{\alpha}_s$ 中至少有一向量可由其他向量线性表示

7.n 维向量组 $\boldsymbol{\alpha}_1,\boldsymbol{\alpha}_2,\cdots\cdots,\boldsymbol{\alpha}_s(3\leqslant s\leqslant n)$ 线性无关的充要条件是(　　)

A.存在一组不全为零的数 $k_1,k_2,\cdots\cdots,k_s$ 使得 $k_1\boldsymbol{\alpha}_1+k_2\boldsymbol{\alpha}_2+\cdots\cdots k_s\boldsymbol{\alpha}_s\neq 0$

B.$\boldsymbol{\alpha}_1,\boldsymbol{\alpha}_2,\cdots\cdots,\boldsymbol{\alpha}_s$ 中任意两个向量都线性无关

C.$\boldsymbol{\alpha}_1,\boldsymbol{\alpha}_2,\cdots\cdots,\boldsymbol{\alpha}_s$ 中存在一个向量,它不能被其余向量线性表示

D.$\boldsymbol{\alpha}_1,\boldsymbol{\alpha}_2,\cdots\cdots,\boldsymbol{\alpha}_s$ 中任一部分组线性无关

8.设向量组 $\boldsymbol{\alpha}_1,\boldsymbol{\alpha}_2,\cdots\cdots,\boldsymbol{\alpha}_s$ 的秩为 r,则(　　)

A.$\boldsymbol{\alpha}_1,\boldsymbol{\alpha}_2,\cdots\cdots,\boldsymbol{\alpha}_s$ 中至少有一个由 r 个向量组成的部分组线性无关

B.$\boldsymbol{\alpha}_1,\boldsymbol{\alpha}_2,\cdots\cdots,\boldsymbol{\alpha}_s$ 中存在由 $r+1$ 个向量组成的部分组线性无关

C.$\boldsymbol{\alpha}_1,\boldsymbol{\alpha}_2,\cdots\cdots,\boldsymbol{\alpha}_s$ 中由 r 个向量组成的部分组都线性无关

D.$\boldsymbol{\alpha}_1,\boldsymbol{\alpha}_2,\cdots\cdots,\boldsymbol{\alpha}_s$ 中个数小于 r 的任意部分组都线性无关

9.设 $\boldsymbol{\alpha}_1,\boldsymbol{\alpha}_2,\cdots\cdots,\boldsymbol{\alpha}_s$ 均为 n 维向量,那么下列结论正确的是(　　)

A.若 $k_1\boldsymbol{\alpha}_1+k_2\boldsymbol{\alpha}_2+\cdots\cdots k_s\boldsymbol{\alpha}_s=0$,则 $\boldsymbol{\alpha}_1,\boldsymbol{\alpha}_2,\cdots\cdots,\boldsymbol{\alpha}_s$ 线性相关

B.若对于任意一组不全为零的数 $k_1,k_2,\cdots\cdots,k_s$,都有 $k_1\boldsymbol{\alpha}_1+k_2\boldsymbol{\alpha}_2+\cdots\cdots k_s\boldsymbol{\alpha}_s\neq 0$,则 $\boldsymbol{\alpha}_1,\boldsymbol{\alpha}_2,\cdots\cdots,\boldsymbol{\alpha}_s$ 线性无关

C.若 $\boldsymbol{\alpha}_1,\boldsymbol{\alpha}_2,\cdots\cdots,\boldsymbol{\alpha}_s$ 线性相关,则对任意不全为零的数 $k_1,k_2,\cdots\cdots,k_s$,都有 $k_1\boldsymbol{\alpha}_1+k_2\boldsymbol{\alpha}_2+\cdots\cdots k_s\boldsymbol{\alpha}_s=0$

D.若 $0\boldsymbol{\alpha}_1+0\boldsymbol{\alpha}_2+\cdots\cdots 0\boldsymbol{\alpha}_s=0$,则 $\boldsymbol{\alpha}_1,\boldsymbol{\alpha}_2,\cdots\cdots,\boldsymbol{\alpha}_s$ 线性无关

10.已知向量组 $\boldsymbol{\alpha}_1,\boldsymbol{\alpha}_2,\boldsymbol{\alpha}_3,\boldsymbol{\alpha}_4$ 线性无关,则向量组(　　)

A.$\boldsymbol{\alpha}_1+\boldsymbol{\alpha}_2,\boldsymbol{\alpha}_2+\boldsymbol{\alpha}_3,\boldsymbol{\alpha}_3+\boldsymbol{\alpha}_4,\boldsymbol{\alpha}_4+\boldsymbol{\alpha}_1$ 线性无关

B.$\boldsymbol{\alpha}_1-\boldsymbol{\alpha}_2,\boldsymbol{\alpha}_2-\boldsymbol{\alpha}_3,\boldsymbol{\alpha}_3-\boldsymbol{\alpha}_4,\boldsymbol{\alpha}_4-\boldsymbol{\alpha}_1$ 线性无关

C.$\boldsymbol{\alpha}_1+\boldsymbol{\alpha}_2,\boldsymbol{\alpha}_2+\boldsymbol{\alpha}_3,\boldsymbol{\alpha}_3+\boldsymbol{\alpha}_4,\boldsymbol{\alpha}_4-\boldsymbol{\alpha}_1$ 线性无关

D.$\boldsymbol{\alpha}_1+\boldsymbol{\alpha}_2,\boldsymbol{\alpha}_2+\boldsymbol{\alpha}_3,\boldsymbol{\alpha}_3-\boldsymbol{\alpha}_4,\boldsymbol{\alpha}_4-\boldsymbol{\alpha}_1$ 线性无关

11.若向量 $\boldsymbol{\beta}$ 可被向量组 $\boldsymbol{\alpha}_1,\boldsymbol{\alpha}_2,\cdots\cdots,\boldsymbol{\alpha}_s$ 线性表示,则(　　)

A.存在一组不全为零的数 $k_1,k_2,\cdots\cdots,k_s$ 使得 $\boldsymbol{\beta}=k_1\boldsymbol{\alpha}_1+k_2\boldsymbol{\alpha}_2+\cdots\cdots k_s\boldsymbol{\alpha}_s$

B.存在一组全为零的数 $k_1,k_2,\cdots\cdots,k_s$ 使得 $\boldsymbol{\beta}=k_1\boldsymbol{\alpha}_1+k_2\boldsymbol{\alpha}_2+\cdots\cdots k_s\boldsymbol{\alpha}_s$

C.存在一组数 $k_1,k_2,\cdots\cdots,k_s$ 使得 $\boldsymbol{\beta}=k_1\boldsymbol{\alpha}_1+k^2\boldsymbol{\alpha}_2+\cdots\cdots k_s\boldsymbol{\alpha}_s$

D.对 $\boldsymbol{\beta}$ 的表达式唯一

12.下列说法正确的是(　　)

A.若有不全为零的数 $k_1,k_2,\cdots\cdots,k_s$,使得 $k_1\boldsymbol{\alpha}_1+k_2\boldsymbol{\alpha}_2+\cdots\cdots k_s\boldsymbol{\alpha}_s=0$,则 $\boldsymbol{\alpha}_1,\boldsymbol{\alpha}_2,\cdots\cdots,\boldsymbol{\alpha}_s$ 线性无关

B.若有不全为零的数 $k_1,k_2,\cdots\cdots,k_s$,使得 $k_1\boldsymbol{\alpha}_1+k_2\boldsymbol{\alpha}_2+\cdots\cdots k_s\boldsymbol{\alpha}_s\neq 0$,则 $\boldsymbol{\alpha}_1,\boldsymbol{\alpha}_2,\cdots\cdots,\boldsymbol{\alpha}_s$ 线性无关

C.若 $\boldsymbol{\alpha}_1,\boldsymbol{\alpha}_2,\cdots\cdots,\boldsymbol{\alpha}_s$ 线性相关,则其中每个向量均可由其余向量线性表示

D.任何 $n+1$ 个 n 维向量必线性相关

13.设 $\boldsymbol{\beta}$ 是向量组 $\boldsymbol{\alpha}_1=(1,0,0)^T,\boldsymbol{\alpha}_2=(0,1,0)^T$ 的线性组合,则 $\boldsymbol{\beta}=$(　　)

A.$(0,3,0)^T$　　　B.$(2,0,1)^T$　　　C.$(0,0,1)^T$　　　D.$(0,2,1)^T$

14.设有向量组 $\boldsymbol{\alpha}_1=(1,-1,2,4)^T,\boldsymbol{\alpha}_2=(0,3,1,2)^T,\boldsymbol{\alpha}_3=(3,0,7,14)^T,\boldsymbol{\alpha}_4=(1,-2,2,0)^T,\boldsymbol{\alpha}_5=(2,1,5,10)^T$,则该向量组的极大线性无关组为(　　)

A.$\boldsymbol{\alpha}_1,\boldsymbol{\alpha}_2,\boldsymbol{\alpha}_3$　　B.$\boldsymbol{\alpha}_1,\boldsymbol{\alpha}_2,\boldsymbol{\alpha}_4$

C.$\boldsymbol{\alpha}_1,\boldsymbol{\alpha}_2,\boldsymbol{\alpha}_5$　　D.$\boldsymbol{\alpha}_1,\boldsymbol{\alpha}_2,\boldsymbol{\alpha}_4,\boldsymbol{\alpha}_5$

15.设$\boldsymbol{\alpha}=(a_1,a_2,a_3)^T,\boldsymbol{\beta}=(b_1,b_2,b_3)^T,\boldsymbol{\alpha}_1=(a_1,a_2)^T,\boldsymbol{\beta}_1=(b_1,b_2)^T$,下列正确的是(　　)

A.若$\boldsymbol{\alpha},\boldsymbol{\beta}$线性相关,则$\boldsymbol{\alpha}_1,\boldsymbol{\beta}_1$也线性相关;

B.若$\boldsymbol{\alpha},\boldsymbol{\beta}$线性无关,则$\boldsymbol{\alpha}_1,\boldsymbol{\beta}_1$也线性无关;

C.若$\boldsymbol{\alpha}_1,\boldsymbol{\beta}_1$线性相关,则$\boldsymbol{\alpha},\boldsymbol{\beta}$也线性相关;

D.以上都不对

二、填空题

1.若$\boldsymbol{\alpha}_1=(1,1,1)^T,\boldsymbol{\alpha}_2=(1,2,3)^T,\boldsymbol{\alpha}_3=(1,3,t)^T$线性相关,则$t=$________.

2.n维零向量一定线性________关.

3.向量$\boldsymbol{\alpha}$线性无关的充要条件是________.

4.若$\boldsymbol{\alpha}_1,\boldsymbol{\alpha}_2,\boldsymbol{\alpha}_3$线性相关,则$\boldsymbol{\alpha}_1,\boldsymbol{\alpha}_2,\cdots\cdots,\boldsymbol{\alpha}_s(s>3)$线性________关.

5.n维单位向量组一定线性________.

6.设向量组$\boldsymbol{\alpha}_1,\boldsymbol{\alpha}_2,\cdots\cdots,\boldsymbol{\alpha}_s$的秩为$r$,则$\boldsymbol{\alpha}_1,\boldsymbol{\alpha}_2,\cdots\cdots,\boldsymbol{\alpha}_s$中任意$r$个________的向量都是它的极大线性无关组.

7.设向量$\boldsymbol{\alpha}_1=(1,0,1)^T$与$\boldsymbol{\alpha}_2=(1,1,a)^T$正交,则$a=$________.

8.若向量组$\boldsymbol{\alpha}_1,\boldsymbol{\alpha}_2,\cdots\cdots,\boldsymbol{\alpha}_s$与$\boldsymbol{\beta}_1,\boldsymbol{\beta}_2,\cdots\cdots,\boldsymbol{\beta}_t$等价,则$\boldsymbol{\alpha}_1,\boldsymbol{\alpha}_2,\cdots\cdots,\boldsymbol{\alpha}_s$的秩与$\boldsymbol{\beta}_1,\boldsymbol{\beta}_2,\cdots\cdots,\boldsymbol{\beta}_t$的秩________.

9.若向量组$\boldsymbol{\alpha}_1,\boldsymbol{\alpha}_2,\cdots\cdots,\boldsymbol{\alpha}_s$可由向量组$\boldsymbol{\beta}_1,\boldsymbol{\beta}_2,\cdots\cdots,\boldsymbol{\beta}_t$线性表示,则$r(\boldsymbol{\alpha}_1,\boldsymbol{\alpha}_2,\cdots\cdots,\boldsymbol{\alpha}_s)$________$r(\boldsymbol{\beta}_1,\boldsymbol{\beta}_2,\cdots\cdots,\boldsymbol{\beta}_t)$.

10.向量组$\boldsymbol{\alpha}_1=(a_1,1,0,0)^T,\boldsymbol{\alpha}_2=(a_2,1,1,0)^T,\boldsymbol{\alpha}_3=(a_3,1,1,1)^T$的线性关系是________.

11.设n阶方阵$\mathbf{A}=(\boldsymbol{\alpha}_1,\boldsymbol{\alpha}_2,\cdots,\boldsymbol{\alpha}_n),\boldsymbol{\alpha}_1=\boldsymbol{\alpha}_2+\boldsymbol{\alpha}_3$,则$|\mathbf{A}|=$________.

12.设$\boldsymbol{\alpha}_1=(0,y,-\frac{1}{\sqrt{2}})^T,\boldsymbol{\alpha}_2=(x,0,0)^T$,若$\boldsymbol{\alpha}$和$\boldsymbol{\beta}$是标准正交向量,则$x$和$y$的值________.

三、计算题

1.$\boldsymbol{\alpha}_1=(1+\lambda,1,1)^T,\boldsymbol{\alpha}_2=(1,1+\lambda,1)^T,\boldsymbol{\alpha}_3=(1,1,1+\lambda)^T,\boldsymbol{\beta}=(0,\lambda,\lambda^2)^T$,问

(1)λ为何值时,$\boldsymbol{\beta}$能由$\boldsymbol{\alpha}_1,\boldsymbol{\alpha}_2,\boldsymbol{\alpha}_3$唯一地线性表示?

(2)λ 为何值时,$\boldsymbol{\beta}$ 能由 $\boldsymbol{\alpha}_1,\boldsymbol{\alpha}_2,\boldsymbol{\alpha}_3$ 线性表示,但表达式不唯一?

(3)λ 为何值时,$\boldsymbol{\beta}$ 不能由 $\boldsymbol{\alpha}_1,\boldsymbol{\alpha}_2,\boldsymbol{\alpha}_3$ 线性表示?

2.设 $\boldsymbol{\alpha}_1=(1,0,2,3)^T,\boldsymbol{\alpha}_2=(1,1,3,5)^T,\boldsymbol{\alpha}_3=(1,1,a+2,1)^T,\boldsymbol{\alpha}_4=(1,2,4,a+8)^T$, $\boldsymbol{\beta}=(1,1,b+3,5)^T$, 问

(1)a,b 为何值时,$\boldsymbol{\beta}$ 不能表示为 $\boldsymbol{\alpha}_1,\boldsymbol{\alpha}_2,\boldsymbol{\alpha}_3,\boldsymbol{\alpha}_4$ 的线性组合?

(2)a,b 为何值时,$\boldsymbol{\beta}$ 能唯一地表示为 $\boldsymbol{\alpha}_1,\boldsymbol{\alpha}_2,\boldsymbol{\alpha}_3,\boldsymbol{\alpha}_4$ 的线性组合?

3.求向量组 $\boldsymbol{\alpha}_1=(1,-1,0,4)^T,\boldsymbol{\alpha}_2=(2,1,5,6)^T,\boldsymbol{\alpha}_3=(1,2,5,2)^T,\boldsymbol{\alpha}_4=(1,-1,-2,0)^T,\boldsymbol{\alpha}_5=(3,0,7,14)^T$ 的一个极大线性无关组,并将其余向量用该极大无关组线性表示.

4.设 $\boldsymbol{\alpha}_1=(1,1,1)^T,\boldsymbol{\alpha}_2=(1,2,3)^T,\boldsymbol{\alpha}_3=(1,3,t)^T$,$t$ 为何值时 $\boldsymbol{\alpha}_1,\boldsymbol{\alpha}_2,\boldsymbol{\alpha}_3$ 线性相关,t 为何值时 $\boldsymbol{\alpha}_1,\boldsymbol{\alpha}_2,\boldsymbol{\alpha}_3$ 线性无关?

四、证明题

1.设 $\boldsymbol{\beta}_1=\boldsymbol{\alpha}_1+\boldsymbol{\alpha}_2,\boldsymbol{\beta}_2=3\boldsymbol{\alpha}_2-\boldsymbol{\alpha}_1,\boldsymbol{\beta}_3=2\boldsymbol{\alpha}_1-\boldsymbol{\alpha}_2$,试证 $\boldsymbol{\beta}_1,\boldsymbol{\beta}_2,\boldsymbol{\beta}_3$ 线性相关.

2.设 $\boldsymbol{\alpha}_1,\boldsymbol{\alpha}_2,\cdots\cdots,\boldsymbol{\alpha}_n$ 线性无关,证明 $\boldsymbol{\alpha}_1+\boldsymbol{\alpha}_2,\boldsymbol{\alpha}_2+\boldsymbol{\alpha}_3,\cdots\cdots,\boldsymbol{\alpha}_n+\boldsymbol{\alpha}_1$ 在 n 为奇数时线性无关;在 n 为偶数时线性相关.

3.设 $\boldsymbol{\alpha}_1,\boldsymbol{\alpha}_2,\cdots\cdots,\boldsymbol{\alpha}_s,\boldsymbol{\beta}$ 线性相关,而 $\boldsymbol{\alpha}_1,\boldsymbol{\alpha}_2,\cdots\cdots,\boldsymbol{\alpha}_s$ 线性无关,证明 $\boldsymbol{\beta}$ 能由 $\boldsymbol{\alpha}_1,\boldsymbol{\alpha}_2,\cdots\cdots,\boldsymbol{\alpha}_s$ 线性表示且表示式唯一.

4.设 $\boldsymbol{\alpha}_1,\boldsymbol{\alpha}_2,\boldsymbol{\alpha}_3$ 线性相关,$\boldsymbol{\alpha}_2,\boldsymbol{\alpha}_3,\boldsymbol{\alpha}_4$ 线性无关,求证 $\boldsymbol{\alpha}_4$ 不能由 $\boldsymbol{\alpha}_1,\boldsymbol{\alpha}_2,\boldsymbol{\alpha}_3$ 线性表示.

5.证明:向量组 $\boldsymbol{\alpha}_1,\boldsymbol{\alpha}_2,\cdots\cdots,\boldsymbol{\alpha}_s(s\geqslant 2)$ 线性相关的充要条件是其中至少有一个向量是其余向量的线性组合.

6.设向量组 $\boldsymbol{\alpha}_1,\boldsymbol{\alpha}_2,\cdots\cdots,\boldsymbol{\alpha}_s$ 中 $\boldsymbol{\alpha}_1\neq 0$,并且每一个 $\boldsymbol{\alpha}_i$ 都不能由前 $i-1$ 个向量线性表示$(i=2,3,\cdots,s)$,求证 $\boldsymbol{\alpha}_1,\boldsymbol{\alpha}_2,\cdots,\boldsymbol{\alpha}_s$ 线性无关.

7.证明:如果向量组中有一个部分组线性相关,则整个向量组线性相关.

8.设 $\boldsymbol{\alpha}_0,\boldsymbol{\alpha}_1,\boldsymbol{\alpha}_2,\cdots,\boldsymbol{\alpha}_s$ 是线性无关向量组,证明向量组 $\boldsymbol{\alpha}_0,\boldsymbol{\alpha}_0+\boldsymbol{\alpha}_1,\boldsymbol{\alpha}_0+\boldsymbol{\alpha}_2,\cdots,\boldsymbol{\alpha}_0+\boldsymbol{\alpha}_s$ 也线性无关.

第四章　线性方程组

一、基本要求

（1）了解用消元法解线性方程组；

（2）理解齐次线性方程组有非零解及非齐次线性方程组有解的充分必要条件；

（3）理解齐次线性方程组的基础解系、通解及解空间的概念；

（4）理解非齐次线性方程组解的结构及通解的概念；

（5）掌握用初等行变换求线性方程组通解的方法.

二、知识框架图

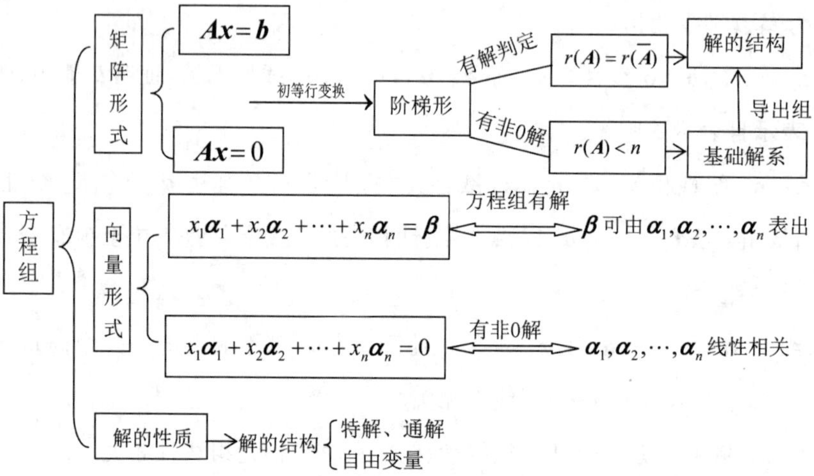

如果 $\boldsymbol{\alpha}_1,\boldsymbol{\alpha}_2,\cdots,\boldsymbol{\alpha}_t$ 是 $\boldsymbol{Ax}=\boldsymbol{O}$ 的基础解系，则

(1)$\boldsymbol{\alpha}_1,\boldsymbol{\alpha}_2,\cdots,\boldsymbol{\alpha}_t$ 是 $\boldsymbol{Ax}=\boldsymbol{O}$ 的解；

(2)$\boldsymbol{\alpha}_1,\boldsymbol{\alpha}_2,\cdots,\boldsymbol{\alpha}_t$ 线性无关；

(3)$n-r(\boldsymbol{A})=t$；

(4)$\boldsymbol{Ax}=\boldsymbol{O}$ 的任何一个解可由 $\boldsymbol{\alpha}_1,\boldsymbol{\alpha}_2,\cdots,\boldsymbol{\alpha}_t$ 线性表出 .

三、知识要点

1.线性方程组的三种表示方法

(1) $\begin{cases} a_{11}x_1 + a_{12}x_2 + \cdots + a_{1n}x_n = b_1 \\ a_{21}x_1 + a_{21}x_2 + \cdots + a_{2n}x_n = b_2 \\ \cdots\cdots \\ a_{m1}x_1 + a_{m2}x_2 + \cdots + a_{mn}x_n = b_m \end{cases}$

(2)$\boldsymbol{Ax} = b$,其中 $\boldsymbol{A} = \begin{bmatrix} a_{11} & a_{12} & \cdots & a_{1n} \\ a_{21} & a_{22} & \cdots & a_{2n} \\ \vdots & \vdots & \ddots & \vdots \\ a_{m1} & a_{m2} & \cdots & a_{mn} \end{bmatrix}$,$b = \begin{bmatrix} b_1 \\ b_2 \\ \vdots \\ b_m \end{bmatrix}$,$\boldsymbol{X} = \begin{bmatrix} x_1 \\ x_2 \\ \vdots \\ x_n \end{bmatrix}$.

(3)$x_1\boldsymbol{\alpha}_1 + x_2\boldsymbol{\alpha}_2 + \cdots + x_n\boldsymbol{\alpha}_n = b$ 其中 $\boldsymbol{\alpha}_j = \begin{bmatrix} a_{1j} \\ a_{2j} \\ \vdots \\ a_{mj} \end{bmatrix}$ $(j = 1,2,\cdots,n)$

2.齐次线性方程组

(1) 齐次线性方程组有非零解的条件

① 齐次方程组 $\boldsymbol{AX} = 0$ 有非零解的充分必要条件是 $r(\boldsymbol{A}) <$ 未知数的个数(即矩阵 $\boldsymbol{A}$ 的列数).

②n 个未知数 n 个方程的齐次方程组 $\boldsymbol{Ax} = 0$ 有非零解的充分必要条件是 $|\boldsymbol{A}| = 0$.

③ 设 $\boldsymbol{A}$ 是 $m \times n$ 阶矩阵.若 $m < n$,则齐次方程组 $\boldsymbol{Ax} = 0$ 必有非零解.(这是齐次方程组有非零解的充分条件但不必要).

(2) 齐次方程组解的结构

① 齐次方程组解的性质

设 $\boldsymbol{\alpha}$,$\boldsymbol{\beta}$ 都是 $\boldsymbol{Ax} = 0$ 的解,则 $C_1\boldsymbol{\alpha} + C_2\boldsymbol{\beta}$ 也是 $\boldsymbol{Ax} = 0$ 的解(C_1, C_2 为任意常数).

② 齐次方程组 $\boldsymbol{Ax} = 0$ 的基础解系的概念

设 $\boldsymbol{\xi}_1,\boldsymbol{\xi}_2,\cdots,\boldsymbol{\xi}_s$ 是齐次方程组 $\boldsymbol{Ax} = 0$ 的一组解.如果它满足:

(i)$\boldsymbol{\xi}_1,\boldsymbol{\xi}_2,\cdots,\boldsymbol{\xi}_s$ 线性无关;

(ii)$\boldsymbol{A}x = 0$ 的任何一个解 $\boldsymbol{\xi}$ 都可以表示为 $\boldsymbol{\xi}_1,\boldsymbol{\xi}_2,\cdots,\boldsymbol{\xi}_s$ 的线性组合.

则称 $\boldsymbol{\xi}_1,\boldsymbol{\xi}_2,\cdots,\boldsymbol{\xi}_s$ 为该齐次方程组的基础解系.

如果齐次方程组有非零解(即 $r(\boldsymbol{A}) < n$),则它有基础解系.

重要结论：齐次方程组 $\boldsymbol{A}\boldsymbol{x}=0$ 的基础解系含 $n-r(\boldsymbol{A})$ 个线性无关的解；齐次方程组 $\boldsymbol{A}\boldsymbol{x}=0$ 的任意 $n-r(\boldsymbol{A})$ 个线性无关的解都构成该齐次方程组的基础解系；

③ 齐次方程组 $\boldsymbol{A}\boldsymbol{x}=0$ 的基础解系的求法

(i) 将其系数矩阵通过初等行变换化为行最简的阶梯形矩阵，并判断方程组是否有非零解；

(ii) 在有非零解的情况下，写出与原方程组同解的方程组，并注明自由未知量 x_{r+1}，x_{r+2}，…，x_n；

(iii) 对自由未知向量 $\begin{pmatrix} x_{r+1} \\ x_{r+2} \\ \cdots \\ x_n \end{pmatrix}$ 取值 $\varepsilon_1,\varepsilon_2,\cdots,\varepsilon_{n-r}$，得到方程组的基础解系 $\boldsymbol{\xi}_1$，$\boldsymbol{\xi}_2,\cdots,\boldsymbol{\xi}_{n-r}$.

④ 齐次方程组 $\boldsymbol{A}\boldsymbol{x}=0$ 的通解公式

如果 $\boldsymbol{\xi}_1,\boldsymbol{\xi}_2,\cdots,\boldsymbol{\xi}_{n-r}$ 是 $\boldsymbol{A}\boldsymbol{x}=0$ 基础解系，则它的通解为 $\boldsymbol{x}=C_1\boldsymbol{\xi}_1+C_2\boldsymbol{\xi}_2+\cdots+C_{n-r}\boldsymbol{\xi}_{n-r}$，其中 $C_1,C_2,\cdots,C_{n-r}$ 为任意数.

3.非齐次方程组

(1) 非齐次方程组解的性质

(i) 设 $\boldsymbol{\eta}_1,\boldsymbol{\eta}_2$ 都是 $\boldsymbol{A}\boldsymbol{x}=b$ 的解，则 $\boldsymbol{\eta}_1-\boldsymbol{\eta}_2$ 是它的导出组 $\boldsymbol{A}\boldsymbol{x}=0$ 的解.

(ii) 设 $\boldsymbol{\eta}_1,\boldsymbol{\eta}_2$ 都是 $\boldsymbol{A}\boldsymbol{x}=b$ 的解，则当 $k_1+k_2=1$ 时，$k_1\boldsymbol{\eta}_1+k_2\boldsymbol{\eta}_2$ 也是 $\boldsymbol{A}\boldsymbol{x}=b$ 的解.

(iii) 设 $\boldsymbol{\eta}$ 是 $\boldsymbol{A}\boldsymbol{x}=b$ 的一个解，$\boldsymbol{\xi}$ 是它的导出组 $\boldsymbol{A}\boldsymbol{x}=0$ 的解，则 $\boldsymbol{\xi}+\boldsymbol{\eta}$ 是 $\boldsymbol{A}x=b$ 的解.

(2) 关于非齐次方程组解的讨论

定理 n 个未知数，m 个方程的线性方程组 $\boldsymbol{A}\boldsymbol{x}=b$ 中，(系数矩阵 $\boldsymbol{A}$ 是 $m\times n$ 阶矩阵) $\overline{\boldsymbol{A}}=[\boldsymbol{A}\ \boldsymbol{b}]$ 是增广矩阵.则

(i) 当且仅当 $\boldsymbol{r}(\overline{\boldsymbol{A}})=\boldsymbol{r}(\boldsymbol{A})=n$(未知数的个数) 时，方程组 $\boldsymbol{A}\boldsymbol{x}=b$ 有唯一解；

(ii) 当且仅当 $\boldsymbol{r}(\overline{\boldsymbol{A}})=\boldsymbol{r}(\boldsymbol{A})<n$(未知数的个数) 时，方程组 $\boldsymbol{A}\boldsymbol{x}=\boldsymbol{b}$ 有无穷多解；

(iii) 当且仅当 $\boldsymbol{r}(\boldsymbol{A})<\boldsymbol{r}(\overline{\boldsymbol{A}})$ 时，方程组 $\boldsymbol{A}\boldsymbol{x}=\boldsymbol{b}$ 无解.

从以上定理可见

(i) 线性方程组 $\boldsymbol{A}\boldsymbol{x}=\boldsymbol{b}$ 有解的充分必要条件是 $\boldsymbol{r}(\overline{\boldsymbol{A}})=\boldsymbol{r}(\boldsymbol{A})$.

(ii) 当线性方程组 $\boldsymbol{A}\boldsymbol{x}=\boldsymbol{b}$，方程的个数=未知数的个数时，该方程组有唯一解的充分

必要条件是系数行列式 $|A|\neq 0$.

(3) 用基础解系表示非齐次线性方程组 $A_{m\times n}x=b$ 的全部解的步骤：

(i) 将其增广矩阵通过初等行变换化为行最简阶梯形矩阵，并判断方程组是否有解；

(ii) 在有解的情况下，写出与原方程组同解的方程组，并注明自由未知量；

(iii) 让自由未知量向量 $\begin{pmatrix} x_{r+1} \\ x_{r+2} \\ \cdots \\ x_n \end{pmatrix}$ 取值 $\begin{pmatrix} 0 \\ 0 \\ \cdots \\ 0 \end{pmatrix}$，得方程组的一个特解 $\boldsymbol{\eta}$；

(iv) 写出与原方程组的导出组（对应的齐次线性方程组）同解的方程组，让自由未知量 $\begin{pmatrix} x_{r+1} \\ x_{r+2} \\ \cdots \\ x_n \end{pmatrix}$ 取值 $\varepsilon_1,\varepsilon_2,\cdots,\varepsilon_{n-r}$，得到导出组的基础解系 $\boldsymbol{\xi}_1,\boldsymbol{\xi}_2,\cdots,\boldsymbol{\xi}_{n-r}$；

(v) 原方程组的全部解可表示为：$\boldsymbol{\xi}=\boldsymbol{\eta}+c_1\boldsymbol{\xi}_1+c_2\boldsymbol{\xi}_2+\cdots+c_{n-r}\boldsymbol{\xi}_{n-r}$，其中 $c_1,c_2,\cdots,c_{n-r}$ 为任意常数.

四、典型例题及其解法

例 1　设 A 为 $m\times n$ 矩阵，齐次线性方程组 $Ax=0$ 有非零解的充分必要条件是(　　)

A.A 的列向量组线性相关　　B.A 的列向量组线性无关

C.A 的行向量组线性相关　　D.A 的行向量组线性无关

测试点：齐次方程组有非零解与列向量组线性相关的关系.

答案：A

例 2　设 A 是 4×3 矩阵，若齐次线性方程组 $Ax=0$ 只有零解，则矩阵 A 的秩 $r(A)=$________.

测试点：1.齐次方程组只有零解的充分必要条件；2 根据系数矩阵的阶数，确定方程的个数和未知数的个数.

解析：线性方程组 $Ax=b$ 的系数矩阵 A 的行数等于方程的个数，列数等于未知数的个数.因为 A 是 4×3 矩阵，故方程组 $Ax=0$ 的未知数的个数 $n=3$，故方程组 $Ax=0$ 只有零解的充要条件是系数矩阵 A 的秩 $=n=3$.

答案：$r(A)=3$

例 3 齐次线性方程组$\begin{cases}\lambda x_1+x_2+x_3=0\\x_1+\lambda x_2-x_3=0\\2x_1-x_2+x_3=0\end{cases}$有非零解,则 $\lambda=$________.

解析: $\begin{cases}\lambda x_1+x_2+x_3=0\\x_1+\lambda x_2-x_3=0\\2x_1-x_2+x_3=0\end{cases}$有非零解 $\Leftrightarrow \begin{vmatrix}\lambda & 1 & 1\\1 & \lambda & -1\\2 & -1 & 1\end{vmatrix}=0$

而 $\begin{vmatrix}\lambda & 1 & 1\\1 & \lambda & -1\\2 & -1 & 1\end{vmatrix}\overset{\substack{r2+r1\\r3+(-1)r1}}{=}\begin{vmatrix}\lambda & 1 & 1\\\lambda+1 & \lambda+1 & 0\\2-\lambda & -2 & 0\end{vmatrix}=(\lambda+1)(\lambda-4)$

故因为$\begin{cases}\lambda x_1+x_2+x_3=0\\x_1+\lambda x_2-x_3=0\\2x_1-x_2+x_3=0\end{cases}$有非零解,则 $\lambda=-1$ 或 $\lambda=4$.

答案:$\lambda=-1$ 或 $\lambda=4$.

例 4 三元齐次方程组$\begin{cases}x_1-x_2=0\\x_2+x_3=0\end{cases}$的基础解系所含解向量的个数为________.

测试点:齐次方程组的基础解系(定义;含几个解向量;求法)

解:因为齐次方程组的系数矩阵为$\begin{bmatrix}1 & -1 & 0\\0 & 1 & 1\end{bmatrix}$的秩为 2,未知数的个数为 3,所以其基础解系含 $3-2=1$ 个解.

答案:1

例 5 已知 $\boldsymbol{\eta}_1,\boldsymbol{\eta}_2,\boldsymbol{\eta}_3,\boldsymbol{\eta}_4$ 是齐次方程组 $\boldsymbol{A}x=0$ 的一个基础解系,则此方程组的基础解系还可以选用(　　)

A.$\boldsymbol{\eta}_1+\boldsymbol{\eta}_2,\boldsymbol{\eta}_2+\boldsymbol{\eta}_3,\boldsymbol{\eta}_3+\boldsymbol{\eta}_4,\boldsymbol{\eta}_4+\boldsymbol{\eta}_1$

B.$\boldsymbol{\eta}_1-\boldsymbol{\eta}_2,\boldsymbol{\eta}_2-\boldsymbol{\eta}_3,\boldsymbol{\eta}_3-\boldsymbol{\eta}_4,\boldsymbol{\eta}_4-\boldsymbol{\eta}_1$

C.与 $\boldsymbol{\eta}_1,\boldsymbol{\eta}_2,\boldsymbol{\eta}_3,\boldsymbol{\eta}_4$ 等秩的向量组 $\boldsymbol{\alpha}_1,\boldsymbol{\alpha}_2,\boldsymbol{\alpha}_3,\boldsymbol{\alpha}_4$

D.与 $\boldsymbol{\eta}_1,\boldsymbol{\eta}_2,\boldsymbol{\eta}_3,\boldsymbol{\eta}_4$ 等价的向量组 $\boldsymbol{\beta}_1,\boldsymbol{\beta}_2,\boldsymbol{\beta}_3,\boldsymbol{\beta}_4$

测试点:1.齐次方程组的基础解系,特别是若齐次方程组的一个基础解系含 4 个解,则它的任意 4 个线性无关的解都是它的基础解系;2.判断向量组线性无关的方法;3.等价的向量组有相等的秩;等价与等秩的区别 4,齐次方程组解的性质.

解:因为 $\boldsymbol{\eta}_1,\boldsymbol{\eta}_2,\boldsymbol{\eta}_3,\boldsymbol{\eta}_4$ 是齐次方程组 $\boldsymbol{A}x=0$ 的一个基础解系,故 $\boldsymbol{\eta}_1,\boldsymbol{\eta}_2,\boldsymbol{\eta}_3,\boldsymbol{\eta}_4$ 都

是齐次方程组 $\boldsymbol{A}x=0$ 的解，因为 $\boldsymbol{\beta}_1,\boldsymbol{\beta}_2,\boldsymbol{\beta}_3,\boldsymbol{\beta}_4$ 与 $\boldsymbol{\eta}_1,\boldsymbol{\eta}_2,\boldsymbol{\eta}_3,\boldsymbol{\eta}_4$ 等价，故 $\boldsymbol{\beta}_1,\boldsymbol{\beta}_2,\boldsymbol{\beta}_3,\boldsymbol{\beta}_4$ 能由 $\boldsymbol{\eta}_1,\boldsymbol{\eta}_2,\boldsymbol{\eta}_3,\boldsymbol{\eta}_4$ 线性表示，故 $\boldsymbol{\beta}_1,\boldsymbol{\beta}_2,\boldsymbol{\beta}_3,\boldsymbol{\beta}_4$ 也都是 $\boldsymbol{A}x=0$ 的解.又因为 $\boldsymbol{\eta}_1,\boldsymbol{\eta}_2,\boldsymbol{\eta}_3,\boldsymbol{\eta}_4$ 线性无关，所以该向量组的秩$=4$，又因为等价的向量组有相等的秩，所以 $\boldsymbol{\beta}_1,\boldsymbol{\beta}_2,\boldsymbol{\beta}_3,\boldsymbol{\beta}_4$ 的秩也等于 4，所以 $\boldsymbol{\beta}_1,\boldsymbol{\beta}_2,\boldsymbol{\beta}_3,\boldsymbol{\beta}_4$ 也线性无关.故 $\boldsymbol{\beta}_1,\boldsymbol{\beta}_2,\boldsymbol{\beta}_3,\boldsymbol{\beta}_4$ 也是 $\boldsymbol{A}x=0$ 的基础解系.所以 D 正确.

答案:D

例 6　设 $m\times n$ 矩阵 $\boldsymbol{A}$ 的秩 $\boldsymbol{r}(\boldsymbol{A})=n-3(n>3)$，$\boldsymbol{\alpha},\boldsymbol{\beta},\boldsymbol{\gamma}$ 是齐次线性方程组 $\boldsymbol{Ax}=0$ 的三个线性无关的解向量，则方程组 $\boldsymbol{Ax}=0$ 的基础解系为(　　)

A. $\boldsymbol{\alpha},\boldsymbol{\beta},\boldsymbol{\alpha}+\boldsymbol{\beta}$　　　B. $\boldsymbol{\beta},\boldsymbol{\gamma},\boldsymbol{\gamma}-\boldsymbol{\beta}$

C. $\boldsymbol{\alpha}-\boldsymbol{\beta},\boldsymbol{\beta}-\boldsymbol{\gamma},\boldsymbol{\gamma}-\boldsymbol{\alpha}$　　　D. $\boldsymbol{\alpha},\boldsymbol{\alpha}+\boldsymbol{\beta},\boldsymbol{\alpha}+\boldsymbol{\beta}+\boldsymbol{\gamma}$

知识点　**齐次线性方程组基础解系的概念及所含解向量的个数；向量组线性相关性的判别**

解:显然 A,B,C 选项中的三个向量都是线性相关的，而齐次方程组的基础解系应由线性无关的向量组组成.

答案:D

例 7　求齐次线性方程组 $\begin{cases}x_1+x_2+x_5=0\\x_1+x_2-x_3=0\\x_3+x_4+x_5=0\end{cases}$ 的基础解系及通解.

测试点:求齐次方程组的基础解系和通解的方法

解:$\boldsymbol{A}=\begin{bmatrix}1&1&0&0&1\\1&1&-1&0&0\\0&0&1&1&1\end{bmatrix}\to\begin{bmatrix}1&1&0&0&1\\0&0&-1&0&-1\\0&0&1&1&1\end{bmatrix}\to\begin{bmatrix}1&1&0&0&1\\0&0&1&0&1\\0&0&0&1&0\end{bmatrix}$

取 x_1,x_3,x_4 为约束未知数，x_2,x_5 为自由未知数，

取 $\boldsymbol{\xi}_1=\begin{bmatrix}-1\\1\\0\\0\\0\end{bmatrix}$，$\boldsymbol{\xi}_2=\begin{bmatrix}-1\\0\\-1\\0\\1\end{bmatrix}$ 为该齐次方程组的基础解系，该齐次方程组的通解为

$$x=k_1\begin{bmatrix}-1\\1\\0\\0\\0\end{bmatrix}+k_2\begin{bmatrix}-1\\0\\-1\\0\\1\end{bmatrix}(k_1,k_2\text{ 为任意数})$$

例 8　已知 $x_1=(1,0,-1)^T$，$x_2=(3,4,5)^T$ 是三元非齐次线性方程组 $\boldsymbol{A}\boldsymbol{x}=\boldsymbol{b}$ 的两个解向量，则对应齐次线性方程组 $\boldsymbol{A}\boldsymbol{x}=0$ 有一个非零解向量 $\boldsymbol{\xi}=$ ________.

测试点:线性非齐次方程组解的性质

解: $\boldsymbol{\xi}=x_2-x_1=(2,4,6)^T$

答案: $\boldsymbol{\xi}=(2,4,6)^T$

例 9　设齐次线性方程 $\boldsymbol{A}\boldsymbol{x}=0$ 有解 $\boldsymbol{\xi}$，而非齐次线性方程且 $\boldsymbol{A}\boldsymbol{x}=\boldsymbol{b}$ 有解 $\boldsymbol{\eta}$，则 $\boldsymbol{\xi}+\boldsymbol{\eta}$ 是方程组 ________ 的解.

测试点:线性方程组解的性质

答案: $\mathrm{A}\boldsymbol{x}=\boldsymbol{b}$

例 10　已知某个3元非齐次线性方程组 $\boldsymbol{A}\boldsymbol{x}=\boldsymbol{b}$ 的增广矩阵 $\bar{\boldsymbol{A}}$ 经初等行变换化为：

$$\bar{\boldsymbol{A}}\rightarrow\begin{pmatrix}1&-2&3&-1\\0&2&-1&2\\0&0&a(a-1)&a-1\end{pmatrix}$$，若方程组无解，则 a 的取值为 ________.

测试点:1.增广矩阵 $\bar{\boldsymbol{A}}$ 经初等行变换变成 $\bar{\boldsymbol{B}}$，则以 $\bar{\boldsymbol{B}}$ 为增广矩阵的线性方程组与原方程组通解;2.非齐次方程组有解的充分必要条件是系数矩阵与增广矩阵有相等的秩

解: 当 $a=0$ 时，$\boldsymbol{r}(\boldsymbol{A})=2$，$\boldsymbol{r}(\bar{\boldsymbol{A}})=3$，故方程组无解.

答案: $a=0$.

例 11　如果非齐次线性方程组 $\boldsymbol{A}\boldsymbol{x}=b$ 有解，则它有唯一解的充分必要条件是其导出组 $\boldsymbol{A}\boldsymbol{x}=0$ ________.

解: 非齐次线性方程组 $\boldsymbol{A}\boldsymbol{x}=b$ 有唯一解的充分必要条件是 $r(\bar{\boldsymbol{A}})=r(\boldsymbol{A})=$ 未知数的个数，而它恰是其导出组 $\boldsymbol{A}\boldsymbol{x}=0$ 只有零解，没有非零解的充要条件.

答案: 只有零解.

例 12　设 3 元非齐次线性方程组 $\boldsymbol{A}\boldsymbol{x}=b$ 的两个解为 $\boldsymbol{\alpha}=(1,0,2)^T$，$\boldsymbol{\beta}=(1,-1,3)^T$，且系数矩阵 $\boldsymbol{A}$ 的秩 $r(\boldsymbol{A})=2$，则对于任意常数 k,k_1,k_2，方程组的通解可表

为(　　)

A.$k_1(1,0,2)^T+k_2(1,-1,3)^T$　　B.$(1,0,2)^T+k(1,-1,3)^T$

C.$(1,0,2)^T+k(0,1,-1)^T$　　D.$(1,0,2)^T+k(2,-1,5)^T$

测试点：

1.非齐次线性方程组的通解的公式；

2.非齐次方程组解的性质

3.齐次方程组的基础解系的概念

解：因为 $\boldsymbol{\alpha}=(1,0,2)^T,\boldsymbol{\beta}=(1,-1,3)^T$ 都是非齐次方程组 $\boldsymbol{Ax}=b$ 的解，故 $\boldsymbol{\alpha}-\boldsymbol{\beta}=(0,1,-1)^T$ 是它的导出组 $\boldsymbol{Ax}=0$ 的解，又因为 $\boldsymbol{Ax}=0$ 为三元方程组，$\boldsymbol{r}(\boldsymbol{A})=2$，故它的基础解系含一个解，即它的任何一个非零解都是它的基础解系，故 $\boldsymbol{\alpha}-\boldsymbol{\beta}=(0,1,-1)^T$ 就是它的基础解系，又 $\boldsymbol{\alpha}=(1,0,2)^T$ 是非齐次方程组 $\boldsymbol{Ax}=\boldsymbol{b}$ 的解，所以 $(1,0,2)^T+k(0,1,-1)^T$ 为 $\boldsymbol{Ax}=\boldsymbol{b}$ 的通解.

答案：C

例 13　设三元非齐次线性方程组 $\begin{cases}x_1+2x_2=3\\4x_1+7x_2+x_3=10\\x_2-x_3=b\\2x_1+3x_2+ax_3=4\end{cases}$

(1) 试判定当 a,b 为何值时，方程组有无穷多个解？

(2) 当方程组有无穷多解时，求出其通解(要求用它的一个特解和它导出组的基础解系表示).

测试点：线性方程组的讨论

解：$\bar{\boldsymbol{A}}=\begin{bmatrix}1&2&0&3\\4&7&1&10\\0&1&-1&b\\2&3&a&4\end{bmatrix}\longrightarrow\begin{bmatrix}1&2&0&3\\0&-1&1&-2\\0&1&-1&b\\0&-1&a&-2\end{bmatrix}\longrightarrow\begin{bmatrix}1&2&0&3\\0&1&-1&2\\0&0&0&b-2\\0&0&a-1&0\end{bmatrix}$

$\longrightarrow\begin{bmatrix}1&2&0&3\\0&1&-1&2\\0&0&a-1&0\\0&0&0&b-2\end{bmatrix}$

所以 当 $b-2\neq0$，即 $b\neq2$ 时，方程组无解；

当 $b-2=0,a-1\neq0$ 即 $b=2,a\neq1$，时方程组有唯一解；

当 $b-2=0,a-1=0$ 即 $b=2,a=1$ 时,方程组有无穷多解.这时

取 x_1,x_2 为约束未知数,x_3 为自由未知数,取 $\boldsymbol{\eta}^*=\begin{bmatrix}-1\\2\\0\end{bmatrix}$ 为方程组的特解,$\boldsymbol{\xi}=\begin{bmatrix}-2\\1\\1\end{bmatrix}$ 为其导出组的基础解系.故方程组的通解为

$$x=\boldsymbol{\eta}^*+\boldsymbol{C\xi}=\begin{bmatrix}-1\\2\\0\end{bmatrix}+\boldsymbol{C}\begin{bmatrix}-2\\1\\1\end{bmatrix}.$$

例 14 设向量 $\boldsymbol{\beta}=(2,1,b)$ 可以由向量组 $\boldsymbol{\alpha}_1=(1,1,1),\boldsymbol{\alpha}_2=(2,3,a)$ 线性表示,则数 a,b 应满足的条件是(　　)

A.$a-b=4$　　B.$a-b=0$　　C.$a+b=4$　　D.$a+b=0$

解析:考察方程 $\boldsymbol{\beta}^T=x_1\boldsymbol{\alpha}_1^T+x_2\boldsymbol{\alpha}_2^T$,其增广矩阵为

$$(\boldsymbol{\alpha}_1^T\quad\boldsymbol{\alpha}_2^T\quad\boldsymbol{\beta}^T)=\begin{pmatrix}1&2&2\\1&3&1\\1&a&b\end{pmatrix}\to\begin{pmatrix}1&2&2\\0&1&-1\\0&a-2&b-2\end{pmatrix}\to$$

$$\to\begin{pmatrix}1&2&2\\0&1&-1\\0&0&b-2+a-2\end{pmatrix}=\begin{pmatrix}1&2&2\\0&1&-1\\0&0&a+b-4\end{pmatrix}$$

故方程组有解时,必有 $a+b=4$

答案:C

例 15 已知三阶矩阵 $\boldsymbol{B}\neq0$,且 $\boldsymbol{B}$ 的每一个列向量都是以下方程组的解:

$$\begin{cases}x_1+2x_2-2x_3=0,\\2x_1-x_2+\lambda x_3=0,\\3x_1+x_2-x_3=0.\end{cases}$$

(1) 求 λ 的值;　　(2) 证明 $|\boldsymbol{B}|=0$.

解析:(1) 由题意知,齐次线性方程组有非零解,则方程组的系数矩阵的行列式

$$|\boldsymbol{A}|=\begin{vmatrix}1&2&-2\\2&-1&\lambda\\3&1&-1\end{vmatrix}=5(\lambda-1)=0\Rightarrow\lambda=1.$$

(2) 由题意,得 $\boldsymbol{AB}=\boldsymbol{O}$.若 $|\boldsymbol{B}|\neq 0\Rightarrow \boldsymbol{A}=0$,矛盾,所以 $|\boldsymbol{B}|=0$.

或由 $\boldsymbol{AB}=0\Rightarrow \boldsymbol{R}(\boldsymbol{A})+\boldsymbol{R}(\boldsymbol{B})\leqslant 3$;又 $\boldsymbol{A}\neq 0\Rightarrow \boldsymbol{R}(\boldsymbol{A})\geqslant 1$,则 $\boldsymbol{R}(\boldsymbol{B})<3\Rightarrow |\boldsymbol{B}|=0$.

例 16 已知 $\boldsymbol{A},\boldsymbol{B}$ 为三阶非零方阵,$\boldsymbol{A}=\begin{pmatrix}1&3&9\\2&0&6\\-3&1&-7\end{pmatrix}$,$\boldsymbol{\beta}_1=\begin{pmatrix}0\\1\\-1\end{pmatrix}$,$\boldsymbol{\beta}_2=\begin{pmatrix}a\\2\\1\end{pmatrix}$,$\boldsymbol{\beta}_3=\begin{pmatrix}b\\1\\0\end{pmatrix}$为齐次线性方程组 $\boldsymbol{Bx}=0$ 的三个解向量,且 $\boldsymbol{Ax}=\boldsymbol{\beta}_3$ 有解.

(1) 求 a,b 的值;　　(2) 求 $\boldsymbol{Bx}=0$ 的通解.

解析:(1) 由 $\boldsymbol{\beta}_1,\boldsymbol{\beta}_2,\boldsymbol{\beta}_3$ 均为 $\boldsymbol{Bx}=0$ 的解,而 $\boldsymbol{B}\neq 0$ 知,$\boldsymbol{\beta}_1,\boldsymbol{\beta}_2,\boldsymbol{\beta}_3$ 必线性相关,

于是 $|\boldsymbol{\beta}_1,\boldsymbol{\beta}_2,\boldsymbol{\beta}_3|=\begin{vmatrix}0&a&b\\1&2&1\\-1&1&0\end{vmatrix}=0$,

由此解得 $a=3b$.

由 $\boldsymbol{Ax}=\boldsymbol{\beta}_3$ 有解,知 $r(\boldsymbol{A}\vdots\boldsymbol{\beta}_3)=r(\boldsymbol{A})$,

$$[\boldsymbol{A}\vdots\boldsymbol{\beta}_3]=\begin{bmatrix}1&3&9&b\\2&0&6&1\\-3&1&-7&0\end{bmatrix}\to\begin{bmatrix}1&3&9&b\\0&-6&-12&1-2b\\0&10&20&3b\end{bmatrix}$$

$$\to\begin{bmatrix}1&3&9&b\\0&-6&-12&1-2b\\0&0&0&\dfrac{5-b}{3}\end{bmatrix}$$

可见有 $b=5$.

故 $a=15,b=5$.

(2) 由题设 $\boldsymbol{r}(\boldsymbol{B})\geqslant 1$,于是 $3-\boldsymbol{r}(\boldsymbol{B})\leqslant 2$,而 $\boldsymbol{\beta}_1,\boldsymbol{\beta}_2$ 为 $\boldsymbol{Bx}=0$ 的两个线性无关的解,故 $3-\boldsymbol{r}(\boldsymbol{B})=2$,可见 $\boldsymbol{\beta}_1,\boldsymbol{\beta}_2$ 即可作为 $\boldsymbol{Bx}=0$ 的基础解系,故通解为 $x=k_1\boldsymbol{\beta}_1+k_2\boldsymbol{\beta}_2$($k_1k_2$ 为任意常数).

例 17 设 $\boldsymbol{A}$ 是秩为 $n-1$ 的 n 阶矩阵,$\boldsymbol{\alpha}_1,\boldsymbol{\alpha}_2$ 是方程组 $\boldsymbol{Ax}=0$ 的两个不同的解向量,则 $\boldsymbol{Ax}=0$ 的通解必定是(　　)

A.$\boldsymbol{\alpha}_1+\boldsymbol{\alpha}_2$　　B.$k\boldsymbol{\alpha}_1$　　C.$k(\boldsymbol{\alpha}_1+\boldsymbol{\alpha}_2)$　　D.$k(\boldsymbol{\alpha}_1-\boldsymbol{\alpha}_2)$

解析:因为通解中必有任意常数,显见 A 不正确.由 $n-\boldsymbol{r}(\boldsymbol{A})=1$ 知 $\boldsymbol{Ax}=0$ 的基础解

系由一个非零向量构成.$\boldsymbol{\alpha}_1$,$\boldsymbol{\alpha}_1+\boldsymbol{\alpha}_2$ 与 $\boldsymbol{\alpha}_1-\boldsymbol{\alpha}_2$ 中哪一个一定是非零向量呢?

已知条件只是说 $\boldsymbol{\alpha}_1$,$\boldsymbol{\alpha}_2$ 是两个不同的解,那么 $\boldsymbol{\alpha}_1$ 可以是零解,因而 $k\boldsymbol{\alpha}_1$ 可能不是通解.如果 $\boldsymbol{\alpha}_1=-\boldsymbol{\alpha}_2\neq 0$,则 $\boldsymbol{\alpha}_1$,$\boldsymbol{\alpha}_2$ 是两个不同的解,但 $\boldsymbol{\alpha}_1+\boldsymbol{\alpha}_2=0$,即两个不同的解不能保证 $\boldsymbol{\alpha}_1+\boldsymbol{\alpha}_2\neq 0$.因此要排除 B、C.由于 $\boldsymbol{\alpha}_1\neq\boldsymbol{\alpha}_2$,,必有 $\boldsymbol{\alpha}_1-\boldsymbol{\alpha}_2\neq 0$.可见 D 正确.

例 18 设 $\boldsymbol{\alpha}_1,\boldsymbol{\alpha}_2,\boldsymbol{\alpha}_3,\boldsymbol{\alpha}_4$ 是四维非零列向量组,$\boldsymbol{A}=(\boldsymbol{\alpha}_1,\boldsymbol{\alpha}_2,\boldsymbol{\alpha}_3,\boldsymbol{\alpha}_4)$,$\boldsymbol{A}^*$ 为 $\boldsymbol{A}$ 的伴随矩阵,已知方程组 $\boldsymbol{Ax}=0$ 的基础解系为 $(1,0,2,0)^T$,则 $\boldsymbol{A}^*\boldsymbol{x}=0$ 的基础解系为(　　)

A.$\boldsymbol{\alpha}_1,\boldsymbol{\alpha}_2,\boldsymbol{\alpha}_3$

B.$\boldsymbol{\alpha}_1+\boldsymbol{\alpha}_2,\boldsymbol{\alpha}_2+\boldsymbol{\alpha}_3,\boldsymbol{\alpha}_1+\boldsymbol{\alpha}_3$

C.$\boldsymbol{\alpha}_2,\boldsymbol{\alpha}_3,\boldsymbol{\alpha}_4$

D.$\boldsymbol{\alpha}_1+\boldsymbol{\alpha}_1=2,\boldsymbol{\alpha}_2+\boldsymbol{\alpha}_3,\boldsymbol{\alpha}_3+\boldsymbol{\alpha}_4,\boldsymbol{\alpha}_4+\boldsymbol{\alpha}_1$

解析:由线性方程组的结构,四阶方阵 $\boldsymbol{A}$ 的秩为 3,则 $\boldsymbol{A}^*$ 的秩为 1,所以,方程组 $\boldsymbol{A}^*x=0$ 的基础解系包含三个线性无关的解向量.

又 $\boldsymbol{A}^*\boldsymbol{A}=\boldsymbol{A}^*(\boldsymbol{\alpha}_1,\boldsymbol{\alpha}_2,\boldsymbol{\alpha}_3,\boldsymbol{\alpha}_4)=|\boldsymbol{A}|\boldsymbol{E}=0$,所以向量 $\boldsymbol{\alpha}_1,\boldsymbol{\alpha}_2,\boldsymbol{\alpha}_3,\boldsymbol{\alpha}_4$ 是方程组 $\boldsymbol{A}^*x=0$ 的解.因为 $(1,0,2,0)^T$ 是方程组 $\boldsymbol{Ax}=0$ 的解,有 $\boldsymbol{\alpha}_1+2\boldsymbol{\alpha}_3=0$,即向量组 $\boldsymbol{\alpha}_1,\boldsymbol{\alpha}_3$ 线性相关,所以向量组 $\boldsymbol{\alpha}_1,\boldsymbol{\alpha}_2,\boldsymbol{\alpha}_3$ 线性相关,故 A 不正确.由于 B 中的向量组都能被 $\boldsymbol{\alpha}_1,\boldsymbol{\alpha}_2,\boldsymbol{\alpha}_3$ 线性表出,故 $\boldsymbol{\alpha}_1+\boldsymbol{\alpha}_2,\boldsymbol{\alpha}_2+\boldsymbol{\alpha}_3,\boldsymbol{\alpha}_1+\boldsymbol{\alpha}_3$ 线性相关,可知 B 不正确.D 中向量组含有四个向量,不为基础解系,可知 D 也不正确.综上,唯一可能的选项是 C.

事实上,由 $\boldsymbol{\alpha}_1+2\boldsymbol{\alpha}_3=0$,得 $\boldsymbol{\alpha}_1$ 可由 $\boldsymbol{\alpha}_2,\boldsymbol{\alpha}_3,\boldsymbol{\alpha}_4$ 线性表示,又向量组 $\boldsymbol{\alpha}_1,\boldsymbol{\alpha}_2,\boldsymbol{\alpha}_3,\boldsymbol{\alpha}_4$ 的秩为 3,所以,向量组 $\boldsymbol{\alpha}_2,\boldsymbol{\alpha}_3,\boldsymbol{\alpha}_4$ 线性无关,即它是方程组 $\boldsymbol{A}^*\boldsymbol{x}=0$ 的基础解系.

例 19 设 $\boldsymbol{A}$ 为 n 阶方阵,齐次线性方程组 $\boldsymbol{Ax}=0$ 有两个线性无关的解向量,$\boldsymbol{A}*$ 是 $\boldsymbol{A}$ 的伴随矩阵,则(　　)

A.$\boldsymbol{A}^*\boldsymbol{x}=0$ 的解均是 $\boldsymbol{Ax}=0$ 的解

B.$\boldsymbol{Ax}=0$ 的解均是 $\boldsymbol{A}^*\boldsymbol{x}=0$ 的解

C.$\boldsymbol{Ax}=0$ 与 $\boldsymbol{A}^*\boldsymbol{x}=0$ 没有非零公共解

D.$\boldsymbol{Ax}=0$ 与 $\boldsymbol{A}^*\boldsymbol{x}=0$ 恰好有一个非零公共解

解析:由题设知 $n-\boldsymbol{r}(\boldsymbol{A})\geqslant 2$,从而有 $\boldsymbol{r}(\boldsymbol{A})\leqslant n-2$,故 $\boldsymbol{A}^*=0$,任意 n 维向量均是 $\boldsymbol{A}^*\boldsymbol{x}=0$ 的解,故正确选项是 B.

例 20 已知 $\boldsymbol{\alpha}_1,\boldsymbol{\alpha}_2$ 是非齐次线性方程组 $\boldsymbol{Ax}=\boldsymbol{b}$ 的两个不同的解,那么 $\boldsymbol{\alpha}_1-2\boldsymbol{\alpha}_2$,$4\boldsymbol{\alpha}_1-3\boldsymbol{\alpha}_2$,$\frac{1}{4}(2\boldsymbol{\alpha}_1+\boldsymbol{\alpha}_2)$,$\frac{1}{4}\boldsymbol{\alpha}_1+\frac{3}{4}\boldsymbol{\alpha}_2$ 中,仍是线性方程组 $\boldsymbol{Ax}=\boldsymbol{b}$ 特解的共有(　　)

A.4 个　　B.3 个　　C.2 个　　D.1 个

解析:由于 $\boldsymbol{A\alpha}_1=\boldsymbol{b},\boldsymbol{A\alpha}_2=\boldsymbol{b}$,那么 $\boldsymbol{A}(4\boldsymbol{\alpha}_1-3\boldsymbol{\alpha}_2)=4\boldsymbol{A\alpha}_1-3\boldsymbol{A\alpha}_2=\boldsymbol{b}$

$\boldsymbol{A}\left(\frac{1}{4}\boldsymbol{\alpha}_1+\frac{3}{4}\boldsymbol{\alpha}_2\right)=\frac{1}{4}\boldsymbol{A\alpha}_1+\frac{3}{4}\boldsymbol{A\alpha}_2=\boldsymbol{b}$

可知 $4\boldsymbol{\alpha}_1-3\boldsymbol{\alpha}_2,\frac{1}{4}\boldsymbol{\alpha}_1+\frac{3}{4}\boldsymbol{\alpha}_2$ 均是 $\boldsymbol{Ax}=\boldsymbol{b}$ 的解

而 $\boldsymbol{A}(\boldsymbol{\alpha}_1-2\boldsymbol{\alpha}_2)=-\boldsymbol{b},\boldsymbol{A}\left[\frac{1}{4}(2\boldsymbol{\alpha}_1+\boldsymbol{\alpha}_2)\right]=\frac{3}{4}\boldsymbol{b}$.故 $\boldsymbol{\alpha}_1-2\boldsymbol{\alpha}_2,\frac{1}{4}(2\boldsymbol{\alpha}_1+\boldsymbol{\alpha}_2)$ 不是 $\boldsymbol{Ax}=\boldsymbol{b}$ 的解,故应选 C.

评注:若 $\boldsymbol{\alpha}_1,\boldsymbol{\alpha}_2,\boldsymbol{\alpha}_3,\cdots,\boldsymbol{\alpha}_t$ 是 $\boldsymbol{Ax}=\boldsymbol{b}$ 的解,则当 $k_1+k_2+k_3+\cdots+k_t=1$ 时,则 $k_1\boldsymbol{\alpha}_1+k_2\boldsymbol{\alpha}_2+k_3\boldsymbol{\alpha}_3+\cdots+k_t\boldsymbol{\alpha}_t$ 是 $\boldsymbol{Ax}=\boldsymbol{b}$ 的解;当 $k_1+k_2+k_3+\cdots+k_t=0$ 时,$k_1\boldsymbol{\alpha}_1+k_2\boldsymbol{\alpha}_2+k_3\boldsymbol{\alpha}_3+\cdots+k_t\boldsymbol{\alpha}_t$ 是 $\boldsymbol{Ax}=0$ 的解.

例 21　已知 4×5 矩阵 $\boldsymbol{A}=(\boldsymbol{\alpha}_1,\boldsymbol{\alpha}_2,\boldsymbol{\alpha}_3,\boldsymbol{\alpha}_4,\boldsymbol{\alpha}_5)$,其中 $\boldsymbol{\alpha}_1,\boldsymbol{\alpha}_2,\boldsymbol{\alpha}_3,\boldsymbol{\alpha}_4,\boldsymbol{\alpha}_5$ 均为 4 维列向量,$\boldsymbol{\alpha}_1,\boldsymbol{\alpha}_2,\boldsymbol{\alpha}_4$ 线性无关,又设 $\boldsymbol{\alpha}_3=\boldsymbol{\alpha}_1-\boldsymbol{\alpha}_4,\boldsymbol{\alpha}_5=\boldsymbol{\alpha}_1+\boldsymbol{\alpha}_2+\boldsymbol{\alpha}_4,\boldsymbol{\beta}=2\boldsymbol{\alpha}_1+\boldsymbol{\alpha}_2-\boldsymbol{\alpha}_3+\boldsymbol{\alpha}_4+\boldsymbol{\alpha}_5$,求 $\boldsymbol{Ax}=\boldsymbol{\beta}$ 的通解.

解:由于 $\boldsymbol{\alpha}_1,\boldsymbol{\alpha}_2,\boldsymbol{\alpha}_4$ 线性无关,$\boldsymbol{\alpha}_3=\boldsymbol{\alpha}_1-\boldsymbol{\alpha}_4,\boldsymbol{\alpha}_5=\boldsymbol{\alpha}_1+\boldsymbol{\alpha}_2+\boldsymbol{\alpha}_4$,可见 $r(\boldsymbol{A})=3$.由于 $\boldsymbol{\beta}=2\boldsymbol{\alpha}_1+\boldsymbol{\alpha}_2-\boldsymbol{\alpha}_3+\boldsymbol{\alpha}_4+\boldsymbol{\alpha}_5$,从而线性方程组 $\boldsymbol{Ax}=\boldsymbol{\beta}$ 有特解 $\boldsymbol{\eta}=(2,1,-1,1,1)^T$.由 $\boldsymbol{\alpha}_3=\boldsymbol{\alpha}_1-\boldsymbol{\alpha}_4,\boldsymbol{\alpha}_5=\boldsymbol{\alpha}_1+\boldsymbol{\alpha}_2+\boldsymbol{\alpha}_4$,导出方程组 $\boldsymbol{Ax}=0$ 的两个线性无关的解

$\boldsymbol{\xi}_1=(1,0,-1,-1,0)^T,\boldsymbol{\xi}_2=(1,1,0,1,-1)^T$.

由于 $r(\boldsymbol{A})=3$,则五元齐次线性方程组 $\boldsymbol{Ax}=0$ 的基础解系由两个线性无关的解构成,故 $\boldsymbol{\xi}_1,\boldsymbol{\xi}_2$ 为 $\boldsymbol{Ax}=0$ 的基础解系,方程组 $\boldsymbol{Ax}=\boldsymbol{\beta}$ 的通解为 $\boldsymbol{x}=\boldsymbol{\eta}+k_1\boldsymbol{\xi}_1+k_2\boldsymbol{\xi}_2$,其中 k_1,k_2 为任意常数.

例 22　线性方程组

$$\begin{cases}\lambda x_1+x_2+x_3=\lambda-3,\\x_1+\lambda x_2+x_3=-2,\\x_1+x_2+\lambda x_3=-2.\end{cases}$$

讨论 λ 取何值时,方程组无解,有唯一解和无穷多组解.在方程组有无穷多组解时,试用其导出组的基础解系表示全部解.

解:对增广矩阵作初等行变换得

$$\boldsymbol{B}=(\boldsymbol{A}\mid\boldsymbol{b})=\left(\begin{array}{ccc:c}\lambda&1&1&\lambda-3\\1&\lambda&1&-2\\1&1&\lambda&-2\end{array}\right)\xrightarrow{r}\left(\begin{array}{ccc:c}1&1&\lambda&-2\\0&\lambda-1&1-\lambda&0\\0&0&(1-\lambda)(2+\lambda)&3(\lambda-1)\end{array}\right)$$

(1) 方程组有唯一解 $\Leftrightarrow R(\boldsymbol{A})=R(\boldsymbol{B})=3 \Rightarrow \lambda \neq 1$ 且 $\lambda \neq -2$；

(2) 当 $\lambda=1$ 时，$\boldsymbol{B} \xrightarrow{r} \left(\begin{array}{ccc:c} 1 & 1 & 1 & -2 \\ 0 & 0 & 0 & 0 \\ 0 & 0 & 0 & 0 \end{array}\right) \Rightarrow R(\boldsymbol{A})=R(\boldsymbol{B})=1<3$，方程组有无穷多解，且 $x_1=-x_2-x_3-2$.

则方程组的通解 $x=\begin{pmatrix} -2 \\ 0 \\ 0 \end{pmatrix}+k_1\begin{pmatrix} -1 \\ 1 \\ 0 \end{pmatrix}+k_2\begin{pmatrix} -1 \\ 0 \\ 1 \end{pmatrix}$ 其中 k_1,k_2 为任意常数；

(3) 当 $\lambda=-2$ 时，$\boldsymbol{R}(\boldsymbol{A})=2 \neq \boldsymbol{R}(\boldsymbol{B})=3$，方程组无解.

例 23 设线性方程组为 $\begin{cases} x_1+x_2+2x_3+3x_4=1 \\ x_1+3x_2+6x_3+x_4=3 \\ 3x_1-x_2-k_1x_3+15x_4=3 \\ x_1-5x_2-10x_3+12x_4=k_2 \end{cases}$，问 k_1 与 k_2 各取何值时，方程组无解？ 有唯一解？ 有无穷多解？ 有无穷多解时，求其一般解.

解：$\boldsymbol{B}=(\boldsymbol{A} \mid \boldsymbol{b})=\left[\begin{array}{cccc:c} 1 & 1 & 2 & 3 & 1 \\ 1 & 3 & 6 & 1 & 3 \\ 3 & -1 & -k_1 & 15 & 3 \\ 1 & -5 & -10 & 12 & k_2 \end{array}\right] \xrightarrow{r} \left[\begin{array}{cccc:c} 1 & 1 & 2 & 3 & 1 \\ 0 & 1 & 2 & -1 & 1 \\ 0 & 0 & -k_1+2 & 2 & 4 \\ 0 & 0 & 0 & 3 & k_2+5 \end{array}\right]$

(1) 当 $\boldsymbol{R}(\boldsymbol{A})=\boldsymbol{R}(\boldsymbol{B})=4 \Leftrightarrow -k_1+2 \neq 0 \Leftrightarrow k_1 \neq 2$ 时，方程组有唯一解；

(2) 当 $k_1=2$ 时，$\boldsymbol{B} \xrightarrow{r} \left[\begin{array}{cccc:c} 1 & 1 & 2 & 3 & 1 \\ 0 & 1 & 2 & -1 & 1 \\ 0 & 0 & 0 & 1 & 2 \\ 0 & 0 & 0 & 0 & k_2-1 \end{array}\right]$，则

① 当 $k_2 \neq 1$ 时，$\boldsymbol{R}(\boldsymbol{A})=3 \neq \boldsymbol{R}(\boldsymbol{B})=4$，方程组无解；

② 当 $k_2=1$ 时，$\boldsymbol{R}(\boldsymbol{A})=\boldsymbol{R}(\boldsymbol{B})=3<4$，方程组有无穷多解，且

$$\boldsymbol{B} \xrightarrow{r} \left[\begin{array}{cccc:c} 1 & 0 & 0 & 0 & -8 \\ 0 & 1 & 2 & 0 & 3 \\ 0 & 0 & 0 & 1 & 2 \\ 0 & 0 & 0 & 0 & 0 \end{array}\right],$$

则通解(一般解)为

$$\begin{bmatrix} x_1 \\ x_2 \\ x_3 \\ x_4 \end{bmatrix} = \begin{bmatrix} -8 \\ 3 \\ 0 \\ 2 \end{bmatrix} + k \begin{bmatrix} 0 \\ -2 \\ 1 \\ 0 \end{bmatrix}, k \text{ 为任意常数.}(*)$$

综上：当 $k_1 \neq 2$ 时，方程组有唯一解；当 $k_1=2$ 且 $k_2 \neq 1$ 时，方程组无解；当 $k_2=1$ 且 $k_2=1$ 时，方程组有无穷多解，且一般解为（*）式.

例 24　(2003) 已知齐次线性方程组

$$\begin{cases} (a_1+b)x_1+a_2x_2+a_3+x_3+\cdots+a_nx_n=0 \\ a_1x_1+(a_2+b)x_2+a_3x_3+\cdots+a_nx_n=0 \\ a_1x_1+a_2x_2+(a_3+b)x_3+\cdots+a_nx_n=0 \\ \cdots\cdots\cdots\cdots\cdots\cdots\cdots\cdots\cdots\cdots \\ a_1x_1+a_2x_2+a_3x_3+\cdots+(a_n+b)x_n=0 \end{cases}$$

其中 $\sum_{i=1}^{n} a_i \neq 0$ 试讨论 $a_1,a_2,\cdots,a_n$ 和 b 满足何种关系时，

(1) 方程组仅有零解；

(2) 方程组有非零解.在有非零解时，求此方程组的一个基础解系.

解：方程组的系数行列式

$$|\boldsymbol{A}| = \begin{vmatrix} a_1+b & a_2 & a_3 & \cdots & a_n \\ a_1 & a_2+b & a_3 & \cdots & a_n \\ a_1 & a_2 & a_3+b & \cdots & a_n \\ \vdots & \vdots & \vdots & \vdots & \vdots \\ a_1 & a_2 & a_3 & \cdots & a_n+b \end{vmatrix} = b^{n-1}(b+\sum_{i=1}^{n} a_i).$$

(1) 当 $b \neq 0$ 时且 $b+\sum_{i=1}^{n} a_i \neq 0$ 时，$\boldsymbol{r}(\mathbf{A})=n$，方程组仅有零解.

(2) 当 $b=0$ 时，原方程组的同解方程组为 $a_1x_1+a_2x_2+\cdots+a_nx_n=0$.

由 $\sum_{i=1}^{n} a_i \neq 0$ 可知，$a_i(i=1,2,\cdots,n)$ 不全为零.不妨设 $a_1 \neq 0$，得原方程组的一个基础解系为 $\boldsymbol{\alpha}_1=\left(-\frac{a_2}{a_1},1,0,\cdots,0\right)^T$，$\boldsymbol{\alpha}_2=\left(-\frac{a_3}{a_1},0,1,\cdots,0\right)^T$，$\cdots$，$\boldsymbol{\alpha}_{n-1}=\left(-\frac{a_n}{a_1},0,0,\cdots,1\right)^T$.

当 $b=-\sum_{i=1}^{n} a_i$ 时，有 $b \neq 0$，原方程组的系数矩阵可化为

$$\begin{bmatrix} a_1-\sum_{i=1}^{n}a_i & a_2 & a_3 & \cdots & a_n \\ a_1 & a_2-\sum_{i=1}^{n}a_i & a_3 & \cdots & a_n \\ a_1 & a_2 & a_3-\sum_{i=1}^{n}a_i & \cdots & a_n \\ \vdots & \vdots & \vdots & & \vdots \\ a_1 & a_2 & a_3 & \cdots & a_n-\sum_{i=1}^{n}a_i \end{bmatrix}$$

(将第 1 行的 -1 倍加到其余各行,再从第 2 行到第 n 行同乘以 $-\dfrac{1}{\sum_{i=1}^{n}a_i}$ 倍)

$$\to \begin{bmatrix} a_1-\sum_{i=1}^{n}a_i & a_2 & a_3 & \cdots & a_n \\ -1 & 1 & 0 & \cdots & 0 \\ -1 & 0 & 1 & \cdots & 0 \\ \vdots & \vdots & \vdots & & \vdots \\ -1 & 0 & 0 & \cdots & 1 \end{bmatrix}$$

(将第 i 行的 $-a_i$ 倍加到第 1 行($i=2,\cdots,n$),再将第 1 行移到最后一行)

$$\to \begin{bmatrix} -1 & 1 & 0 & \cdots & 0 \\ -1 & 0 & 1 & \cdots & 0 \\ \vdots & \vdots & \vdots & & \vdots \\ -1 & 0 & 0 & \cdots & 1 \\ 0 & 0 & 0 & \cdots & 0 \end{bmatrix}$$

由此得原方程组的同解方程组为

$$x_2=x_1,x_3=x_1,\cdots,x_n=x_1.$$

原方程组的一个基础解系为 $\boldsymbol{\alpha}=(1,1,\cdots,1)^T$.

【评注】本题的难点在 $b=-\sum_{i=1}^{n}a_i$ 时的讨论,事实上也可这样分析:此时系数矩阵的秩为 $n-1$(存在 $n-1$ 阶子式不为零),且显然 $\boldsymbol{\alpha}=(1,1,\cdots,1)^T$ 为方程组的一个非零解,即可作为基础解系.

例 25　设方程组(Ⅰ)$\boldsymbol{A}\boldsymbol{x}=0$ 的基础解系为 $\boldsymbol{\alpha}_1=(1,1,1,0,2)^T$，$\boldsymbol{\alpha}_2=(1,1,0,1,1)^T$，$\boldsymbol{\alpha}_3=(1,0,1,1,2)^T$. 设方程组(Ⅱ)$\boldsymbol{B}\boldsymbol{x}=0$ 的基础解系为 $\boldsymbol{\beta}_1=(1,1,-1,-1,1)^T$，$\boldsymbol{\beta}_2=(1,-1,1,-1,2)^T$，$\boldsymbol{\beta}_3=(1,-1,-1,1,1)^T$.

(1) 求线性方程组(Ⅲ)$\begin{cases}\boldsymbol{A}\boldsymbol{x}=0\\\boldsymbol{B}\boldsymbol{x}=0\end{cases}$的基础解系及通解；(2) 求矩阵 $\boldsymbol{C}=(\boldsymbol{A}^T,\boldsymbol{B}^T)$ 的秩.

解：考虑线性方程组 $\sum\limits_{i=1}^{3}x_i\boldsymbol{\alpha}_i=\sum\limits_{i=1}^{3}y_i\boldsymbol{\beta}_i$，①

其系数矩阵

$$\begin{bmatrix}1&1&1&-1&-1&-1\\1&1&0&-1&1&1\\1&0&1&1&-1&1\\0&1&1&1&1&-1\\2&1&2&-1&-2&-1\end{bmatrix}\xrightarrow{\text{行变换}}\begin{bmatrix}1&0&0&0&0&2\\0&1&0&0&0&0\\0&0&1&0&0&-2\\0&0&0&1&0&1\\0&0&0&0&1&0\end{bmatrix}$$

因而得到方程组 ① 的基础解系$(-2,0,2,-1,0)^T$，代入 ① 得到方程组(Ⅲ) 的基础解系为：

$\boldsymbol{\xi}=-2\boldsymbol{\alpha}+2\boldsymbol{\alpha}_3=-\boldsymbol{\beta}_1+\boldsymbol{\beta}_3=(0,-2,0,2,0)^T$.求得(Ⅲ) 的通解为 $\boldsymbol{x}=(0,-k,0,k,0)^T$，其中 k 为任意常数.由此可见矩阵 $\boldsymbol{C}=(\boldsymbol{A}^T,\boldsymbol{B}^T)$ 的秩 $=4$.

例 26　设 $\boldsymbol{A}$ 是 n 阶矩阵，对于齐次线性方程组(Ⅰ)$\boldsymbol{A}^n\boldsymbol{x}=0$ 和(Ⅱ)$\boldsymbol{A}^{n+1}\boldsymbol{x}=0$ 现有命题

①(Ⅰ) 的解必是(Ⅱ) 的解；

②(Ⅱ) 的解必是(Ⅰ) 的解；

③(Ⅰ) 的解不一定是(Ⅱ) 的解；

④(Ⅱ) 的解不一定是(Ⅰ) 的解；

其中，正确的是(　　).

A.①④　　　　B.①②　　　　C.②③　　　　D.③④

解析：当 $\boldsymbol{A}^n\boldsymbol{x}=0$ 时，易知 $\boldsymbol{A}^{n+1}\boldsymbol{x}=\boldsymbol{A}(\boldsymbol{A}^n\boldsymbol{x})=0$，故(Ⅰ) 的解必是(Ⅱ) 的解，也即 ① 正确、③ 错误.

当 $\boldsymbol{A}^{n+1}\boldsymbol{x}=0$ 时，假设 $\boldsymbol{A}^n\boldsymbol{x}\neq 0$，则有 $\boldsymbol{x},\boldsymbol{A}\boldsymbol{x},\cdots,\boldsymbol{A}^n\boldsymbol{x}$ 均不为零，可以证明这种情况下 $\boldsymbol{x},\boldsymbol{A}\boldsymbol{x},\cdots,\boldsymbol{A}^n\boldsymbol{x}$ 是线性无关的.由于 $x,\boldsymbol{A}\boldsymbol{x},\cdots,\boldsymbol{A}^n\boldsymbol{x}$ 均为 n 维向量，而 $n+1$ 个 n 维向量都是线性相关的，矛盾.故假设不成立，因此必有 $\boldsymbol{A}^n\boldsymbol{x}=0$.可知(Ⅱ) 的解必是(Ⅰ) 的解，故 ② 正确、④ 错误.故选 B.

评注:当 $\boldsymbol{A}^{n+1}\boldsymbol{x}=0,\boldsymbol{A}^{n}\boldsymbol{x}\neq 0$ 时,证明 $x,\boldsymbol{A}\boldsymbol{x},\cdots,\boldsymbol{A}^{n}x$ 线性无关的方法:

假设 $k_1\boldsymbol{x}+k_2\boldsymbol{A}\boldsymbol{x}+\cdots+k_{n+1}\boldsymbol{A}^{n}\boldsymbol{x}=0$,等式两边同时左乘 $\boldsymbol{A}^{n}$ 可得 $k_1\boldsymbol{A}^{n}\boldsymbol{x}=0$,由于 $\boldsymbol{A}^{n}\boldsymbol{x}\neq 0$,可知 $k_1=0$.

这样原等式就化为了 $k_2\boldsymbol{A}\boldsymbol{x}+\cdots+k_{n+1}\boldsymbol{A}^{n}\boldsymbol{x}=0$,再在该等式两边同时左乘 $\boldsymbol{A}^{n-1}$ 可得 $k_2\boldsymbol{A}^{n}x=0$,故有 $k_2=0$.

类似地,可得 $k_3=\cdots=k_{n+1}=0$,故 $\boldsymbol{x},\boldsymbol{A}\boldsymbol{x},\cdots,\boldsymbol{A}^{n}\boldsymbol{x}$ 线性无关.

例 27 已知齐次线性方程组 $\begin{cases}a_{11}x_1+a_{12}x_2+\cdots+a_{1n}x_n=0\\a_{21}x_1+a_{22}x_2+\cdots+a_{2n}x_n=0\\\cdots\cdots\\a_{m1}x_2+a_{m2}x_2+\cdots+a_{mn}x_n=0\end{cases}$ 的所有解都是方 $b_1x_1+b_2x_2+\cdots+b_nx_n=0$ 的解.

试证明:线性方程组 $\begin{cases}a_{11}x_1+a_{21}x_2+\cdots+a_{m1}x_m=b_1\\a_{12}x_1+a_{22}x_2+\cdots+a_{m2}x_m=b_2\\\cdots\cdots\\a_{1n}x_1+a_{2m}x_2+\cdots+a_{mn}x_m=b_n\end{cases}$ 有解.

证明:由已知齐次线性方程组

$\begin{cases}a_{11}x_1+a_{12}x_2+\cdots+a_{1n}x_n=0\\a_{21}x_1+a_{22}x_2+\cdots+a_{2n}x_n=0\\\cdots\cdots\\a_{m1}x_1+a_{m2}x_2+\cdots+a_{mn}x_n=0\end{cases}$ (1) 的所有解都是方程 $b_1x_1+b_2x_2+\cdots+b_nx_n=0$(2) 的解可知:

方程组(1)与方程组 $\begin{cases}a_{11}x_1+a_{12}x_2+\cdots+a_{1n}x_n=0\\a_{21}x_1+a_{22}x_2+\cdots+a_{2n}x_n=0\\\cdots\cdots\\a_{m1}x_1+a_{m2}x_2+\cdots+a_{mn}x_n=0\end{cases}$ (3) 有相同的解.

故 (1) 的系数矩阵 $\boldsymbol{A}=\begin{pmatrix}a_{11}&a_{12}&\cdots&a_{1n}\\a_{21}&a_{22}&\cdots&a_{2n}\\\vdots&\vdots&&\vdots\\a_{m1}&a_{m2}&\cdots&a_{mn}\end{pmatrix}$ 与 (3) 的系数矩阵 $\boldsymbol{B}=$

$\begin{pmatrix} a_{11} & a_{12} & \cdots & a_{1n} \\ a_{21} & a_{22} & \cdots & a_{2n} \\ \vdots & \vdots & & \vdots \\ a_{m1} & a_{m2} & \cdots & a_{mn} \\ b_1 & b_2 & \cdots & b_n \end{pmatrix}$的秩相同.即 $\boldsymbol{r}(\mathbf{A})=\boldsymbol{r}(\boldsymbol{B})$

又方程组$\begin{cases} a_{11}x_1+a_{21}x_2+\cdots+a_{m1}x_m=b_1 \\ a_{12}x_1+a_{22}x_2+\cdots+a_{m2}x_m=b_2 \\ \cdots\cdots \\ a_{1n}x_1+a_{2n}x_2+\cdots+a_{mn}x_m=b_n \end{cases}$的系数矩阵和增广矩阵分别为

$\begin{pmatrix} a_{11} & a_{21} & \cdots & a_{m1} \\ a_{12} & a_{22} & \cdots & a_{m2} \\ \vdots & \vdots & & \vdots \\ a_{1n} & a_{2n} & \cdots & a_{mn} \end{pmatrix}=\mathbf{A}^T$，$\begin{pmatrix} a_{11} & a_{21} & \cdots & a_{m1} & b_1 \\ a_{12} & a_{22} & \cdots & a_{m2} & b_2 \\ \vdots & \vdots & & \vdots & \\ a_{1n} & a_{2n} & \cdots & a_{mn} & b_n \end{pmatrix}=\boldsymbol{B}^T$，

又 $\boldsymbol{r}(\mathbf{A})=\boldsymbol{r}(\mathbf{A}^T)$，$\boldsymbol{r}(\boldsymbol{B})=r(\boldsymbol{B}^T)$，所以 $\boldsymbol{r}(\mathbf{A}^T)=\boldsymbol{r}(\boldsymbol{B}^T)$，

即方程组$\begin{cases} a_{11}x_1+a_{21}x_2+\cdots+a_{m1}x_m=b_1 \\ a_{12}x_1+a_{22}x_2+\cdots+a_{m2}x_m=b_2 \\ \cdots\cdots \\ a_{1n}x_1+a_{2n}x_2+\cdots+a_{mn}x_m=b_n \end{cases}$的系数矩阵的秩等于增广矩阵的秩，故

线性方程组$\begin{cases} a_{11}x_1+a_{21}x_2+\cdots+a_{m1}x_m=b_1 \\ a_{12}x_1+a_{22}x_2+\cdots+a_{m2}x_m=b_2 \\ \cdots\cdots \\ a_{1n}x_1+a_{2n}x_2+\cdots+a_{mn}x_m=b_n \end{cases}$有解.

例 28　(2003)已知平面上三条不同直线的方程分别为

$l_1: ax+2by+3c=0$，$l_2: bx+2cy+3a=0$，$l_3: cx+2ay+3b=0$.

试证:这三条直线交于一点的充分必要条件为 $a+b+c=0$.

证明:“必要性”.设三条直线 l_1,l_2,l_3 交于一点,则线性方程组

$$\begin{cases} ax+2by=-3c, \\ bx+2cy=-3a, \\ cx+2ay=-3b, \end{cases} \quad (*)$$

有唯一解,故系数矩阵 $\boldsymbol{A}=\begin{bmatrix} a & 2b \\ b & 2c \\ c & 2a \end{bmatrix}$ 与增广矩阵 $\bar{\boldsymbol{A}}=\begin{bmatrix} a & 2b & -3c \\ b & 2c & -3a \\ c & 2a & -3b \end{bmatrix}$ 的秩均为2,于是 $|\bar{\boldsymbol{A}}|=0$.

$$|\bar{\boldsymbol{A}}|=\begin{vmatrix} a & 2b & -3c \\ b & 2c & -3a \\ c & 2a & -3b \end{vmatrix}=\begin{vmatrix} a+b+c & 2(b+c+a) & -3(c+a+b) \\ b & 2c & -3a \\ c & 2a & -3b \end{vmatrix}$$

$$=(a+b+c)\begin{vmatrix} 1 & 2 & -3 \\ b & 2c & -3a \\ c & 2a & -3b \end{vmatrix}=-6(a+b+c)\begin{vmatrix} 1 & 1 & 1 \\ b & c & a \\ c & a & b \end{vmatrix}$$

$$=-6(a+b+c)\begin{vmatrix} 1 & 0 & 0 \\ b & c-b & a-b \\ c & a-c & b-c \end{vmatrix}=-6(a+b+c)\begin{vmatrix} c-b & a-b \\ a-c & b-c \end{vmatrix}$$

$$=-6(a+b+c)[(c-b)(b-c)-(a-b)(a-c)]$$

$$=-6(a+b+c)(bc-c^2-b^2+bc-a^2+ac+ab-bc)$$

$$=6(a+b+c)(a^2+b^2+c^2-ac-ab-bc)$$

$$=3(a+b+c)[(a-b)^2+(b-c)^2+(c-a)^2].$$

由于三条直线互不相同,所以 $(a-b)^2+(b-c)^2+(c-a)^2\neq 0$,故

$$a+b+c=0.$$

"充分性".由 $a+b+c=0$,则从必要性的证明可知,$|\bar{\boldsymbol{A}}|=0$,故秩$(\bar{\boldsymbol{A}})<3$.

由于

$$\begin{vmatrix} a & 2b \\ b & 2c \end{vmatrix}=2(ac-b^2)=-[a(a+b)+b^2]=-2[(a+\frac{1}{2}b)^2+\frac{3}{4}b^2]\neq 0,$$

故秩$(\boldsymbol{A})=2$.于是,秩$(\boldsymbol{A})=$秩$(\bar{\boldsymbol{A}})=2$.因此方程组(*)有唯一解,即三直线 l_1,l_2,l_3 交于一点.

例 29 (2004)设有齐次线性方程组

$$\begin{cases} (1+a)x_1+x_2+\cdots+x_n=0, \\ 2x_1+(2+a)x_2+\cdots+2x_n=0, \\ \cdots\cdots\cdots\cdots\cdots\cdots \\ nx_1+nx_2+\cdots+(n+a)x_n=0. \end{cases}(n\geqslant 2)$$

试问 a 取何值时，该方程组有非零解，并求出其通解.

解：对方程组的系数矩阵 $\boldsymbol{A}$ 作初等行变换，有

$$\boldsymbol{A}=\begin{bmatrix}1+a & 1 & 1 & \cdots & 1\\ 2 & 2+a & 2 & \cdots & 2\\ \cdots & \cdots & \cdots & \cdots & \cdots\\ n & n & n & \cdots & n+a\end{bmatrix}\rightarrow\begin{bmatrix}1+a & 1 & 1 & \cdots & 1\\ -2a & a & 0 & \cdots & 0\\ \cdots & \cdots & \cdots & \cdots & \cdots\\ -na & 0 & 0 & \cdots & a\end{bmatrix}=\boldsymbol{B}.$$

当 $a=0$ 时，$\boldsymbol{r}(\boldsymbol{A})=1<n$，故方程组有非零解，其同解方程组为

$$x_1+x_2+\cdots+x_n=0,$$

由此得基础解系为：

$$\boldsymbol{\eta}_1=(-1,1,0,\cdots,0)^T,\ \boldsymbol{\eta}_2=(-1,0,1,\cdots,0)^T,\ \boldsymbol{\eta}_{n-1}=(-1,0,0,\cdots,1)^T,$$

于是方程组的通解为：$x=k_1\boldsymbol{\eta}_1+\cdots+k_{n-1}\boldsymbol{\eta}_{n-1}$，其中 $k_1,\cdots,k_{n-1}$ 为任意常数.

当 $a\neq 0$ 时，对矩阵 $\boldsymbol{B}$ 作初等行变换，有

$$\boldsymbol{B}=\begin{bmatrix}1+a & 1 & 1 & \cdots & 1\\ -2 & 1 & 0 & \cdots & 0\\ \cdots & \cdots & \cdots & \cdots & \cdots\\ -n & 0 & 0 & \cdots & 1\end{bmatrix}\rightarrow\begin{bmatrix}a+\dfrac{n(n+1)}{2} & 0 & 0 & \cdots & 0\\ -2 & 1 & 0 & \cdots & 0\\ \cdots & \cdots & \cdots & \cdots & \cdots\\ -n & 0 & 0 & \cdots & 1\end{bmatrix}.$$

可知 $a=-\dfrac{n(n+1)}{2}$ 时，$\boldsymbol{r}(\boldsymbol{A})=n-1<n$，故方程组也有非零解，其同解方程组为

$$\begin{cases}-2x_1+x_2=0,\\ -3x_1+x_3=0,\\ \cdots\cdots\cdots\cdots\\ -nx_1+x_n=0,\end{cases}$$

由此得基础解系为

$$\boldsymbol{\eta}=(1,2,\cdots,n)^T,$$

于是方程组的通解为

$x=k\boldsymbol{\eta}$，其中 k 为任意常数.

例 30　(2009) 设 $\boldsymbol{A}=\begin{pmatrix}1 & -1 & -1\\ -1 & 1 & 1\\ 0 & -4 & -2\end{pmatrix}$，$\boldsymbol{\xi}_1=\begin{pmatrix}-1\\ 1\\ -2\end{pmatrix}$

(Ⅰ) 求满足 $\boldsymbol{A}\boldsymbol{\xi}_2=\boldsymbol{\xi}_1$，$\boldsymbol{A}^2\boldsymbol{\xi}_3=\boldsymbol{\xi}_1$ 的所有向量 $\boldsymbol{\xi}_2,\boldsymbol{\xi}_3$；

(Ⅱ)对(Ⅰ)中的任一向量 $\boldsymbol{\xi}_2,\boldsymbol{\xi}_3$,证明:$\boldsymbol{\xi}_1,\boldsymbol{\xi}_2,\boldsymbol{\xi}_3$ 线性无关.

解:(Ⅰ)解方程 $\boldsymbol{A}\boldsymbol{\xi}_2=\boldsymbol{\xi}_1$

$$(\boldsymbol{A},\boldsymbol{\xi}_1)=\begin{pmatrix}1&-1&-1&-1\\-1&1&1&1\\0&-4&-2&-2\end{pmatrix}\to\begin{pmatrix}1&-1&-1&-1\\0&0&0&0\\0&2&1&1\end{pmatrix}\to\begin{pmatrix}1&-1&-1&-1\\0&2&1&1\\0&0&0&0\end{pmatrix}$$

$r(\boldsymbol{A})=2$ 故有一个自由变量,令 $x_3=2$,由 $\boldsymbol{A}\boldsymbol{x}=0$ 解得,$x_2=-1,x_1=1$

求特解,令 $x_1=x_2=0$,得 $x_3=1$

故 $\boldsymbol{\xi}_2=k_1\begin{pmatrix}1\\-1\\2\end{pmatrix}+\begin{pmatrix}0\\0\\1\end{pmatrix}$,其中 k_1 为任意常数

解方程 $\boldsymbol{A}^2\boldsymbol{\xi}_3=\boldsymbol{\xi}_1$

$$\boldsymbol{A}^2=\begin{pmatrix}2&2&0\\-2&-2&0\\4&4&0\end{pmatrix}$$

$$(\boldsymbol{A}^2,\boldsymbol{\xi}_1)=\begin{pmatrix}2&2&0&-1\\-2&-2&0&1\\4&4&0&-2\end{pmatrix}\to\begin{pmatrix}1&1&0&\frac{-1}{2}\\0&0&0&0\\0&0&0&0\end{pmatrix}$$

故有两个自由变量,令 $x_2=-1,x_3=0$,由 $\boldsymbol{A}^2\boldsymbol{x}=0$ 得 $x_1=1$

令 $x_2=0,x_3=1$,由 $\boldsymbol{A}^2\boldsymbol{x}=0$ 得 $x_1=0$

求特解 $\boldsymbol{\eta}_2=\begin{pmatrix}-\frac{1}{2}\\0\\0\end{pmatrix}$ 故 $\boldsymbol{\xi}_3=k_2\begin{pmatrix}1\\-1\\0\end{pmatrix}+k_3\begin{pmatrix}0\\0\\1\end{pmatrix}+\begin{pmatrix}-\frac{1}{2}\\0\\0\end{pmatrix}$,其中 k_2,k_3 为任意常数

(Ⅱ)证明:由于

$$\begin{vmatrix}-1&k_1&k_2-\frac{1}{2}\\1&-k_1&-k_2\\-2&2k_1+1&k_3\end{vmatrix}=k_1k_3+2k_1k_2+(2k_1+1)\left(k_2-\frac{1}{2}\right)-2k_1\left(k_2-\frac{1}{2}\right)-$$

$$k_2(2k_1+1)-k_1k_3=-\frac{1}{2}\neq 0$$

故 $\boldsymbol{\xi}_1,\boldsymbol{\xi}_2,\boldsymbol{\xi}_3$ 线性无关.

例 31　(2013) 设 $\boldsymbol{A}=\begin{pmatrix}1 & a\\1 & 0\end{pmatrix}$，$\boldsymbol{B}=\begin{pmatrix}0 & 1\\1 & b\end{pmatrix}$，当 a,b 为何值时，存在矩阵 $\boldsymbol{C}$ 使得 $\boldsymbol{AC}-\boldsymbol{CA}=\boldsymbol{B}$.并求所有矩阵 $\boldsymbol{C}$.

解:设 $\boldsymbol{C}=\begin{pmatrix}x_1 & x_2\\x_3 & x_4\end{pmatrix}$，由于 $\boldsymbol{AC}-\boldsymbol{CA}=\boldsymbol{B}$，

故 $\begin{pmatrix}1 & a\\1 & 0\end{pmatrix}\begin{pmatrix}x_1 & x_2\\x_3 & x_4\end{pmatrix}-\begin{pmatrix}x_1 & x_2\\x_3 & x_4\end{pmatrix}\begin{pmatrix}1 & a\\1 & 0\end{pmatrix}=\begin{pmatrix}0 & 1\\1 & b\end{pmatrix}$，

即 $\begin{pmatrix}x_1+ax_3 & x_2+ax_4\\x_1 & x_2\end{pmatrix}-\begin{pmatrix}x_1+x_2 & ax_1\\x_3+x_4 & ax_3\end{pmatrix}=\begin{pmatrix}0 & 1\\1 & b\end{pmatrix}$.

$$\begin{cases}-x_2+ax_3=0\\-ax_1+x_2+ax_4=1\\x_1-x_3-x_4=1\\x_2-ax_3=b\end{cases}\qquad\text{(I)}$$

由于矩阵 $\boldsymbol{C}$ 存在，故方程组(I) 有解.对(I) 的增广矩阵进行初等行变换：

$$\begin{pmatrix}0 & -1 & a & 0 & \vdots & 0\\-a & 1 & 0 & a & \vdots & 1\\1 & 0 & -1 & -1 & \vdots & 1\\0 & 1 & -a & 0 & \vdots & b\end{pmatrix}\to\begin{pmatrix}1 & 0 & -1 & -1 & \vdots & 1\\0 & 1 & -a & 0 & \vdots & 0\\0 & 1 & -a & 0 & \vdots & a+1\\0 & 0 & 0 & 0 & \vdots & b\end{pmatrix}$$

$$\to\begin{pmatrix}1 & 0 & -1 & -1 & \vdots & 1\\0 & 1 & -a & 0 & \vdots & 0\\0 & 0 & 0 & 0 & \vdots & a+1\\0 & 0 & 0 & 0 & \vdots & b\end{pmatrix}$$

方程组有解，故 $a+1=0,b=0$，即 $a=-1,b=0$.

当 $a=-1,b=0$ 时，增广矩阵变为 $\begin{pmatrix}1 & 0 & -1 & -1 & \vdots & 1\\0 & 1 & 1 & 0 & \vdots & 0\\0 & 0 & 0 & 0 & \vdots & 0\\0 & 0 & 0 & 0 & \vdots & 0\end{pmatrix}$

x_3,x_4 为自由变量，令 $x_3=1,x_4=0$，代为相应齐次方程组，得 $x_2=-1,x_1=1$.

令 $x_3=0,x_4=1$，代为相应齐次方程组，得 $x_2=0,x_1=1$.

故 $\boldsymbol{\xi}_1=(1,-1,1,0)^T$，$\boldsymbol{\xi}_2=(1,0,0,1)^T$，令 $x_3=0,x_4=0$，得特解，$\boldsymbol{\eta}=(1,0,0,0)^T$，

方程组的通解为 $x=k_1\boldsymbol{\xi}_1+k_2\boldsymbol{\xi}_2+\boldsymbol{\eta}=(k_1+k_2+1,-k_1,k_1,k_2)^T$，所以 $\boldsymbol{C}=\begin{pmatrix}k_1+k_2+1 & -k_1\\ k_1 & k_2\end{pmatrix}$.

五、自我练习及解答

一、单项选择题

1.设 n 元齐次线性方程组 $\boldsymbol{AX}=0$ 的系数矩阵的秩为 r，则 $\boldsymbol{AX}=0$ 有非零解的充分必要条件是(　　)

A.$r=n$　　B.$r<n$

C.$r\geqslant n$　　D.$r>n$

2.设 $\boldsymbol{A}$ 是 $m\times n$ 矩阵，则线性方程组 $\boldsymbol{AX}=b$ 有无穷解的充要条件是(　　)

A.$\boldsymbol{r}(\boldsymbol{A})<m$

B.$\boldsymbol{r}(\boldsymbol{A})<n$

C.$\boldsymbol{r}(\boldsymbol{A}\vdots b)=\boldsymbol{r}(\boldsymbol{A})<m$

D.$\boldsymbol{r}(\boldsymbol{A}\vdots b)=\boldsymbol{r}(\boldsymbol{A})<n$

3.设 $\boldsymbol{A}$ 是 $m\times n$ 矩阵，非齐次线性方程组 $\boldsymbol{AX}=b$ 的导出组为 $\boldsymbol{AX}=0$，若 $m<n$，则(　　)

A.$\boldsymbol{AX}=b$ 必有无穷多解

B.$\boldsymbol{AX}=b$ 必有唯一解

C.$\boldsymbol{AX}=0$ 必有非零解

D.$\boldsymbol{AX}=0$ 必有唯一解

4.方程组 $\begin{cases}x_1+2x_2-x_3=4\\ x_2+2x_3=2\\ (\lambda-2)x_3=-(\lambda-3)(\lambda-4)(\lambda-1)\end{cases}$ 无解的充分条件是 $\lambda=$(　　)

A.1　　B.2

C.3　　D.4

5.方程组 $\begin{cases}x_1+x_2+x_3=\lambda-1\\ 2x_2-x_3=\lambda-2\\ x_3=\lambda-4\\ (\lambda-1)x_3=-(\lambda-3)(\lambda-1)\end{cases}$ 有唯一解的充分条件是 $\lambda=$(　　)

A.1　　B.2

C.3　　D.4

6.方程组$\begin{cases}x_1+2x_2-x_3=\lambda-1\\3x_2-x_3=\lambda-2\\\lambda x_2-x_3=(\lambda-3)(\lambda-4)+(\lambda-2)\end{cases}$有无穷解的充分条件是$\lambda=$(　　)

A.1　　B.2　　C.3　　D.4

7.已知$\boldsymbol{\beta}_1,\boldsymbol{\beta}_2$是非齐次线性方程组$\boldsymbol{AX}=\boldsymbol{b}$的两个不同的解,$\boldsymbol{\alpha}_1,\boldsymbol{\alpha}_2$是导出组$\boldsymbol{AX}=0$的基础解系,$k_1,k_2$为任意常数,则$\boldsymbol{AX}=\boldsymbol{b}$的通解是(　　)

A.$k_1\boldsymbol{\alpha}_1+k_2(\boldsymbol{\alpha}_1+\boldsymbol{\alpha}_2)+\dfrac{\boldsymbol{\beta}_1-\boldsymbol{\beta}_2}{2}$

B.$k_1\boldsymbol{\alpha}_1+k_2(\boldsymbol{\alpha}_1-\boldsymbol{\alpha}_2)+\dfrac{\boldsymbol{\beta}_1+\boldsymbol{\beta}_2}{2}$

C.$k_1\boldsymbol{\alpha}_1+k_2(\boldsymbol{\beta}_1+\boldsymbol{\beta}_2)+\dfrac{\boldsymbol{\beta}_1-\boldsymbol{\beta}_2}{2}$

D.$k_1\boldsymbol{\alpha}_1+k_2(\boldsymbol{\beta}_1-\boldsymbol{\beta}_2)+\dfrac{\boldsymbol{\beta}_1+\boldsymbol{\beta}_2}{2}$

8.设$\boldsymbol{A}$为$m\times n$矩阵,则下列结论正确的是(　　)

A.若$\boldsymbol{AX}=0$仅有零解,则$\boldsymbol{AX}=\boldsymbol{b}$有唯一解

B.若$\boldsymbol{AX}=0$有非零解,则$\boldsymbol{AX}=\boldsymbol{b}$有无穷多解

C.若$\boldsymbol{AX}=\boldsymbol{b}$有无穷多解,则$\boldsymbol{AX}=0$仅有零解

D.若$\boldsymbol{AX}=\boldsymbol{b}$有无穷多解,则$\boldsymbol{AX}=0$有非零解

9.设$\boldsymbol{A}$为$m\times n$矩阵,齐次线性方程组$\boldsymbol{AX}=0$仅有零解的充要条件为(　　)

A.$\boldsymbol{A}$的列向量线性无关

B.$\boldsymbol{A}$的列向量线性相关

C.$\boldsymbol{A}$的行向量线性无关

D.$\boldsymbol{A}$的行向量线性相关

10.线性方程组$\begin{cases}x_1+x_2+x_3=1\\x_1+2x_2+3x_3=0\\4x_1+7x_2+10x_3=1\end{cases}$(　　)

A.无解　　B.有唯一解

C.有无穷多解　　D.其导出组只有零解

二、填空题

1.设$\boldsymbol{A}$为100阶矩阵,且对任意100维的非零列向量$\boldsymbol{X}$,均有$\boldsymbol{AX}\neq 0$,则$\boldsymbol{A}$的秩为________.

2.线性方程组$\begin{cases}kx_1+2x_2+x_3=0\\2x_1+kx_2=0\\x_1-x_2+x_3=0\end{cases}$仅有零解的充分必要条件是________.

3.设 $\boldsymbol{X}_1,\boldsymbol{X}_2,\cdots\boldsymbol{X}_s$ 和 $c_1\boldsymbol{X}_1+c_2\boldsymbol{X}_2+\cdots+c_s\boldsymbol{X}_s$ 均为非齐次线性方程组 $\boldsymbol{AX}=\boldsymbol{b}$ 的解($c_1,c_2,\cdots c_s$ 为常数),则 $c_1+c_2+\cdots+c_s=$ ________.

4.若线性方程组 $\boldsymbol{AX}=\boldsymbol{b}$ 的导出组与 $\boldsymbol{BX}=0(\boldsymbol{r}(\boldsymbol{B})=\boldsymbol{r})$ 有相同的基础解系,则 $\boldsymbol{r}(\boldsymbol{A})=$ ________.

5.若线性方程组 $\boldsymbol{A}_{m\times n}\boldsymbol{X}=\boldsymbol{b}$ 的系数矩阵的秩为 m,则其增广矩阵的秩为 ________.

6.设 10×15 矩阵的秩为 8,则 $\boldsymbol{AX}=0$ 的解向量组的秩为 ________.

7.如果 n 阶方阵 $\boldsymbol{A}$ 的各行元素之和均为 0,且 $\boldsymbol{r}(\boldsymbol{A})=n-1$,则线性方程组 $\boldsymbol{AX}=0$ 的通解为 ________.

8.若 n 元齐次线性方程组 $\boldsymbol{AX}=0$ 有 n 个线性无关的解向量,则 $\boldsymbol{A}=$ ________.

9.设 $\boldsymbol{A}=\begin{pmatrix}1&2&1\\2&3&a+2\\1&a&-2\end{pmatrix}$,$\boldsymbol{x}=\begin{pmatrix}x_1\\x_2\\x_3\end{pmatrix}$,若齐次线性方程组 $\boldsymbol{AX}=0$ 只有零解,则 $a=$ ________.

10.设 $\boldsymbol{A}=\begin{pmatrix}1&2&1\\2&3&a+2\\1&a&-2\end{pmatrix}$,$\boldsymbol{b}=\begin{pmatrix}1\\3\\0\end{pmatrix}$,$\boldsymbol{x}=\begin{pmatrix}x_1\\x_2\\x_3\end{pmatrix}$,若线性方程组 $\boldsymbol{AX}=\boldsymbol{b}$ 无解,则 $a=$ ________.

11.n 阶方阵 $\boldsymbol{A}$,对于 $\boldsymbol{AX}=0$,若每个 n 维向量都是解,则 $\boldsymbol{r}(\boldsymbol{A})=$ ________.

12.设 5×4 矩阵 $\boldsymbol{A}$ 的秩为 3,$\boldsymbol{\alpha}_1,\boldsymbol{\alpha}_2,\boldsymbol{\alpha}_3$ 是非齐次线性方程组 $\boldsymbol{AX}=\boldsymbol{b}$ 的三个不同的解向量,若 $\boldsymbol{\alpha}_1+\boldsymbol{\alpha}_2+2\boldsymbol{\alpha}_3=(2,0,0,0)^T$,$3\boldsymbol{\alpha}_1+\boldsymbol{\alpha}_2=(2,4,6,8)^T$,则 $\boldsymbol{AX}=\boldsymbol{b}$ 的通解为 ________.

13.设 $\boldsymbol{A}$ 为 $m\times n$ 矩阵,$\boldsymbol{r}(\boldsymbol{A})=r<\min(m,n)$,则 $\boldsymbol{AX}=0$ 有 ________ 个解,有 ________ 个线性无关的解.

三、计算题

1.已知 $\boldsymbol{\alpha}_1,\boldsymbol{\alpha}_2,\boldsymbol{\alpha}_3$ 是齐次线性方程组 $\boldsymbol{AX}=0$ 的一个基础解系,问 $\boldsymbol{\alpha}_1+\boldsymbol{\alpha}_2,\boldsymbol{\alpha}_2+\boldsymbol{\alpha}_3,\boldsymbol{\alpha}_3+\boldsymbol{\alpha}_1$ 是否是该方程组的一个基础解系?为什么?

2.设 $\boldsymbol{A}=\begin{bmatrix}5&4&3&3&-1\\0&1&2&2&6\\3&2&1&1&-3\\1&1&1&1&1\end{bmatrix}$,$\boldsymbol{B}=\begin{bmatrix}-1&-2&0&1&0\\5&-6&0&0&1\\1&-2&1&0&0\\1&-2&3&-2&0\end{bmatrix}$,已知 $\boldsymbol{B}$ 的行向量都是线性方程组 $\boldsymbol{AX}=0$ 的解,试问 $\boldsymbol{B}$ 的四个行向量能否构成该方程组的基础解系?为什么?

3.设四元齐次线性方程组为(Ⅰ):$\begin{cases}x_1+x_2=0\\x_2-x_4=0\end{cases}$

1) 求(Ⅰ)的一个基础解系

2) 如果 $k_1(0,1,1,0)^T+k_2(-1,2,2,1)^T$ 是某齐次线性方程组(II)的通解,问方程组(Ⅰ)和(II)是否有非零的公共解?若有,求出其全部非零公共解;若无,说明理由。

4.问 a,b 为何值时,下列方程组无解?有唯一解?有无穷解?在有解时求出全部解(用基础解系表示全部解)。

1) $\begin{cases}x_1+ax_2+x_3=a\\ax_1+x_2+x_3=1\\x_1+x_2+ax_3=a^2\end{cases}$　　2) $\begin{cases}x_1+x_2+bx_3=4\\-x_1+bx_2+x_3=b^2\\x_1-x_2+2x_3=-4\end{cases}$

5.求一个非齐次线性方程组,使它的全部解为

$$\begin{pmatrix}x_1\\x_2\\x_3\end{pmatrix}=\begin{pmatrix}1\\-1\\3\end{pmatrix}+c_1\begin{pmatrix}-1\\3\\2\end{pmatrix}+c_2\begin{pmatrix}2\\-3\\1\end{pmatrix}.(c_1,c_2\text{ 为任意实数})$$

6.设 $\boldsymbol{A}=\begin{bmatrix}2&-2&1&3\\9&-5&2&8\end{bmatrix}$,求 4×2 一个矩阵 $\boldsymbol{B}$,使得 $\boldsymbol{AB}=0$,且 $\boldsymbol{r}(\boldsymbol{B})=2$.

第五章 特征值与二次型

一、基本要求

（1）理解矩阵的特征值和特征向量的概念及性质，会求矩阵的特征值和特征向量；

（2）理解相似矩阵的概念、性质及矩阵可相似对角化的条件；

（3）了解实对称矩阵的特征值和特征向量的性质，掌握实对称矩阵对角化的方法；

（4）理解二次型及其矩阵表示和二次型秩的概念，了解二次型的标准形、规范形的概念及惯性定理；

（5）掌握用配方法、正交变换法化二次型为标准形的方法，了解用初等变换方法化二次型为标准形的方法；

（6）了解正定二次型，正定矩阵的概念和性质，掌握二次型正定性的判别方法.

二、知识框架图

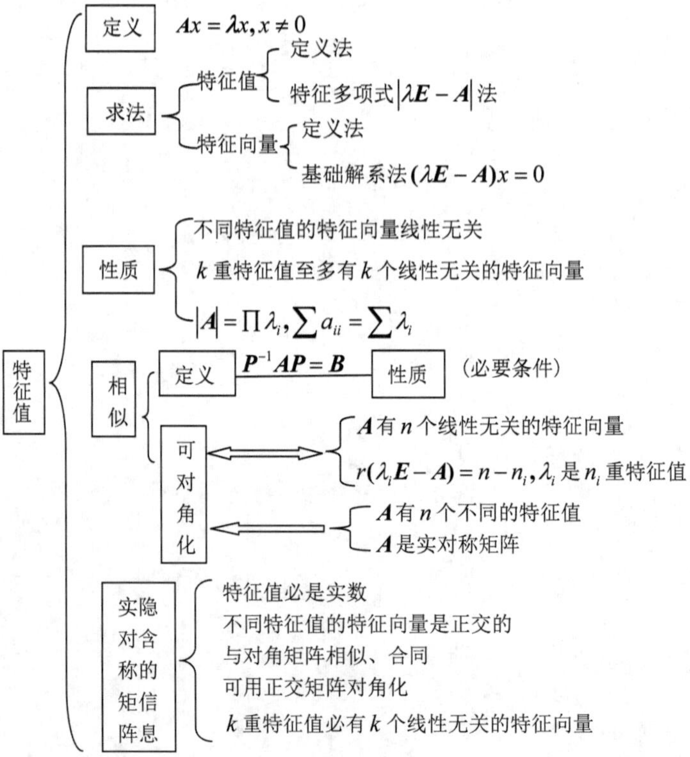

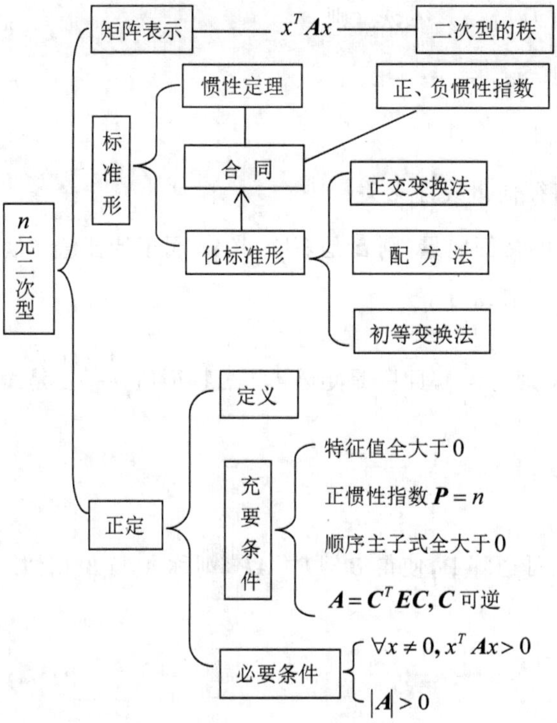

三、知识要点

1.特征值与特征向量的定义

(1) 设 $\boldsymbol{A}$ 是一个 n 阶方阵，如果存在一个数 λ 和一个 n 维非零列向量 $\boldsymbol{\alpha}$，使得 $\boldsymbol{A\alpha}=\lambda\boldsymbol{\alpha}$ 成立，则称 λ 为矩阵 $\boldsymbol{A}$ 的特征值，非零列向量 $\boldsymbol{\alpha}$ 称为矩阵 $\boldsymbol{A}$ 的属于特征值 λ 的特征向量.

(2)$\boldsymbol{A}$ 为 n 阶方阵，λ 为未知量，则矩阵

$$\lambda\boldsymbol{E}-\boldsymbol{A}=\begin{pmatrix} \lambda-a_{11} & -a_{12} & \cdots & -a_{1n} \\ -a_{21} & \lambda-a_{22} & \cdots & -a_{2n} \\ \vdots & \vdots & \cdots & \vdots \\ -a_{n1} & -a_{n2} & \cdots & \lambda-a_{nn} \end{pmatrix}$$

称为矩阵 $\boldsymbol{A}$ 的特征矩阵；其行列式 $f(\lambda)=|\lambda\boldsymbol{E}-\boldsymbol{A}|$ 为 λ 的 n 次多项式，称为矩阵 $\boldsymbol{A}$ 的特征多项式；$|\lambda\boldsymbol{E}-\boldsymbol{A}|=0$ 称为矩阵 $\boldsymbol{A}$ 的特征方程.

2.关于特征值、特征向量的性质

(1)$\boldsymbol{A}^T$ 与 $\boldsymbol{A}$ 有相同的特征值，但不一定有相同的特征向量；

(2) 设 $\boldsymbol{\alpha}_1,\boldsymbol{\alpha}_2$ 都是矩阵 $\boldsymbol{A}$ 属于特征值 λ 的特征向量，k_1,k_2 是数，只要 $k_1\boldsymbol{\alpha}_1+k_2\boldsymbol{\alpha}_2\neq 0$，则 $k_1\boldsymbol{\alpha}_1+k_2\boldsymbol{\alpha}_2$ 也是矩阵 $\boldsymbol{A}$ 属于特征值 λ 的特征向量；

(3) 设 n 阶方阵 $\boldsymbol{A}$ 的 n 个特征值为 $\lambda_1,\lambda_2,\cdots,\lambda_n$,则

①$\lambda_1+\lambda_2+\cdots+\lambda_n=tr\boldsymbol{A}=a_{11}+a_{22}+\cdots+a_{nn}$;

②$\lambda_1\lambda_2\cdots\lambda_n=|\boldsymbol{A}|$.

(4) 矩阵 $\boldsymbol{A}$ 属于不同特征值的特征向量线性无关;

(5) 设 $\boldsymbol{\alpha}$ 是矩阵 $\boldsymbol{A}$ 属于特征值 λ 的特征向量,则 $\boldsymbol{\alpha}$ 是矩阵 $f(\boldsymbol{A})$ 属于特征值 $f(\lambda)$ 的特征向量,其中 $f(x)=a_0x^k+a_1x^{k-1}+\cdots+a_k$.

(6) 设 λ 是可逆矩阵 $\boldsymbol{A}$ 的特征值,则 $\lambda\neq 0$,且 $\frac{1}{\lambda}$ 是矩阵 $\boldsymbol{A}^{-1}$ 的特征值,$\frac{|\boldsymbol{A}|}{\lambda}$ 是 $\boldsymbol{A}^*$ 的特征值.

3.相似矩阵的定义

设 $\boldsymbol{A}$,$\boldsymbol{B}$ 都是 n 阶方阵,如果存在可逆阵 $\boldsymbol{P}$,使得 $\boldsymbol{B}=\boldsymbol{P}^{-1}\boldsymbol{AP}$,则称 $\boldsymbol{A}$ 与 $\boldsymbol{B}$ 相似.

4.相似矩阵的性质

(1) 反身性,对称性,传递性;

(2) 若方阵 $\boldsymbol{A}$ 与 $\boldsymbol{B}$ 相似,则 $\boldsymbol{A}$ 与 $\boldsymbol{B}$ 有相同的特征值(但不一定有相同的特征向量),进而 $|\boldsymbol{A}|=|\boldsymbol{B}|=\lambda_1\lambda_2\cdots\lambda_n$,,且 $tr\boldsymbol{A}=tr\boldsymbol{B}=\lambda_1+\lambda_2+\cdots+\lambda_n$,其中 $tr\boldsymbol{A}$ 表示矩阵 $\boldsymbol{A}$ 的迹,即 $tr\boldsymbol{A}=a_{11}+a_{22}+\cdots+a_{nn}$,$\lambda_1,\lambda_2,\cdots,\lambda_n$ 为方阵 $\boldsymbol{A}$ 的 n 个特征值;

注意:反之,若 $\boldsymbol{A}$ 与 $\boldsymbol{B}$ 有相同的特征值,$\boldsymbol{A}$ 与 $\boldsymbol{B}$ 不一定相似;例如 $\boldsymbol{A}=\begin{bmatrix}1 & 0\\0 & 1\end{bmatrix}$,$\boldsymbol{B}=\begin{bmatrix}1 & 1\\0 & 1\end{bmatrix}$有相同的特征值,但 $\boldsymbol{A}$ 与 $\boldsymbol{B}$ 不相似.

5.方阵 A 的对角化问题

(1)n 阶方阵 $\boldsymbol{A}$ 能与对角阵相似的充分必要条件是 $\boldsymbol{A}$ 有 n 个线性无关的特征向量;设 $p_1,p_2,\cdots,p_n$ 依次是方阵 $\boldsymbol{A}$ 的属于特征值 $\lambda_1,\lambda_2,\cdots,\lambda_n$ 的 n 个线性无关的特征向量.若令

$$\boldsymbol{P}=(p_1,p_2,\cdots,p_n),\text{则 }\boldsymbol{P}^{-1}\boldsymbol{AP}=\begin{bmatrix}\lambda_1 & 0 & \cdots & 0\\0 & \lambda_2 & \cdots & 0\\\vdots & \vdots & \ddots & \vdots\\0 & 0 & \cdots & \lambda_n\end{bmatrix}.$$

(2) 若方阵 $\boldsymbol{A}$ 有 n 个不同的特征值(即特征方程无重根),则 $\boldsymbol{A}$ 必能与对角阵相似(这是 $\boldsymbol{A}$ 能与对角阵相似的充分条件,不是必要条件).

6.向量的内积和正交矩阵

(1) 向量内积的定义:设$\boldsymbol{\alpha}=\begin{bmatrix}a_1\\a_2\\\vdots\\a_n\end{bmatrix}$,$\boldsymbol{\beta}=\begin{bmatrix}b_1\\b_2\\\vdots\\b_n\end{bmatrix}$,$(\boldsymbol{\alpha},\boldsymbol{\beta})=\boldsymbol{\alpha}^T\boldsymbol{\beta}=a_1b_1+a_2b_2+\cdots+a_nb_n$.

(2) 向量的长度 $\|\boldsymbol{\alpha}\|=\sqrt{(\boldsymbol{\alpha},\boldsymbol{\alpha})}=\sqrt{a_1^2+a_2^2+\cdots+a_n^2}$.

(3) 单位化向量 $e_{\alpha}=\dfrac{\boldsymbol{\alpha}}{\|\boldsymbol{\alpha}\|}$

(4) 正交向量组的定义及其性质

定义:如果一个向量组不含零向量,且其中任意两个向量都正交(简称两两正交),则称该向量组为正交向量组.

主要性质:正交向量组必线性无关

(5) 施密特正交化步骤

任一基 $\boldsymbol{\alpha}_1,\boldsymbol{\alpha}_2,\cdots,\boldsymbol{\alpha}_r$ 转换为一正交基的 *Schmidt* 正交化方法,其具体步骤如下:

$\boldsymbol{\beta}_1=\boldsymbol{\alpha}_1$;

$\boldsymbol{\beta}_2=\boldsymbol{\alpha}_2-\dfrac{(\boldsymbol{\beta}_1,\boldsymbol{\alpha}_2)}{(\boldsymbol{\beta}_1,\boldsymbol{\beta}_1)}\boldsymbol{\beta}_1$;

$\boldsymbol{\beta}_3=\boldsymbol{\alpha}_3-\dfrac{(\boldsymbol{\beta}_1,\boldsymbol{\alpha}_3)}{(\boldsymbol{\beta}_1,\boldsymbol{\beta}_1)}\boldsymbol{\beta}_1-\dfrac{(\boldsymbol{\beta}_2,\boldsymbol{\alpha}_3)}{(\boldsymbol{\beta}_2,\boldsymbol{\beta}_2)}\boldsymbol{\beta}_2$;

…

$$\boldsymbol{\beta}_r=\boldsymbol{\alpha}_r-\frac{(\boldsymbol{\beta}_1,\boldsymbol{\alpha}_r)}{(\boldsymbol{\beta}_1,\boldsymbol{\beta}_1)}\boldsymbol{\beta}_1-\frac{(\boldsymbol{\beta}_2,\boldsymbol{\alpha}_r)}{(\boldsymbol{\beta}_2,\boldsymbol{\beta}_2)}\boldsymbol{\beta}_2-\cdots-\frac{(\boldsymbol{\beta}_{r-1},\boldsymbol{\alpha}_r)}{(\boldsymbol{\beta}_{r-1},\boldsymbol{\beta}_{r-1})}\boldsymbol{\beta}_{r-1}.$$

容易验证 $\boldsymbol{\beta}_1,\boldsymbol{\beta}_2,\cdots,\boldsymbol{\beta}_r$ 两两正交.

(6) 正交矩阵

① 正交矩阵的定义:如果 n 阶方阵 $\boldsymbol{A}$ 满足 $\boldsymbol{A}\boldsymbol{A}^T=\boldsymbol{E}$,则称它为正交阵.

② 正交矩阵的性质:设方阵 $\boldsymbol{A}$ 为正交阵,则 $|\boldsymbol{A}|=\pm1$;$\boldsymbol{A}$ 必可逆,且 $\boldsymbol{A}^{-1}=\boldsymbol{A}^T$.

如果 $\boldsymbol{A},\boldsymbol{B}$ 都是 n 阶正交阵,则 $\boldsymbol{AB}$ 也是正交阵;$\boldsymbol{A}$ 是正交阵的充分必要条件是 $\boldsymbol{A}$ 的列(行)向量组构成 R^n 的标准正交基.

7.实对称矩阵的相似标准形

(1) 实对称矩阵的特征值都是实数;

(2) 实对称矩阵属于不同特征值的特征向量相互正交;

(3) 实对称矩阵必能与对角阵相似,且存在正交阵 P,使得 $P^{-1}\boldsymbol{A}P$ 为对角形.

8.二次型及其矩阵表示

n 个变量 $x_1,x_2,\cdots,x_n$ 的二次齐次函数 $f(x_1,x_2,\cdots,x_n)=\sum_{i=1}^{n}\sum_{j=1}^{n}a_{ij}x_ix_j$,其中 $a_{ij}=a_{ji}(i,j=1,2,\cdots,n)$,称为 n 元二次型,简称二次型.

令 $\boldsymbol{X}=\begin{pmatrix}x_1\\x_2\\\vdots\\x_n\end{pmatrix}$,$\boldsymbol{A}=\begin{pmatrix}a_{11}&a_{12}&\cdots&a_{1n}\\a_{21}&a_{22}&\cdots&a_{2n}\\\vdots&\vdots&\ddots&\vdots\\a_{n1}&a_{n2}&\cdots&a_{nn}\end{pmatrix}$,则二次型的矩阵向量形式为 $f(x)=x^T\boldsymbol{A}\boldsymbol{x}$.

其中 $\boldsymbol{A}$ 称为二次型矩阵,有 $\boldsymbol{A}^T=\boldsymbol{A}$,即 $a_{ij}=a_{ji}(i,j=1,2,\cdots,n)$.二次型矩阵均为对称矩阵,且二次型与对称矩阵一一对应,并把矩阵 $\boldsymbol{A}$ 的秩称为二次型的秩.

9.化二次型为标准型

二次型 $f(x_1,x_2,\cdots,x_n)=x^T\boldsymbol{A}\boldsymbol{x}$ 经过合同变换 $x=\boldsymbol{C}y$,化为 $f=x^T\boldsymbol{A}\boldsymbol{x}=y^T\boldsymbol{C}^T\boldsymbol{A}\boldsymbol{C}y=\sum_{i=1}^{r}d_iy_i^2,(r\leqslant n)$,称为 f 的标准型.

在一般的数域内,二次型的标准型不是唯一的,与所做的合同变换有关,但系数不为零的平方项的个数由 $\boldsymbol{r}(\boldsymbol{A})$ 唯一确定.

任一实二次型 f 都可经合同变换化为规范型 $f=z_1^2+z_2^2+\cdots+z_p^2-z_{p+1}^2-\cdots-z_r^2$.其中 r 为 $\boldsymbol{A}$ 的秩,p 为正惯性指数,$r-p$ 为负惯性指数,且规范型唯一.

注1:对于任一二次型,不论选取怎样的合同变换使它化为仅含平方项的标准型,则正负惯性指数与所选变换无关,这就是惯性定理.

注2:两个 n 阶实对称矩阵 $\boldsymbol{A}$ 和 $\boldsymbol{B}$,若存在可逆矩阵 $\boldsymbol{C}$,使得 $\boldsymbol{C}^T\boldsymbol{A}\boldsymbol{C}=\boldsymbol{B}$,则称矩阵 $\boldsymbol{A}$ 和 $\boldsymbol{B}$ 合同.

任一实对称矩阵合同于一个对角矩阵.实对称矩阵 $\boldsymbol{A}$ 和 $\boldsymbol{B}$ 合同 $\Leftrightarrow$ 二次型 $x^T\boldsymbol{A}\boldsymbol{x}$ 与 $y^T\boldsymbol{A}y$ 有相同的正负惯性指数.

10.配方法和正交变换法

(1) 配方法

若 f 含有平方项,即若某平方项系数 $a_{ii}\neq 0$,就把含 x_i 的项归并在一起,并对其进行配方;若 f 没有平方项,应先变换出平方项(如 $a_{12}\neq 0$,可令 $x_1=y_1+y_2,x_2=y_1-y_2,x_i=y_i(i\geqslant 3)$),再进行配方.

(2) 正交变换法

设 $\boldsymbol{A}$ 是 n 阶实对称矩阵，按如下步骤进行：

① 求出 $\boldsymbol{A}$ 的 n 个特征值 $\lambda_1,\lambda_2,\cdots,\lambda_n$；

② 对每个 $\lambda_i(i=1,2,\cdots,t)$，求出 $(\lambda_i\boldsymbol{E}-\boldsymbol{A})x=0$ 的一个基础解系 $\boldsymbol{\alpha}_{i1},\boldsymbol{\alpha}_{i2},\cdots,\boldsymbol{\alpha}_{is_i}$；

③ 将 $\boldsymbol{\alpha}_{i1},\boldsymbol{\alpha}_{i2},\cdots,\boldsymbol{\alpha}_{is_i}$ 正交化、单位化，得 $\boldsymbol{\beta}_{i1},\boldsymbol{\beta}_{i2},\cdots,\boldsymbol{\beta}_{is_i}$，它是单位正交向量组，而且是 $\boldsymbol{A}$ 的属于 λ_i 的线性无关的特征向量；

④ 以 $\boldsymbol{\beta}_{11},\boldsymbol{\beta}_{12},\cdots,\boldsymbol{\beta}_{1s_i},\boldsymbol{\beta}_{21},\boldsymbol{\beta}_{22},\cdots,\boldsymbol{\beta}_{2s_i},\cdots,\boldsymbol{\beta}_{t1},\boldsymbol{\beta}_{t2},\cdots,\boldsymbol{\beta}_{ts_i}$ 为列向量，构造出正交矩阵 T，T 即为所求的正交变换矩阵，可使 $T^{-1}\boldsymbol{A}T$ 为对角矩阵.

11.矩阵的正定性极其判别法

若实二次型 $f(x_1,x_2,\cdots,x_n)=x^T\boldsymbol{A}\boldsymbol{x}$，对任意一组不全为零的实数 $x=(x_1,x_2,\cdots,x_n)^T$，都有 $f(x_1,x_2,\cdots,x_n)=x^T\boldsymbol{A}\boldsymbol{x}>0$，则称该二次型为正定二次型，正定二次型的矩阵 $\boldsymbol{A}$ 称为正定矩阵.

合同变换不改变二次型的正定性.

实二次型 $f(x_1,x_2,\cdots,x_n)=x^T\boldsymbol{A}\boldsymbol{x}$ 正定的充要条件有：

① 正惯性指数为 n；

②$\boldsymbol{A}$ 的特征值全大于零；

③$\boldsymbol{A}$ 的所有顺序主子式全大于零；

④ 存在可逆矩阵 $\boldsymbol{P}$，使得 $\boldsymbol{A}=\boldsymbol{P}^T\boldsymbol{P}$，即 $\boldsymbol{A}$ 与 $\boldsymbol{E}$ 合同；

⑤ 存在正交矩阵 $\boldsymbol{Q}$，使得 $\boldsymbol{Q}^T\boldsymbol{A}\boldsymbol{Q}=\boldsymbol{Q}^{-1}\boldsymbol{A}\boldsymbol{Q}=\begin{pmatrix}\lambda_1 & & & \\ & \lambda_2 & & \\ & & \ddots & \\ & & & \lambda_n\end{pmatrix}$，$\lambda_i>0(i=1,2,\cdots,n)$.

注：① 若 $\boldsymbol{A}$ 为正定矩阵，则 $k\boldsymbol{A}(k>0)$，$\boldsymbol{A}^T$，$\boldsymbol{A}^{-1}$，$\boldsymbol{A}^*$ 也是正定矩阵；

② 若 $\boldsymbol{A}$ 为正定矩阵，则 $|\boldsymbol{A}|>0$，从而 $\boldsymbol{A}$ 可逆；

③ 若 $\boldsymbol{A}$ 为正定矩阵，则 $\boldsymbol{A}$ 的主对角线上元素 $a_{ii}>0(i=1,2,\cdots,n)$.

四、典型例题及其解法

例1　设 $\boldsymbol{A}$ 为3阶矩阵，$\boldsymbol{E}$ 为3阶单位阵，若行列式 $|2\boldsymbol{E}-3\boldsymbol{A}|=0$，则 $\boldsymbol{A}$ 的一个特征值为(　　)

A. $\frac{3}{2}$　　B. $\frac{2}{3}$　　C. $-\frac{2}{3}$　　D. $-\frac{3}{2}$

测试点:λ **为** $\boldsymbol{A}$ **的特征值的充分必要条件是** $|\lambda\boldsymbol{E}-\boldsymbol{A}|=0$.

解: 因为 $|2\boldsymbol{E}-3\boldsymbol{A}|=0$,故 $\left|\frac{2}{3}\boldsymbol{E}-\boldsymbol{A}\right|=0$,所以 $\boldsymbol{A}$ 必有一个特征值为 $\frac{2}{3}$.

答案:B

例 2　已知矩阵 $\boldsymbol{A}=\begin{pmatrix}1&0&1\\0&1&0\\1&0&x\end{pmatrix}$ 的一个特征值为 0,则 $x=$ ________.

测试点:λ **为** $\boldsymbol{A}$ **的特征值的充分必要条件是** $|\lambda\boldsymbol{E}-\boldsymbol{A}|=0$.

解: 0 为矩阵 $\boldsymbol{A}=\begin{pmatrix}1&0&1\\0&1&0\\1&0&x\end{pmatrix}$ 的一个特征值 $\Leftrightarrow|\boldsymbol{A}|=\begin{vmatrix}1&0&1\\0&1&0\\1&0&x\end{vmatrix}=\begin{vmatrix}1&1\\1&x\end{vmatrix}=x-1=0$

故 $x=1$.

例 3　设 3 阶矩阵 $\boldsymbol{A}$ 的每行元素之和均为 2,则 $\boldsymbol{A}$ 必有一个特征值为 ________.

测试点 1.**特征值的定义**　2. $\begin{bmatrix}a_{11}&a_{12}&a_{13}\\a_{21}&a_{22}&a_{23}\\a_{31}&a_{32}&a_{33}\end{bmatrix}\begin{bmatrix}1\\1\\1\end{bmatrix}=\begin{bmatrix}a_{11}+a_{12}+a_{13}\\a_{21}+a_{22}+a_{23}\\a_{31}+a_{32}+a_{33}\end{bmatrix}$

解: 因为 3 阶矩阵 $\boldsymbol{A}$ 的每行元素之和均为 2,

$$\boldsymbol{Ax}=\begin{bmatrix}a_{11}&a_{12}&a_{13}\\a_{21}&a_{22}&a_{23}\\a_{31}&a_{32}&a_{33}\end{bmatrix}\begin{bmatrix}1\\1\\1\end{bmatrix}=\begin{bmatrix}a_{11}+a_{12}+a_{13}\\a_{21}+a_{22}+a_{23}\\a_{31}+a_{32}+a_{33}\end{bmatrix}=\begin{bmatrix}2\\2\\2\end{bmatrix}=2\begin{bmatrix}1\\1\\1\end{bmatrix}=2x.$$

所以 $\boldsymbol{A}$ 必有一个特征值为 2.

例 4　设矩阵 $\boldsymbol{A}=\begin{pmatrix}1&1&1&1\\0&2&1&1\\0&0&3&1\\0&0&0&3\end{pmatrix}$,则 $\boldsymbol{A}$ 的线性无关的特征向量的个数是(　　)

A.1　　B.2　　C.3　　D.4

解: $\boldsymbol{A}$ 的特征值为 $\lambda_1=1,\lambda_2=2,\lambda_3=\lambda_4=3$,当 $\lambda_3=\lambda_4=3$ 时,

$$3\boldsymbol{E}-\boldsymbol{A}=\begin{bmatrix}3-1 & -1 & -1 & -1\\ 0 & 3-2 & -1 & -1\\ 0 & 0 & 3-3 & -1\\ 0 & 0 & 0 & 3-3\end{bmatrix}=\begin{bmatrix}2 & -1 & -1 & -1\\ 0 & 1 & -1 & -1\\ 0 & 0 & 0 & -1\\ 0 & 0 & 0 & 0\end{bmatrix}$$

所以 $r(3\boldsymbol{E}-\boldsymbol{A})=3$，故 $(3\boldsymbol{E}-\boldsymbol{A})x=0$ 的基础解系只含一个解，这表明 $\boldsymbol{A}$ 只有一个属于特征值 3 的线性无关的特征向量，故 $\boldsymbol{A}$ 的线性无关的特征向量的个数是 3.

答案：C

例 5　设 n 阶矩阵 $\boldsymbol{A}$ 有一个特征值为 -2，对于 n 阶单位矩阵 $\boldsymbol{E}$，矩阵 $\boldsymbol{A}-2\boldsymbol{E}$ 必有一个特征值为________.

解：$f(\boldsymbol{A})=\boldsymbol{A}-2\boldsymbol{E}$，则 $f(x)=x-2$，因为 $\boldsymbol{A}$ 有一个特征值为 -2，故 $\boldsymbol{A}-2\boldsymbol{E}$ 必有一个特征值为 $f(-2)=-2-2=-4$.

例 6　设 $\boldsymbol{A}$ 为 n 阶可逆矩阵，已知 $\boldsymbol{A}$ 有一个特征值为 2，则 $(2\boldsymbol{A})^{-1}$ 必有一个特征值为________.

测试点：若 λ 为可逆矩阵 $\boldsymbol{A}$ 的一个特征值，则 $\frac{1}{\lambda}$ 为矩阵 $\boldsymbol{A}^{-1}$ 的特征值.

解：因为 $\boldsymbol{A}$ 有一个特征值为 2，故 $2\boldsymbol{A}$ 有一个特征值为 4，所以 $(2\boldsymbol{A})^{-1}$ 必有一个特征值为 $\frac{1}{4}$.

例 7　已知 $\boldsymbol{A}$ 是 n 阶矩阵，且满足方程 $\boldsymbol{A}^2+2\boldsymbol{A}=O$，证明 $\boldsymbol{A}$ 的特征值只能是 0 或 -2.

测试点：设 λ 为 $\boldsymbol{A}$ 的特征值，$f(\boldsymbol{A})=a_m\boldsymbol{A}^m+a_{m-1}\boldsymbol{A}^{m-1}+\cdots+a_0\boldsymbol{E}$，则 $f(\lambda)$ 为矩阵 $f(\boldsymbol{A})$ 的特征值. O 矩阵的所有特征值均为 0.

证：设 λ 为 $\boldsymbol{A}$ 的特征值，则 $\lambda^2+2\lambda$ 必为 $\boldsymbol{A}^2+2\boldsymbol{A}$ 的特征值，又因为 $\boldsymbol{A}^2+2\boldsymbol{A}=O$，故 $\lambda^2+2\lambda=0$，故必有 $\lambda=0$ 或 $\lambda=-2$. 证毕.

例 8　设 3 阶矩阵 $\boldsymbol{A}$ 与 $\boldsymbol{B}$ 相似，且已知 $\boldsymbol{A}$ 的特征值为 0，1，2，则矩阵 $\boldsymbol{B}$ 的迹 $tr(\boldsymbol{B})=$（　　）.

A.3　　　　B.2　　　　C.1　　　　D.0

测试点

1.相似矩阵的特征值相同；从而其迹和行列式也相同；

2.矩阵的特征值与该矩阵的迹和行列式的关系.

解:由已知 $\boldsymbol{B}$ 的特征值也为 0,1,2,故 $\boldsymbol{B}$ 的迹 $tr(\boldsymbol{B})=0+1+2=3$

例 9 设 3 阶矩阵 $\boldsymbol{A}$ 与 $\boldsymbol{B}$ 相似,且已知 $\boldsymbol{A}$ 的特征值为 2,2,3.则 $|\boldsymbol{B}^{-1}|=$(　　)

A.$\frac{1}{12}$　　B.$\frac{1}{7}$　　C.7　　D.12

测试点

(1) 相似矩阵的特征值相同;

(2) 设 λ 为矩阵 $\boldsymbol{A}$ 的一个特征值,则 $f(\lambda)$ 为矩阵 $f(\boldsymbol{A})$ 的特征值,$\frac{1}{\lambda}$ 为矩阵 $\boldsymbol{A}^{-1}$ 的特征值;

(3) 矩阵的特征值与该矩阵的迹和行列式的关系.

解:因为 3 阶矩阵 $\boldsymbol{A}$ 与 $\boldsymbol{B}$ 相似,所以 $\boldsymbol{B}$ 与 $\boldsymbol{A}$ 有相同的特征值,所以 $\boldsymbol{B}$ 的特征值为 2,2,3,故 $\boldsymbol{B}^{-1}$ 的特征值为 $\frac{1}{2},\frac{1}{2},\frac{1}{3}$.从而 $|\boldsymbol{B}^{-1}|=\frac{1}{2}\cdot\frac{1}{2}\cdot\frac{1}{3}=\frac{1}{12}$.

答案:A

例 10 若 2 阶矩阵 $\boldsymbol{A}$ 相似于矩阵 $\boldsymbol{B}=\begin{pmatrix}2&0\\2&-3\end{pmatrix}$,$\boldsymbol{E}$ 为 2 阶单位矩阵,则与矩阵 $\boldsymbol{E}-\boldsymbol{A}$ 相似的矩阵是(　　)

A.$\begin{pmatrix}1&0\\1&4\end{pmatrix}$　　B.$\begin{pmatrix}-1&0\\1&-4\end{pmatrix}$　　C.$\begin{pmatrix}-1&0\\-2&4\end{pmatrix}$　　D.$\begin{pmatrix}-1&0\\-2&-4\end{pmatrix}$

测试点:相似矩阵的概念;相似矩阵的性质(若 $\boldsymbol{A}$ 与 $\boldsymbol{B}$ 相似,则 $f(\boldsymbol{A})$ 与 $f(\boldsymbol{B})$ 相似;相似矩阵有相同的特征值等);三角形矩阵的特征值

解 1:$\boldsymbol{E}-\boldsymbol{B}=\begin{pmatrix}1&0\\0&1\end{pmatrix}-\begin{pmatrix}2&0\\2&-3\end{pmatrix}=\begin{pmatrix}-1&0\\-2&4\end{pmatrix}$,故 $\boldsymbol{E}-\boldsymbol{B}$ 的特征值为 $\lambda_1=-1,\lambda_2=4$. 因为 $\boldsymbol{A}$ 与 $\boldsymbol{B}$ 相似,故 $\boldsymbol{E}-\boldsymbol{A}$ 与 $\boldsymbol{E}-\boldsymbol{B}$ 相似,所以,凡与矩阵 $\boldsymbol{E}-\boldsymbol{A}$ 相似的矩阵的特征值都是 $-1,4$,故在 $\boldsymbol{A},\boldsymbol{B},\boldsymbol{C},D$ 四个选项中,正确的只能是 C.

解 2:因为二阶方阵 $\boldsymbol{E}-\boldsymbol{A}$ 有两个不同的特征值,故 $\boldsymbol{E}-\boldsymbol{A}$ 与对角阵 $\begin{pmatrix}-1&0\\0&4\end{pmatrix}$ 相似,同理 $\begin{pmatrix}-1&0\\-2&4\end{pmatrix}$ 也与对角阵 $\begin{pmatrix}-1&0\\0&4\end{pmatrix}$ 相似,故 $\boldsymbol{E}-\boldsymbol{A}$ 与 $\begin{pmatrix}-1&0\\-2&4\end{pmatrix}$ 相似.

答案:C

例 11　n 阶矩阵 $\boldsymbol{A}$ 与对角阵相似的充分必要条件是(　　)

A.矩阵 $\boldsymbol{A}$ 有 n 个特征值

B.矩阵 $\boldsymbol{A}$ 有 n 个线性无关的特征向量

C. $|\boldsymbol{A}| \neq 0$

D.矩阵 $\boldsymbol{A}$ 的特征多项式没有重根

答案:B

例 12　判断 $\boldsymbol{A}=\begin{bmatrix}1 & 1\\0 & 1\end{bmatrix}$ 能否与对角阵相似.

解析:$\boldsymbol{E}-\boldsymbol{A}=\begin{bmatrix}1-1 & -1\\0 & 1-1\end{bmatrix}=\begin{bmatrix}0 & -1\\0 & 0\end{bmatrix}\rightarrow\begin{bmatrix}0 & 1\\0 & 0\end{bmatrix}$

则 $(\boldsymbol{E}-\boldsymbol{A})x=0$ 的基础解系只含一个解,即 $\boldsymbol{A}=\begin{bmatrix}1 & 1\\0 & 1\end{bmatrix}$ 只有一个线性无关的特征向量,故 $\boldsymbol{A}=\begin{bmatrix}1 & 1\\0 & 1\end{bmatrix}$ 不能与对角阵相似.

例 13　$\boldsymbol{A}$ 为三阶矩阵,$0,-1,1$ 为它的三个特征值,其对应的特征向量为 $\boldsymbol{p}_1,\boldsymbol{p}_2,\boldsymbol{p}_3$.设 $\boldsymbol{P}=[\boldsymbol{p}_1,\boldsymbol{p}_2,\boldsymbol{p}_3]$,则下列等式错误的是(　　)

A.$\boldsymbol{P}^{-1}\boldsymbol{A}\boldsymbol{P}=\begin{bmatrix}0 & 0 & 0\\0 & -1 & 0\\0 & 0 & 1\end{bmatrix}$　　B.$\boldsymbol{A}=\boldsymbol{P}\begin{bmatrix}0 & 0 & 0\\0 & -1 & 0\\0 & 0 & 1\end{bmatrix}\boldsymbol{P}^{-1}$

C.$\boldsymbol{P}^{-1}\boldsymbol{A}\boldsymbol{P}=\begin{bmatrix}0 & 0 & 0\\0 & 1 & 0\\0 & 0 & -1\end{bmatrix}$　　D.$\boldsymbol{A}\boldsymbol{p}_1=0$

解析:因为 $\boldsymbol{p}_1,\boldsymbol{p}_2,\boldsymbol{p}_3$ 依次是矩阵 $\boldsymbol{A}$ 属于特征值 $0,-1,1$ 的特征向量,故

$\boldsymbol{P}^{-1}\boldsymbol{A}\boldsymbol{P}=\begin{bmatrix}0 & 0 & 0\\0 & -1 & 0\\0 & 0 & 1\end{bmatrix}$,所以 $\boldsymbol{P}^{-1}\boldsymbol{A}\boldsymbol{P}\neq\begin{bmatrix}0 & 0 & 0\\0 & 1 & 0\\0 & 0 & -1\end{bmatrix}$.

答案:C

例 14　设矩阵 $\boldsymbol{A}=\begin{bmatrix}-4 & -10 & 0\\1 & 3 & 0\\6 & 0 & 0\end{bmatrix}$,求可逆矩阵 $\boldsymbol{P}$ 及对角矩阵 $\boldsymbol{D}$,使得 $\boldsymbol{P}^{-1}\boldsymbol{A}\boldsymbol{P}$

$=\boldsymbol{D}$.

解:(1) 求 $\boldsymbol{A}$ 的特征值和线性无关的特征向量

$$|\lambda\boldsymbol{E}-\boldsymbol{A}|=\begin{vmatrix}\lambda+4 & 10 & 0\\ -1 & \lambda-3 & 0\\ -6 & 0 & \lambda\end{vmatrix}=\lambda(\lambda^2+\lambda-2)=\lambda(\lambda+2)(\lambda-1).$$

所以 $\boldsymbol{A}$ 的特征值为 $\lambda_1=0,\lambda_2=-2,\lambda_3=1$.

(2) 当 $\lambda_1=0$ 时，$\lambda_1\boldsymbol{E}-A=\begin{bmatrix}4 & 10 & 0\\ -1 & -3 & 0\\ -6 & 0 & 0\end{bmatrix}\longrightarrow\begin{bmatrix}1 & 0 & 0\\ 2 & 5 & 0\\ 1 & 3 & 0\end{bmatrix}\longrightarrow\begin{bmatrix}1 & 0 & 0\\ 0 & 1 & 0\\ 0 & 0 & 0\end{bmatrix}$

取 x_1,x_2 为约束未知数，取 x_3 为自由未知数，得 $\boldsymbol{p}_1=\begin{bmatrix}0\\0\\1\end{bmatrix}$ 为齐次方程组 $(0\boldsymbol{E}-\boldsymbol{A})x=0$ 的基础解系.故为 $\boldsymbol{A}$ 属于特征值 $\lambda_1=0$ 的特征向量.

当 $\lambda_2=-2$ 时，$\lambda_2\boldsymbol{E}-\boldsymbol{A}=\begin{bmatrix}2 & 10 & 0\\ -1 & -5 & 0\\ -6 & 0 & -2\end{bmatrix}\longrightarrow\begin{bmatrix}1 & 5 & 0\\ 0 & 0 & 0\\ 0 & 15 & -1\end{bmatrix}\longrightarrow\begin{bmatrix}1 & 5 & 0\\ 0 & 15 & -1\\ 0 & 0 & 0\end{bmatrix}$

取 x_1,x_2 为约束未知数，取 x_3 为自由未知数，得 $\boldsymbol{p}_2=\begin{bmatrix}-5\\1\\15\end{bmatrix}$.

当 $\lambda_3=1$ 时，$\lambda_3\boldsymbol{E}-\boldsymbol{A}=\begin{bmatrix}5 & 10 & 0\\ -1 & -2 & 0\\ -6 & 0 & 1\end{bmatrix}\longrightarrow\begin{bmatrix}1 & 2 & 0\\ -1 & -2 & 0\\ -6 & 0 & 1\end{bmatrix}\longrightarrow\begin{bmatrix}1 & 2 & 0\\ 0 & 12 & 1\\ 0 & 0 & 0\end{bmatrix}$

取 x_1,x_2 为约束未知数，取 x_3 为自由未知数，得 $\boldsymbol{p}_3=\begin{bmatrix}2\\-1\\12\end{bmatrix}$.

取 $\boldsymbol{P}=[\boldsymbol{p}_1\quad \boldsymbol{p}_2\quad \boldsymbol{p}_3]=\begin{bmatrix}0 & -5 & 2\\ 0 & 1 & -1\\ 1 & 15 & 12\end{bmatrix}$，$\boldsymbol{D}=\begin{bmatrix}0 & 0 & 0\\ 0 & -2 & 0\\ 0 & 0 & 1\end{bmatrix}$，则有 $\boldsymbol{P}^{-1}\boldsymbol{AP}=\boldsymbol{D}$.

例 15　设3阶矩阵 $\boldsymbol{A}$ 的特征值为：$\lambda_1=1,\lambda_2=\lambda_3=2$，且已知 $\boldsymbol{A}$ 属于特征值 $\lambda_1=1$ 的特征向量为 $\boldsymbol{\alpha}_1=(0,1,-1)^T$；$\boldsymbol{A}$ 属于特征值 $\lambda_2=\lambda_3=2$ 的特征向量为 $\boldsymbol{\alpha}_2=(1,0,0)^T$，$\boldsymbol{\alpha}_3=(0,1,1)^T$.求矩阵 $\boldsymbol{A}$.

测试点：关于 n 阶方阵 $\boldsymbol{A}$ 与对角阵相似的公式：设 $\lambda_1,\lambda_2,\lambda_3$ 为三阶方阵 $\boldsymbol{A}$ 的三个特征值，$\boldsymbol{\alpha}_1,\boldsymbol{\alpha}_2,\boldsymbol{\alpha}_3$ 依次为 $\boldsymbol{A}$ 属于特征值 $\lambda_1,\lambda_2,\lambda_3$ 的线性无关的特征向量，则令

$$\boldsymbol{P}=[\boldsymbol{\alpha}_1\quad\boldsymbol{\alpha}_2\quad\boldsymbol{\alpha}_3],\text{ 有 }\boldsymbol{P}^{-1}\boldsymbol{A}\boldsymbol{P}=\begin{bmatrix}\lambda_1&0&0\\0&\lambda_2&0\\0&0&\lambda_3\end{bmatrix}$$

故
$$\boldsymbol{A}=\boldsymbol{P}\begin{bmatrix}\lambda_1&0&0\\0&\lambda_2&0\\0&0&\lambda_3\end{bmatrix}\boldsymbol{P}^{-1}$$

解：令 $\boldsymbol{P}=[\boldsymbol{\alpha}_1\quad\boldsymbol{\alpha}_2\quad\boldsymbol{\alpha}_3]=\begin{bmatrix}0&1&0\\1&0&1\\-1&0&1\end{bmatrix},\boldsymbol{\Lambda}=\begin{bmatrix}1&0&0\\0&2&0\\0&0&2\end{bmatrix}$.

为求 $\boldsymbol{A}$，需先求 $\boldsymbol{P}^{-1}$.

$$[\boldsymbol{P}\ \boldsymbol{E}]=\begin{bmatrix}0&1&0&1&0&0\\1&0&1&0&1&0\\-1&0&1&0&0&1\end{bmatrix}\to\begin{bmatrix}1&0&1&0&1&0\\0&1&0&1&0&0\\-1&0&1&0&0&1\end{bmatrix}$$

$$\to\begin{bmatrix}1&0&0&0&\frac{1}{2}&-\frac{1}{2}\\0&1&0&1&0&0\\0&0&1&0&\frac{1}{2}&\frac{1}{2}\end{bmatrix}$$

所以 $\boldsymbol{P}^{-1}=\begin{bmatrix}0&\frac{1}{2}&-\frac{1}{2}\\1&0&0\\0&\frac{1}{2}&\frac{1}{2}\end{bmatrix}$.

$$\boldsymbol{A}=\boldsymbol{P}\boldsymbol{\Lambda}\boldsymbol{P}^{-1}=\begin{bmatrix}0&1&0\\1&0&1\\-1&0&1\end{bmatrix}\begin{bmatrix}1&0&0\\0&2&0\\0&0&2\end{bmatrix}\begin{bmatrix}0&\frac{1}{2}&-\frac{1}{2}\\1&0&0\\0&\frac{1}{2}&\frac{1}{2}\end{bmatrix}=\begin{bmatrix}2&0&0\\0&\frac{3}{2}&\frac{1}{2}\\0&\frac{1}{2}&\frac{3}{2}\end{bmatrix}.$$

例 16 已知 2 阶矩阵 $\boldsymbol{A}$ 的特征值为 -1 与 2,对应的特征向量分别为 $\boldsymbol{\alpha}_1=(1,0)^T$,$\boldsymbol{\alpha}_2=(-1,1)^T$.求:(1)$\boldsymbol{A}$;(2)$\boldsymbol{A}^5$.

解:因为 2 阶矩阵 $\boldsymbol{A}$ 的特征值为 -1 与 2,对应的特征向量分别为 $\boldsymbol{\alpha}_1=(1,0)^T$,$\boldsymbol{\alpha}_2=(-1,1)^T$.取 $\boldsymbol{P}=(\boldsymbol{\alpha}_1\quad\boldsymbol{\alpha}_2)=\begin{pmatrix}1&-1\\0&1\end{pmatrix}$,则 $\boldsymbol{P}^{-1}\boldsymbol{AP}=\begin{pmatrix}-1&0\\0&2\end{pmatrix}$,所以

$$\boldsymbol{A}=\boldsymbol{P}\begin{pmatrix}-1&0\\0&2\end{pmatrix}\boldsymbol{P}^{-1}=\begin{pmatrix}1&-1\\0&1\end{pmatrix}\begin{pmatrix}-1&0\\0&2\end{pmatrix}\begin{pmatrix}1&1\\0&1\end{pmatrix}=\begin{pmatrix}-1&-3\\0&2\end{pmatrix}.$$

$$\boldsymbol{A}^5=\left[\boldsymbol{P}\begin{pmatrix}-1&0\\0&2\end{pmatrix}\boldsymbol{P}^{-1}\right]^5=\boldsymbol{P}\begin{pmatrix}-1&0\\0&2\end{pmatrix}^5\boldsymbol{P}^{-1}$$

$$=\begin{pmatrix}1&-1\\0&1\end{pmatrix}\begin{pmatrix}-1&0\\0&32\end{pmatrix}\begin{pmatrix}1&1\\0&1\end{pmatrix}=\begin{pmatrix}-1&-33\\0&32\end{pmatrix}.$$

例 17 设矩阵 $\boldsymbol{A}=\begin{bmatrix}1&2\\4&3\end{bmatrix}$,$\boldsymbol{B}=\begin{bmatrix}5&0\\2&-1\end{bmatrix}$,存在 $\boldsymbol{\alpha}_1=(1,2)^T$,$\boldsymbol{\alpha}_2=(-1,1)^T$,使得 $\boldsymbol{A\alpha}_1=5\boldsymbol{\alpha}_1$,$\boldsymbol{A\alpha}_2=-\boldsymbol{\alpha}_2$;存在 $\boldsymbol{\beta}_1=(3,1)^T$,$\boldsymbol{\beta}_2=(0,1)^T$,使得 $\boldsymbol{B\beta}_1=5\boldsymbol{\beta}_1$,$\boldsymbol{B\beta}_2=-\boldsymbol{\beta}_2$.试求可逆矩阵 $\boldsymbol{P}$,使得 $\boldsymbol{P}^{-1}\boldsymbol{AP}=\boldsymbol{B}$.

测试点:方阵的特征值和特征向量的定义;方阵能与对角阵相似的充分必要条件及其相应的等式

解:令 $\boldsymbol{Q}_1=[\boldsymbol{\alpha}_1\quad\boldsymbol{\alpha}_2]=\begin{bmatrix}1&-1\\2&1\end{bmatrix}$,有 $\boldsymbol{Q}_1{}^{-1}\boldsymbol{AQ}_1=\begin{bmatrix}5&0\\0&-1\end{bmatrix}$;令 $\boldsymbol{Q}_2=[\boldsymbol{\beta}_1\quad\boldsymbol{\beta}_2]=\begin{bmatrix}3&0\\1&1\end{bmatrix}$,

有 $\boldsymbol{Q}_2{}^{-1}\boldsymbol{BQ}_2=\begin{bmatrix}5&0\\0&-1\end{bmatrix}$.故

$$\boldsymbol{B}=\boldsymbol{Q}_2\begin{bmatrix}5&0\\0&-1\end{bmatrix}\boldsymbol{Q}_2^{-1}=\boldsymbol{Q}_2\boldsymbol{Q}_1{}^{-1}\boldsymbol{AQ}_1\boldsymbol{Q}_2^{-1}.$$

故取

$$\boldsymbol{P}=\boldsymbol{Q}_1\boldsymbol{Q}_2^{-1}=\begin{bmatrix}1&-1\\2&1\end{bmatrix}\cdot\frac{1}{3}\begin{bmatrix}1&0\\-1&3\end{bmatrix}=\frac{1}{3}\begin{bmatrix}2&-3\\1&3\end{bmatrix},$$则 $\boldsymbol{P}^{-1}\boldsymbol{AP}=\boldsymbol{B}$.

例 18　已知三维向量 $\boldsymbol{\alpha}=(1,-3,2)^T$，$\boldsymbol{\beta}=(-1,2,0)^T$，则内积 $(\boldsymbol{\alpha},\boldsymbol{\beta})=$ ________.

测试点：内积的定义

解： $(\boldsymbol{\alpha},\boldsymbol{\beta})=(1,-3,2)\begin{bmatrix}-1\\2\\0\end{bmatrix}=-7.$

例 19　求一个单位向量 $\boldsymbol{\beta}$，使得 $\boldsymbol{\beta}$ 与 $\boldsymbol{\alpha}_1=\begin{bmatrix}1\\1\\1\end{bmatrix}$，$\boldsymbol{\alpha}_2=\begin{bmatrix}1\\2\\3\end{bmatrix}$ 都正交.

解： 设 $\boldsymbol{\beta}=\begin{bmatrix}x_1\\x_2\\x_3\end{bmatrix}$ 与 $\boldsymbol{\alpha}_1,\boldsymbol{\alpha}_2$ 都正交，则 $\begin{cases}x_1+x_2+x_3=0\\x_1+2x_2+3x_3=0\end{cases}$.

可取 $\tilde{\boldsymbol{\beta}}=\begin{bmatrix}1\\-2\\1\end{bmatrix}$，单位化得 $\boldsymbol{\beta}=\dfrac{\boldsymbol{\beta}}{\|\boldsymbol{\beta}\|}=\begin{bmatrix}\dfrac{1}{\sqrt{6}}\\-\dfrac{2}{\sqrt{6}}\\\dfrac{1}{\sqrt{6}}\end{bmatrix}$ 即为所求.

例 20　利用施密特正交化方法，将下列向量组化为正交的单位向量组：

$$\boldsymbol{\alpha}_1=\begin{pmatrix}1\\1\\0\\0\end{pmatrix},\ \boldsymbol{\alpha}_2=\begin{pmatrix}1\\0\\1\\0\end{pmatrix}.$$

测试点：施密特正交化手续

解： 取 $\boldsymbol{\beta}_1=\boldsymbol{\alpha}_1=\begin{bmatrix}1\\1\\0\\0\end{bmatrix}$，$\boldsymbol{\beta}_2=\boldsymbol{\alpha}_2-k_{21}\boldsymbol{\beta}_1=\boldsymbol{\alpha}_2-\dfrac{(\boldsymbol{\alpha}_2,\boldsymbol{\beta}_1)}{(\boldsymbol{\beta}_1,\boldsymbol{\beta}_1)}\boldsymbol{\beta}_1=\begin{bmatrix}1\\0\\1\\0\end{bmatrix}-\dfrac{1}{2}\begin{bmatrix}1\\1\\0\\0\end{bmatrix}=\begin{bmatrix}\dfrac{1}{2}\\-\dfrac{1}{2}\\1\\0\end{bmatrix}$.

则 $\widetilde{\boldsymbol{\beta}}_1=\dfrac{\boldsymbol{\beta}_1}{\|\boldsymbol{\beta}_1\|}=\begin{bmatrix}\frac{1}{\sqrt{2}}\\ \frac{1}{\sqrt{2}}\\ 0\\ 0\end{bmatrix}$，$\widetilde{\boldsymbol{\beta}}_2=\dfrac{\boldsymbol{\beta}_2}{\|\boldsymbol{\beta}_2\|}=\begin{bmatrix}\frac{1}{\sqrt{6}}\\ -\frac{1}{\sqrt{6}}\\ \frac{2}{\sqrt{6}}\\ 0\end{bmatrix}$ 为所求的单位正交向量组.

例 21 设三阶实对称矩阵 $\boldsymbol{A}$ 的特征值为 $\lambda_1=\lambda_2=0,\lambda_3=2$，则 $\boldsymbol{r}(\boldsymbol{A})=($ $)$

A.0　　B.1　　C.2　　D.3

测试点

1.相似矩阵与等价矩阵的概念；

2.等价矩阵有相等的秩；

3.阶梯形矩阵的秩.

解:因为三阶实对称矩阵 $\boldsymbol{A}$ 的特征值为 $\lambda_1=\lambda_2=0,\lambda_3=2$，故矩阵 $\boldsymbol{A}$ 必与对角阵 $\begin{bmatrix}2&0&0\\0&0&0\\0&0&0\end{bmatrix}$ 相似，所以 $\boldsymbol{A}$ 必与对角阵 $\begin{bmatrix}2&0&0\\0&0&0\\0&0&0\end{bmatrix}$ 等价，所以 $\boldsymbol{r}(\boldsymbol{A})=1$.

例 22 设矩阵 $\boldsymbol{A}=\begin{pmatrix}1&2\\2&1\end{pmatrix}$，求正交矩阵 $\boldsymbol{P}$，使 $\boldsymbol{P}^{-1}\boldsymbol{AP}$ 为对角矩阵.

解:(1) $|\lambda\boldsymbol{E}-\boldsymbol{A}|=\begin{vmatrix}\lambda-1&-2\\-2&\lambda-1\end{vmatrix}=(\lambda-1)^2-2^2=(\lambda+1)(\lambda-3)$

所以 $\boldsymbol{A}$ 的所有特征值为 $\lambda_1=-1,\lambda_2=3$.

(2) 当 $\lambda_1=-1$ 时，$\lambda\boldsymbol{E}-\boldsymbol{A}=-\boldsymbol{E}-\boldsymbol{A}=\begin{bmatrix}-2&-2\\-2&-2\end{bmatrix}\longrightarrow\begin{bmatrix}1&1\\0&0\end{bmatrix}$

取 x_1 为约束未知数，x_2 为自由未知数，$\boldsymbol{p}_1=\begin{bmatrix}1\\-1\end{bmatrix}$ 为齐次方程组 $(-\boldsymbol{E}-\boldsymbol{A})x=0$ 的基础解系.故 $\boldsymbol{p}_1=\begin{bmatrix}1\\-1\end{bmatrix}$ 为 $\boldsymbol{A}$ 属于特征值 $\lambda_1=-1$ 的特征向量.

当 $\lambda_1=3$ 时，$\lambda\boldsymbol{E}-\boldsymbol{A}=3\boldsymbol{E}-\boldsymbol{A}=\begin{bmatrix}2&-2\\-2&2\end{bmatrix}\longrightarrow\begin{bmatrix}1&-1\\0&0\end{bmatrix}$

取 x_1 为约束未知数，x_2 为自由未知数，$\boldsymbol{p}_2=\begin{bmatrix}1\\1\end{bmatrix}$ 为齐次方程组 $(3\boldsymbol{E}-\boldsymbol{A})x=0$ 的基础解系.故 $\boldsymbol{p}_2=\begin{bmatrix}1\\1\end{bmatrix}$ 为 $\boldsymbol{A}$ 属于特征值 $\lambda_1=3$ 的特征向量.

(3) $\tilde{\boldsymbol{p}}_1=\dfrac{\boldsymbol{p}_1}{\|\boldsymbol{p}_1\|}=\begin{bmatrix}\dfrac{1}{\sqrt{2}}\\-\dfrac{1}{\sqrt{2}}\end{bmatrix}$，$\tilde{\boldsymbol{p}}_2=\dfrac{\boldsymbol{p}_2}{\|\boldsymbol{p}_2\|}=\begin{bmatrix}\dfrac{1}{\sqrt{2}}\\\dfrac{1}{\sqrt{2}}\end{bmatrix}$，则 $\boldsymbol{P}=[\tilde{\boldsymbol{p}}_1\quad\tilde{\boldsymbol{p}}_2]=\begin{bmatrix}\dfrac{1}{\sqrt{2}}&\dfrac{1}{\sqrt{2}}\\-\dfrac{1}{\sqrt{2}}&\dfrac{1}{\sqrt{2}}\end{bmatrix}$ 正交阵，且 $\boldsymbol{P}^{-1}\boldsymbol{A}\boldsymbol{P}=\begin{bmatrix}-1&0\\0&3\end{bmatrix}$ （请验算！）

例 23　二次型 $f(x_1,x_2,x_3)=x_1^2+x_2^2+x_3^2+2x_1x_2+4x_1x_3$ 的矩阵为(　　)

A. $\begin{pmatrix}1&2&4\\2&1&0\\4&0&1\end{pmatrix}$　　B. $\begin{pmatrix}1&2&4\\0&1&0\\0&0&1\end{pmatrix}$

C. $\begin{pmatrix}1&1&2\\1&1&0\\2&0&1\end{pmatrix}$　　D. $\begin{pmatrix}1&1&0\\1&1&2\\0&2&1\end{pmatrix}$

测试点：二次型的矩阵

答案：C

例 24　已知二次型的矩阵为 $\begin{bmatrix}2&1&-1\\1&3&4\\-1&4&5\end{bmatrix}$，则以它为矩阵的二次型 $f(x_1,x_2,x_3)=$________.

测试点：二次型的矩阵以及实对称矩阵的二次型

解：所求二次型为

$$f(x_1,x_2,x_3)=2x_1^2+3x_2^2+5x_3^2+2x_1x_2-2x_1x_3+8x_2x_3$$

例 25　已知二次型 $f(x_1,x_2,x_3)=2x_1x_2+2x_1x_3+2x_2x_3$，求一正交变换 $x=\boldsymbol{P}y$，将此二次型化为标准形.

解：该二次型的矩阵为 $\boldsymbol{A}=\begin{bmatrix}0&1&1\\1&0&1\\1&1&0\end{bmatrix}$

求矩阵 $\boldsymbol{A}$ 的特征值和特征向量

$$|\lambda\boldsymbol{E}-\boldsymbol{A}|=\begin{vmatrix}\lambda & -1 & -1\\ -1 & \lambda & -1\\ -1 & -1 & \lambda\end{vmatrix}=\begin{vmatrix}\lambda-2 & -1 & -1\\ \lambda-2 & \lambda & -1\\ \lambda-2 & -1 & \lambda\end{vmatrix}=(\lambda-2)\begin{vmatrix}1 & -1 & -1\\ 1 & \lambda & -1\\ 1 & -1 & \lambda\end{vmatrix}=(\lambda-2)(\lambda+1)^2,$$

令 $|\lambda\boldsymbol{E}-\boldsymbol{A}|=0$,得矩阵 $\boldsymbol{A}$ 的特征值 $\lambda_1=\lambda_2=-1,\lambda_3=2.$

当 $\lambda_1=\lambda_2=-1$ 时,$\lambda\boldsymbol{E}-\boldsymbol{A}=\begin{bmatrix}-1 & -1 & -1\\ -1 & -1 & -1\\ -1 & -1 & -1\end{bmatrix}\longrightarrow\begin{bmatrix}1 & 1 & 1\\ 0 & 0 & 0\\ 0 & 0 & 0\end{bmatrix}$

得齐次方程组 $(\lambda\boldsymbol{E}-\boldsymbol{A})x=0$ 的基础解系为 $\boldsymbol{p}_1=\begin{bmatrix}-1\\ 1\\ 0\end{bmatrix},\boldsymbol{p}_2=\begin{bmatrix}-1\\ 0\\ 1\end{bmatrix}.$

当 $\lambda_3=2$ 时,$\lambda\boldsymbol{E}-\boldsymbol{A}=\begin{bmatrix}2 & -1 & -1\\ -1 & 2 & -1\\ -1 & -1 & 2\end{bmatrix}\rightarrow\cdots\rightarrow\begin{bmatrix}1 & 0 & -1\\ 0 & 1 & -1\\ 0 & 0 & 0\end{bmatrix}$

得齐次方程组 $(\lambda\boldsymbol{E}-\boldsymbol{A})x=0$ 的基础解系为 $\boldsymbol{p}_3=\begin{bmatrix}1\\ 1\\ 1\end{bmatrix}.$

将 $\boldsymbol{p}_1,\boldsymbol{p}_2$ 正交化,令 $\boldsymbol{\alpha}_1=\boldsymbol{p}_1,\boldsymbol{\alpha}_2=\boldsymbol{p}_2-\dfrac{(\boldsymbol{p}_2,\boldsymbol{\alpha}_1)}{(\boldsymbol{\alpha}_1,\boldsymbol{\alpha}_1)}\boldsymbol{\alpha}_1=\begin{bmatrix}-1\\ 0\\ 1\end{bmatrix}-\dfrac{1}{2}\begin{bmatrix}-1\\ 1\\ 0\end{bmatrix}=\begin{bmatrix}-\frac{1}{2}\\ -\frac{1}{2}\\ 1\end{bmatrix}.$

单位化取 $\boldsymbol{\beta}_1=\dfrac{\boldsymbol{\alpha}_1}{\|\boldsymbol{\alpha}_1\|}=\begin{bmatrix}-\frac{1}{\sqrt{2}}\\ \frac{1}{\sqrt{2}}\\ 0\end{bmatrix},\boldsymbol{\beta}_2=\dfrac{\boldsymbol{\alpha}_2}{\|\boldsymbol{\alpha}_2\|}=\begin{bmatrix}-\frac{1}{\sqrt{6}}\\ -\frac{1}{\sqrt{6}}\\ \frac{2}{\sqrt{6}}\end{bmatrix},\boldsymbol{\beta}_3=\dfrac{\boldsymbol{p}_3}{\|\boldsymbol{p}_3\|}=\begin{bmatrix}\frac{1}{\sqrt{3}}\\ \frac{1}{\sqrt{3}}\\ \frac{1}{\sqrt{3}}\end{bmatrix}.$

得正交阵 $P=[\boldsymbol{\beta}_1\quad\boldsymbol{\beta}_2\quad\boldsymbol{\beta}_3]=\begin{bmatrix}-\frac{1}{\sqrt{2}} & -\frac{1}{\sqrt{6}} & \frac{1}{\sqrt{3}}\\ \frac{1}{\sqrt{2}} & -\frac{1}{\sqrt{6}} & \frac{1}{\sqrt{3}}\\ 0 & \frac{2}{\sqrt{6}} & \frac{1}{\sqrt{3}}\end{bmatrix}$，当 $x=\boldsymbol{P}y$ 时，原二次型化为标准形 $f=-y_1^2-y_2^2+2y_3^2$.

例 26　用配方法求二次型 $f(x_1,x_2,x_3)=x_1^2+4x_2^2+x_3^2-2x_1x_3+4x_2x_3$ 的标准形，并写出相应的线性变换.

解：$f(x_1,x_2,x_3)=x_1^2+4x_2^2+x_3^2-2x_1x_3+4x_2x_3=x_1^2-2x_1x_3+x_3^2+4x_2^2+4x_2x_3$

$$=(x_1-x_3)^2+[(2x^2)^2+2(2x_2)x_3+x_3^2]-x_3^2$$

$$=(x_1-x_3)^2+(2x_2+x_3)^2-x_3^2$$

令 $\begin{cases}y_1=x_1-x_3\\ y_2=2x_2+x_3\\ y_3=x_3\end{cases}$，得二次型的标准形 $f=y_1^2+y_2^2-y_3^2$.

相应的线性变换为 $x_3=y_3,x_2=\frac{1}{2}(y_2-y_3),x_1=y_1+y_3$，

即 $\begin{bmatrix}x_1\\x_2\\x_3\end{bmatrix}=\begin{bmatrix}1 & 0 & 1\\ 0 & \frac{1}{2} & -\frac{1}{2}\\ 0 & 0 & 1\end{bmatrix}\begin{bmatrix}y_1\\y_2\\y_3\end{bmatrix}$.

例 27　用配方法求二次型 $f(x_1,x_2,x_3)=2x_1x_2+2x_1x_3-6x_2x_3$ 的标准形，并写出相应的线性变换.

解：令 $\begin{cases}x_1=y_1+y_2\\ x_2=y_1-y_2\\ x_3=y_3\end{cases}$，则原二次型

$$f(x_1,x_2,x_3)=2x_1x_2+2x_1x_3-6x_2x_3=2(y_1^2-y_2^2)+2(y_1y_3+y_2y_3)-6(y_1y_3-y_2y_3)$$

$$=2y_1^2-2y_2^2-4y_1y_3+8y_2y_3=2(y_1^2-2y_1y_3+y_3^2)-2y_2^2+8y_2y_3$$

$-2y_3^2$

$=2(y_1-y_3)^2-2(y_2-2y_3)^2+6y_3^2$

$=2z_1^2-2z_2^2+6z_3^2$.

其中$\begin{cases}z_1=y_1-y_3\\z_2=y_2-2y_3\\z_3=y_3\end{cases}$,整理后得所做的线性变换为:$\begin{cases}x_1=z_1+z_2+3z_3\\x_2=z_1-z_2-z_3\\x_3=z_3\end{cases}$.

例 28 二次型 $f(x,y,z)=x^2-y^2$ 的正惯性指数 p 为( )

A.0 B.1 C.2 D.3

测试点:二次型的正惯性指数的概念

答案:B

例 29 三元实二次型 $f(x_1,x_2,x_3)=-2x_1^2+3x_2^2+4x_3^2$ 的规范形为( )

A.$-z_1^2+z_2^2-z_3^2$ B.$z_1^2-z_2^2-z_3^2$

C.$-z_1^2-z_2^2+z_3^2$ D.$z_1^2+z_2^2-z_3^2$

测试点:二次型的由标准形化为规范形的方法

解析:因为二次型的一个标准形为 $f(x_1,x_2,x_3)=-2x_1^2+3x_2^2+4x_3^2$,故规范形为 $z_1^2+z_2^2-z_3^2$.

答案:D

例 30 设矩阵 $\mathbf{A}=\begin{bmatrix}0&0&1\\0&1&0\\1&0&0\end{bmatrix}$,则二次型 $x^T\mathbf{A}x$ 的规范形为( )

A.$z_1^2+z_2^2+z_3^2$ B.$-z_1^2-z_2^2-z_3^2$

C.$z_1^2+z_2^2-z_3^2$ D.$z_1^2-z_2^2-z_3^2$

测试点:化二次型为规范形的方法

解法 1:$|\lambda\mathbf{E}-\mathbf{A}|=\begin{vmatrix}\lambda&0&-1\\0&\lambda-1&0\\-1&0&\lambda\end{vmatrix}=(\lambda-1)^2(\lambda+1)$

所以矩阵 $\mathbf{A}$ 的三个特征值为 $1,1,-1$,所以原二次型的规范形为 $z_1^2+z_2^2-z_3^2$.

解法 2:$x^T\mathbf{A}x=x_2^2+2x_1x_3$,令 $x_1=y_1+y_2,x_3=y_1-y_2,x_2=y_3$

则 $x^T\mathbf{A}x=y_3^2+2(y_1+y_2)(y_1-y_2)=2y_1^2-2y_2^2+y_3^2$

所以原二次型的规范形为 $z_1^2+z_2^2-z_3^2$.

答案:C

例 31　若二次型 $f(x^1,x_2,x_3)=3x_1^2+x_2^2+ax_3^2+2ax_1x_2$ 正定,则 a 的取值应满足 ________.

解:该二次型的矩阵为 $\boldsymbol{A}=\begin{bmatrix}3&a&0\\a&1&0\\0&0&a\end{bmatrix}$,为使其正定 $\Leftrightarrow\begin{cases}3-a^2>0\\a(3-a^2)>0\end{cases}$

所以 a 的取值应满足 $0<a<\sqrt{3}$.

例 32　(2002) 已知实二次型 $f(x_1,x_2,x_3)=a(x_1^2+x_2^2+x_3^2)+4x_1x_2+4x_1x_3+4x_2x_3$ 经正交变换 $x=Py$ 可化成标准形 $f=6y_1^2$, 则 $a=$ ________.

解:二次型 $f(x_1,x_2,x_3)$ 的矩阵为 $\boldsymbol{A}=\begin{pmatrix}a&2&2\\2&a&2\\2&2&a\end{pmatrix}$.又因为 $f(x_1,x_2,x_3)$ 经正交变换 $x=\boldsymbol{P}y$ 可化成标准形 $f=6y_1^2$,可见 $\boldsymbol{A}$ 的特征值为 $\lambda_1=6$, $\lambda_2=0$, $\lambda_3=0$.于是有

$3a=a+a+a=tr\boldsymbol{A}=\lambda_1+\lambda_2+\lambda_3=6$.

故 $a=2$.

[注] 也可以由 $f(x_1,x_2,x_3)$ 经正交变换 $x=\boldsymbol{P}y$ 可化成标准形 $f=6y_1^2$ 看出 $\boldsymbol{A}$ 的秩为 1, 因而 $a=2$.

例 33　(2004) 二次型 $f(x_1,x_2,x_3)=(x_1+x_2)^2+(x_2-x_3)^2+(x_3+x_1)^2$ 的秩为 ________.

解:二次型 $f(x_1,x_2,x_3)$ 的矩阵 $\boldsymbol{A}=\begin{pmatrix}2&1&1\\1&2&-1\\1&-1&2\end{pmatrix}$, 秩$(f)=$秩$(\boldsymbol{A})=2$.

例 34　(2008) 矩阵 $\boldsymbol{A}$ 的特征值是 λ, 2, 3, 其中 λ 未知, 且 $|\boldsymbol{A}|=24$, 则 $\lambda=$ ________.

解:$24=|\boldsymbol{A}|=\lambda\times2\times3\Rightarrow\lambda=4$.

例 35　(2008) 设 $\boldsymbol{A}$ 为 2 阶矩阵,$\boldsymbol{\alpha}_1$, $\boldsymbol{\alpha}_2$ 为线性无关的二维列向量,$\boldsymbol{A\alpha}_1=0$, $\boldsymbol{A\alpha}_2=2\boldsymbol{\alpha}_1+\boldsymbol{\alpha}_2$,则 $\boldsymbol{A}$ 的非零特征值为 ________.

解:$\boldsymbol{\alpha}_1$, $\boldsymbol{\alpha}_2$ 为线性无关的二维列向量 $\Rightarrow\boldsymbol{P}=(\boldsymbol{\alpha}_1,\boldsymbol{\alpha}_2)$ 为可逆矩阵.

$$A\boldsymbol{\alpha}_1=0,A\boldsymbol{\alpha}_2=2\boldsymbol{\alpha}_1+\boldsymbol{\alpha}_2\Rightarrow AP=A(\boldsymbol{\alpha}_1,\boldsymbol{\alpha}_2)=(\boldsymbol{\alpha}_1,\boldsymbol{\alpha}_2)\begin{pmatrix}0&2\\0&1\end{pmatrix}=P\begin{pmatrix}0&2\\0&1\end{pmatrix}\Rightarrow$$

$P^{-1}AP=\begin{pmatrix}0&2\\0&1\end{pmatrix}\Rightarrow A$ 与 $\begin{pmatrix}0&2\\0&1\end{pmatrix}$ 有相同的特征值 $\Rightarrow A$ 的非零特征值为 1.

另解:$\boldsymbol{\alpha}_1$, $\boldsymbol{\alpha}_2$ 为线性无关的二维列向量 $\Rightarrow\boldsymbol{\alpha}_1\neq 0$, $2\boldsymbol{\alpha}_1+\boldsymbol{\alpha}_2\neq 0$.

$A\boldsymbol{\alpha}_1=0=0\boldsymbol{\alpha}_1\Rightarrow 0$ 是 A 的一个特征值.

$A\boldsymbol{\alpha}_2=2\boldsymbol{\alpha}_1+\boldsymbol{\alpha}_2\Rightarrow A(2\boldsymbol{\alpha}_1+\boldsymbol{\alpha}_2)=2A\boldsymbol{\alpha}_1+A\boldsymbol{\alpha}_2=0+2\boldsymbol{\alpha}_1+\boldsymbol{\alpha}_2=2\boldsymbol{\alpha}_1+\boldsymbol{\alpha}_2\Rightarrow 1$ 是 A 的一个特征值.

最后由 A 为二阶矩阵可知 A 的非零特征值为 1.

例 36 (2008) 设三阶矩阵 A 的特征值互不相同,若行列式 $|A|=0$,则 A 的秩为 ________.

解:设三阶矩阵 A 的特征值为 λ_1, λ_2, λ_3,由于 λ_1, λ_2, λ_3 互不相同,

所以 A 相似于 $\begin{pmatrix}\lambda_1&0&0\\0&\lambda_2&0\\0&0&\lambda_3\end{pmatrix}$,且由 $\lambda_1\lambda_2\lambda_3=|A|=0$ 可知 λ_1, λ_2, λ_3 中有一个为零,另外两个不为零.因此 A 的秩为 2.

例 37 (2009) 若三维向量 $\boldsymbol{\alpha}$,$\boldsymbol{\beta}$ 满足 $\boldsymbol{\alpha}^T\boldsymbol{\beta}=2$,其中 $\boldsymbol{\alpha}^T$ 为 $\boldsymbol{\alpha}$ 的转置,则矩阵 $\boldsymbol{\beta}\boldsymbol{\alpha}^T$ 的非零特征值为 ________.

解:三维向量 $\boldsymbol{\alpha}$,$\boldsymbol{\beta}$ 满足 $\boldsymbol{\alpha}^T\boldsymbol{\beta}=2\Rightarrow\boldsymbol{\beta}\neq 0\Rightarrow$ 秩$(\boldsymbol{\beta}\boldsymbol{\alpha}^T)\leqslant$ 秩$(\boldsymbol{\beta})=1\Rightarrow$ 矩阵 $\boldsymbol{\beta}\boldsymbol{\alpha}^T$ 至多有一个非零的特征值.

$\boldsymbol{\alpha}^T\boldsymbol{\beta}=2\Rightarrow(\boldsymbol{\beta}\boldsymbol{\alpha}^T)\boldsymbol{\beta}=\boldsymbol{\beta}(\boldsymbol{\alpha}^T\boldsymbol{\beta})=2\boldsymbol{\beta}\Rightarrow 2$ 是矩阵 $\boldsymbol{\beta}\boldsymbol{\alpha}^T$ 的非零特征值.

故矩阵 $\boldsymbol{\beta}\boldsymbol{\alpha}^T$ 的非零特征值为 2.

例 38 (2011) 若二次曲面的方程 $x^2+3y^2+z^2+2axy+2xz+2yz=4$,经过正交变换化为 $y_1^2+4z_1^2=4$,则 $a=$ ________.

解:二次型 $x^2+3y^2+z^2+2axy+2xz+2yz$ 的矩阵 $A=\begin{pmatrix}1&a&1\\a&3&1\\1&1&1\end{pmatrix}$.

$$|A|=\begin{vmatrix}1&a&1\\a&3&1\\1&1&1\end{vmatrix}=-(a-1)^2.$$

由题目条件可知存在正交矩阵 Q，使得 $Q^TAQ=\begin{pmatrix}1&0&0\\0&0&0\\0&0&4\end{pmatrix}$.故 $|A|=0$，由此可得 $a=1$.

例 39　(2011) 二次型 $f(x_1,x_2,x_3)=x_1^2+3x_2^2+x_3^2+2x_1x_2+2x_1x_3+2x_2x_3$，则 f 的正惯性指数为________.

解一：$f(x_1,x_2,x_3)=x_1^2+3x_2^2+x_3^2+2x_1x_2+2x_1x_3+2x_2x_3$

$$=(x_1+x_2+x_3)^2+2x_2^2.$$

令 $\begin{cases}y_1=x_1+x_2+x_3\\y_2=x_2\\y_3=x_3\end{cases}$，则 $\begin{cases}x_1=y_1-y_2-y_3\\x_2=y_2\\x_3=y_3\end{cases}$，即 $x=Py$，其中 $P=\begin{pmatrix}1&-1&-1\\0&1&0\\0&0&1\end{pmatrix}$ 为可逆矩阵，且 $f(x_1,x_2,x_3)$ 化为标准形：$y_1^2+2y_2^2$.

可见 f 的正惯性指数为 2.

解二：$f(x_1,x_2,x_3)$ 的矩阵 $A=\begin{pmatrix}1&1&1\\1&3&1\\1&1&1\end{pmatrix}$，

$$|\lambda E-A|=\begin{vmatrix}\lambda-1&-1&-1\\-1&\lambda-3&-1\\-1&-1&\lambda-1\end{vmatrix}=\lambda(\lambda-1)(\lambda-4).$$

可见 A 的特征值为 $\lambda_1=0,\lambda_2=1,\lambda_3=4$.因而 f 的正惯性指数为 2.

例 40　(2011) 设二次型 $f(x_1,x_2,x_3)=x^TAx$ 的秩为 1，A 的行元素之和为 3，则 f 在正交变换下 $x=Qy$ 下的标准形为________.

解：设 $A=\begin{pmatrix}a_{11}&a_{12}&a_{13}\\a_{21}&a_{22}&a_{23}\\a_{31}&a_{32}&a_{33}\end{pmatrix}$.因为 A 的行元素之和为 3，

即 $a_{11}+a_{12}+a_{13}=3,a_{21}+a_{22}+a_{23}=3,a_{31}+a_{32}+a_{33}=3$，

所以 $A\begin{pmatrix}1\\1\\1\end{pmatrix}=\begin{pmatrix}a_{11}&a_{12}&a_{13}\\a_{21}&a_{22}&a_{23}\\a_{31}&a_{32}&a_{33}\end{pmatrix}\begin{pmatrix}1\\1\\1\end{pmatrix}=\begin{pmatrix}a_{11}+a_{12}+a_{13}\\a_{21}+a_{22}+a_{23}\\a_{31}+a_{32}+a_{33}\end{pmatrix}=\begin{pmatrix}3\\3\\3\end{pmatrix}=3\begin{pmatrix}1\\1\\1\end{pmatrix}$.

可见 3 是 $\boldsymbol{A}$ 的特征值.

因为秩($\boldsymbol{A}$)=秩(f)=1,而且 $\boldsymbol{A}$ 正交相似于一个对角矩阵 $\boldsymbol{\Lambda}$,其对角线上的元素为 $\boldsymbol{A}$ 的特征值,所以秩($\boldsymbol{\Lambda}$) = 秩($\boldsymbol{A}$) = 1, $\boldsymbol{\Lambda}$ 的对角线上只能有一个非零.

故 $\boldsymbol{A}$ 的特征值为 $\lambda_1=3,\lambda_2=0,\lambda_3=0$.由此可知 f 在正交变换下的标准形为 $3y_1^2$.

例 41 (2001) 设 $\boldsymbol{A}=\begin{pmatrix}1&1&1&1\\1&1&1&1\\1&1&1&1\\1&1&1&1\end{pmatrix}$, $\boldsymbol{B}=\begin{pmatrix}4&0&0&0\\0&0&0&0\\0&0&0&0\\0&0&0&0\end{pmatrix}$,则 $\boldsymbol{A}$ 与 $\boldsymbol{B}$ (　　).

A.合同且相似.　　　　B.合同但不相似.

C.不合同但相似.　　　　D.不合同且不相似.

解:因为 $\boldsymbol{A}$ 是实对称矩阵,所以存在正交矩阵 $\boldsymbol{Q}$ 使 $\boldsymbol{Q}^T\boldsymbol{A}\boldsymbol{Q}=\begin{pmatrix}\lambda_1&&&\\&\lambda_2&&\\&&\lambda_3&\\&&&\lambda_4\end{pmatrix}\overset{\text{记为}}{=}\boldsymbol{\Lambda}$,

其中 $\lambda_1,\lambda_2,\lambda_3,\lambda_4$ 为 $\boldsymbol{A}$ 的特征值.又因为秩($\boldsymbol{A}$)=1, $Tr(\boldsymbol{A})=4$,所以 $\lambda_1,\lambda_2,\lambda_3,\lambda_4$ 中有一个非零,其余 3 个为零,且 $\lambda_1+\lambda_2+\lambda_3+\lambda_4=Tr(\boldsymbol{A})=4$.可见 $\boldsymbol{A}$ 的非零特征值等于 4.因而 $\boldsymbol{A}$ 与 $\boldsymbol{B}$ 合同且相似.选 A.

例 42 (2002) 设 $\boldsymbol{A}$ 是 n 阶实对称矩阵, $\boldsymbol{P}$ 是 n 阶可逆矩阵,已知 n 维列向量 $\boldsymbol{\alpha}$ 是 $\boldsymbol{A}$ 的属于特征值 λ 的特征向量,则矩阵 $(\boldsymbol{P}^{-1}\boldsymbol{A}\boldsymbol{P})^T$ 属于特征值 λ 的特征向量是(　　).

A. $\boldsymbol{P}^{-1}\boldsymbol{\alpha}$.　　B. $\boldsymbol{P}^T\boldsymbol{\alpha}$.　　C. $\boldsymbol{P}\boldsymbol{\alpha}$.　　D. $(\boldsymbol{P}^{-1})^T\boldsymbol{\alpha}$.

解:由条件可得 $\boldsymbol{A}\boldsymbol{\alpha}=\lambda\boldsymbol{\alpha}$, $(\boldsymbol{P}^{-1}\boldsymbol{A}\boldsymbol{P})^T(\boldsymbol{P}^T\boldsymbol{\alpha})=[P^TA^T(\boldsymbol{P}^T)^{-1}](\boldsymbol{P}^T\boldsymbol{\alpha})=\boldsymbol{P}^T\boldsymbol{A}\boldsymbol{\alpha}=\lambda(\boldsymbol{P}^T\boldsymbol{\alpha})$.选 B.

例 43 (2003) 设矩阵 $\boldsymbol{B}=\begin{pmatrix}0&0&1\\0&1&0\\1&0&0\end{pmatrix}$.已知矩阵 $\boldsymbol{A}$ 相似于 $\boldsymbol{B}$,则秩($\boldsymbol{A}-2\boldsymbol{E}$)与秩($\boldsymbol{A}-\boldsymbol{E}$)之和等于(　　).

A.2.　　B.3.　　C.4.　　D.5.

解:因为矩阵 $\boldsymbol{A}$ 相似于 $\boldsymbol{B}$,所以

$$|\lambda\boldsymbol{E}-\boldsymbol{A}|=|\lambda\boldsymbol{E}-\boldsymbol{B}|=\begin{vmatrix}\lambda & 0 & -1\\ 0 & \lambda-1 & 0\\ -1 & 0 & \lambda\end{vmatrix}=(\lambda-1)^2(\lambda+1).$$

由此可得 $\boldsymbol{A}$ 的特征值为 $\lambda_1=\lambda_2=1,\lambda_3=-1$.因而 $r(\boldsymbol{A}-2\boldsymbol{E})=3$(否则 $r(\boldsymbol{A}-2\boldsymbol{E})<3\Rightarrow|\boldsymbol{A}-2\boldsymbol{E}|=0\Rightarrow 2$ 是 $\boldsymbol{A}$ 的特征值).又因为 $\boldsymbol{B}$ 是对称矩阵，所以 $\boldsymbol{B}$ 相似于对角矩阵，从而 $\boldsymbol{A}$ 也相似于对角矩阵，可见 $\boldsymbol{A}$ 的二重特征值 $\lambda_1=\lambda_2=1$ 有两个线性无关的特征向量与之对应，即齐次线性方程组 $(\boldsymbol{A}-\boldsymbol{E})x=0$ 的基础解系由两个线性无关的解向量构成，故 $r(\boldsymbol{A}-\boldsymbol{E})=1$.综上所述，$r(\boldsymbol{A}-2\boldsymbol{E})+r(\boldsymbol{A}-\boldsymbol{E})=3+1=4$.选 C.

另解:因为矩阵 $\boldsymbol{A}$ 相似于 $\boldsymbol{B}$，所以 $\boldsymbol{A}-2\boldsymbol{E}$ 相似于 $\boldsymbol{B}-\boldsymbol{E}$,$\boldsymbol{A}-\boldsymbol{E}$ 相似于 $\boldsymbol{B}-\boldsymbol{E}$.

于是 $r(\boldsymbol{A}-2\boldsymbol{E})+r(\boldsymbol{A}-\boldsymbol{E})=r(\boldsymbol{B}-2\boldsymbol{E})+r(\boldsymbol{B}-\boldsymbol{E})=3+1=4$.

例 44　(2005) 设 λ_1,λ_2 是矩阵 $\boldsymbol{A}$ 的两个不同的特征值，对应的特征向量分别为 $\boldsymbol{\alpha}_1,\boldsymbol{\alpha}_2$，则 $\boldsymbol{\alpha}_1,\boldsymbol{A}(\boldsymbol{\alpha}_1+\boldsymbol{\alpha}_2)$ 线性无关的充分必要条件是(　　).

A.$\lambda_1\neq0$.　　B.$\lambda_2\neq0$.　　C.$\lambda_1=0$.　　D.$\lambda_2=0$.

解:$[\boldsymbol{\alpha}_1,\boldsymbol{A}(\boldsymbol{\alpha}_1+\boldsymbol{\alpha}_2)]=[\boldsymbol{\alpha}_1,\boldsymbol{A}\boldsymbol{\alpha}_1+\boldsymbol{A}\boldsymbol{\alpha}_2]=[\boldsymbol{\alpha}_1,\boldsymbol{\alpha}_2]\begin{bmatrix}1 & \lambda_1\\ 0 & \lambda_2\end{bmatrix}$.

λ_1,λ_2 是矩阵 $\boldsymbol{A}$ 的两个不同的特征值，对应的特征向量分别为 $\boldsymbol{\alpha}_1,\boldsymbol{\alpha}_2\Rightarrow\boldsymbol{\alpha}_1,\boldsymbol{\alpha}_2$ 线性无关.

$\boldsymbol{\alpha}_1,\boldsymbol{A}(\boldsymbol{\alpha}_1+\boldsymbol{\alpha}_2)$ 线性无关 $\Leftrightarrow$ 秩$[\boldsymbol{\alpha}_1,\boldsymbol{A}(\boldsymbol{\alpha}_1+\boldsymbol{\alpha}_2)]=2\Leftrightarrow$ 秩$\begin{bmatrix}1 & \lambda_1\\ 0 & \lambda_2\end{bmatrix}=2\Leftrightarrow\begin{bmatrix}1 & \lambda_1\\ 0 & \lambda_2\end{bmatrix}$ 可逆 $\Leftrightarrow\lambda_2\neq0$.选 B.

例 45　(2007) 设矩阵 $\boldsymbol{A}=\begin{pmatrix}2 & -1 & -1\\ -1 & 2 & -1\\ -1 & -1 & 2\end{pmatrix}$,$\boldsymbol{B}=\begin{pmatrix}1 & 0 & 0\\ 0 & 1 & 0\\ 0 & 0 & 0\end{pmatrix}$,则 $\boldsymbol{A}$ 与 $\boldsymbol{B}$(　　).

A.合同且相似.　　B.合同,但不相似.

C.不合同,但相似.　　D.既不合同也不相似.

解:由 $|\lambda\boldsymbol{E}-\boldsymbol{A}|=\begin{vmatrix}\lambda-2 & 1 & 1\\ 1 & \lambda-2 & 1\\ 1 & 1 & \lambda-2\end{vmatrix}=\lambda(\lambda-3)^2$ 可得 $\lambda_1=\lambda_2=3,\lambda_3=0$.

所以 $\boldsymbol{A}$ 的特征值为 3,3,0;而 $\boldsymbol{B}$ 的特征值为 1,1,0.所以 $\boldsymbol{A}$ 与 $\boldsymbol{B}$ 不相似,但是 $\boldsymbol{A}$ 与 $\boldsymbol{B}$ 的秩均为 2,且正惯性指数都为 2,所以 $\boldsymbol{A}$ 与 $\boldsymbol{B}$ 合同.选 B.

[注] 两个同阶方阵 $\boldsymbol{A}$ 与 $\boldsymbol{B}$ 相似的必要条件有:

① $|\lambda\boldsymbol{E}-\boldsymbol{A}|=|\lambda\boldsymbol{E}-\boldsymbol{B}|$;② $\boldsymbol{A}$ 与 $\boldsymbol{B}$ 有相同的特征值;③ 秩($\boldsymbol{A}$)=秩($\boldsymbol{B}$);④ 迹($\boldsymbol{A}$)=迹($\boldsymbol{B}$);⑤ $|\boldsymbol{A}|=|\boldsymbol{B}|$.

两个同阶方阵 $\boldsymbol{A}$ 与 $\boldsymbol{B}$ 相似的充分必要条件有:

①[定义] 存在可逆矩阵 P 使得 $P^{-1}\boldsymbol{A}P=\boldsymbol{B}$;② $\boldsymbol{A}$ 与 $\boldsymbol{B}$ 有相同的相似标准形.

两个同阶方阵 $\boldsymbol{A}$ 与 $\boldsymbol{B}$ 合同的必要条件有:

① $\boldsymbol{A}$ 与 $\boldsymbol{B}$ 有相同的对称性;② 秩($\boldsymbol{A}$)=秩($\boldsymbol{B}$).

两个同阶实对称矩阵 $\boldsymbol{A}$ 与 $\boldsymbol{B}$ 合同的充分必要条件有:

①[定义] 存在可逆矩阵 $\boldsymbol{C}$ 使得 $\boldsymbol{C}^T\boldsymbol{A}\boldsymbol{C}=\boldsymbol{B}$;② 秩($\boldsymbol{A}$)=秩($\boldsymbol{B}$)且 $\boldsymbol{A}$ 与 $\boldsymbol{B}$ 有相同的正惯性指数;③ $\boldsymbol{A}$ 与 $\boldsymbol{B}$ 有相同的合同标准形;④ $\boldsymbol{A}$ 与 $\boldsymbol{B}$ 有相同的合同规范形.

例 46 (2013) 矩阵 $\begin{pmatrix}1&a&1\\a&b&a\\1&a&1\end{pmatrix}$ 与 $\begin{pmatrix}2&0&0\\0&b&0\\0&0&0\end{pmatrix}$ 相似的充要条件(　　).

A.$a=0,b=2$.　　　　B.$a=0,b$ 任意常数.

C.$a=2,b=0$.　　　　D.$a=2,b$ 任意.

解:题中所给矩阵都是实对称的,它们相似的充要条件是有相同的特征值.

所以 2 是 $\begin{bmatrix}1&a&1\\a&b&a\\1&a&1\end{bmatrix}$ 的特征值,知

$$\begin{vmatrix}1&-a&-1\\-a&2-b&-a\\-1&-a&1\end{vmatrix}=0\Leftrightarrow\begin{vmatrix}1&-a&-1\\-a&b&a\\0&-2a&1\end{vmatrix}=0\Leftrightarrow-4a^2=0\Leftrightarrow a=0.$$

而 $a=0$ 时,$\begin{bmatrix}1&0&1\\0&b&0\\1&0&1\end{bmatrix}$ 的特征值即是 $2,b,0$.此时两矩阵相似(与 b 无关).选 B.

例 47 (2015) 二次型 $f(x_1,x_2,x_3)$ 在正交变换 $x=\boldsymbol{P}y$ 下的标准形为 $32y_1^2+y_2^2-y_3^2$,其中 $\boldsymbol{P}=(\boldsymbol{e}_1,\boldsymbol{e}_2,\boldsymbol{e}_3)$,若 $\boldsymbol{Q}=(\boldsymbol{e}_1,-\boldsymbol{e}_3,\boldsymbol{e}_2)$,则 $f(x_1,x_2,x_3)$ 在正交变换 $x=\boldsymbol{Q}y$ 下

的标准形为(　　).

A.$2y_1^2-y_2^2+y_3^2$　　　　B.$2y_1^2+y_2^2-y_3^2$

C.$2y_1^2-y_2^2-y_3^2$　　　　D.$2y_1^2+y_2^2+y_3^2$

解:由 $x=\boldsymbol{P}y$,故 $f=x^T\boldsymbol{A}x=y^T(\boldsymbol{P}^T\boldsymbol{AP})y=2y_1^2+y_2^2-y_3^2$ 且 $\boldsymbol{P}^T\boldsymbol{AP}=\begin{bmatrix}2&0&0\\0&1&0\\0&0&-1\end{bmatrix}$,

$$\boldsymbol{Q}=\boldsymbol{P}\begin{bmatrix}1&0&0\\0&0&1\\0&-1&0\end{bmatrix}=\boldsymbol{PC},\boldsymbol{Q}^T\boldsymbol{AQ}=\boldsymbol{C}^T(\boldsymbol{P}^T\boldsymbol{AP})\boldsymbol{C}=\begin{bmatrix}2&0&0\\0&-1&0\\0&0&1\end{bmatrix}.$$

$f(x_1,x_2,x_3)$ 在正交变换 $x=Qy$ 下的标准形为 $2y_1^2-y_2^2+y_3^2$.

选 A.

例 48　(2006)设三阶实对称矩阵 $\boldsymbol{A}$ 的各行元素之和均为 3,向量 $\boldsymbol{\alpha}_1=(-1,2,-1)^T$,$\boldsymbol{\alpha}_2=(0,-1,1)^T$ 是线性方程组 $\boldsymbol{Ax}=0$ 的两个解,(Ⅰ)求 $\boldsymbol{A}$ 的特征值与特征向量;(Ⅱ)求正交矩阵 $\boldsymbol{Q}$ 和对角矩阵 $\boldsymbol{\Lambda}$,使得 $\boldsymbol{Q}^T\boldsymbol{AQ}=\boldsymbol{\Lambda}$.

解:(Ⅰ)条件说明 $\boldsymbol{A}(1,1,1)^T=(3,3,3)^T$,即 $\boldsymbol{\alpha}_0=(1,1,1)^T$ 是 $\boldsymbol{A}$ 的特征向量,特征值为 3.又 $\boldsymbol{\alpha}_1,\boldsymbol{\alpha}_2$ 都是 $\boldsymbol{Ax}=0$ 的解说明它们也都是 $\boldsymbol{A}$ 的特征向量,特征值为 0.由于 $\boldsymbol{\alpha}_1,\boldsymbol{\alpha}_2$ 线性无关,特征值 0 的重数大于 1.于是 $\boldsymbol{A}$ 的特征值为 3,0,0.

属于 3 的特征向量:$c\boldsymbol{\alpha}_0$, $c\neq0$.

属于 0 的特征向量:$c_1\boldsymbol{\alpha}_1+c_2\boldsymbol{\alpha}_2$, c_1,c_2 不同时为零.

(Ⅱ)将 $\boldsymbol{\alpha}_0=(1,1,1)^T$ 单位化,得 $\boldsymbol{\eta}_0=(\frac{\sqrt3}{3},\frac{\sqrt3}{3},\frac{\sqrt3}{3})^T$.

对 $\boldsymbol{\alpha}_1,\boldsymbol{\alpha}_2$ 作施密特正交化,得 $\boldsymbol{\eta}_1=\left(0,-\frac{\sqrt2}{2},\frac{\sqrt2}{2}\right)^T$,$\boldsymbol{\eta}_1=\left((-\frac{\sqrt6}{3},\frac{\sqrt6}{6},\frac{\sqrt6}{6}\right)^T$.

作 $\boldsymbol{Q}=(\boldsymbol{\eta}_0,\boldsymbol{\eta}_1,\boldsymbol{\eta}_2)$,则 $\boldsymbol{Q}$ 是正交矩阵,并且 $\boldsymbol{Q}^T\boldsymbol{AQ}=\begin{pmatrix}3&0&0\\0&0&0\\0&0&0\end{pmatrix}$.

例 49　(2007)设三阶实对称矩阵 $\boldsymbol{A}$ 的特征值 $\lambda_1=1,\lambda_2=2,\lambda_3=-2$,$\boldsymbol{\alpha}_1=(1\quad-1\quad1)^T$ 是 $\boldsymbol{A}$ 的属于 λ_1 的一个特征向量,记 $\boldsymbol{B}=\boldsymbol{A}^5-4\boldsymbol{A}^3+\boldsymbol{E}$,其中 $\boldsymbol{E}$ 为三阶单位矩阵;

(Ⅰ)验证 $\boldsymbol{\alpha}_1$ 是矩阵 $\boldsymbol{B}$ 的特征向量;并求矩阵 $\boldsymbol{B}$ 的全部特征值;

(Ⅱ)求矩阵 $\boldsymbol{B}$.

解:(Ⅰ)$\boldsymbol{B}\boldsymbol{\alpha}_1=(\boldsymbol{A}^5-4\boldsymbol{A}^3+\boldsymbol{E})\boldsymbol{\alpha}_1=\lambda_1^5\boldsymbol{\alpha}_1-4\lambda_1^3\boldsymbol{\alpha}_1+\boldsymbol{\alpha}_1=(\lambda_1^5-4\lambda_1^3+1)\boldsymbol{\alpha}_1=-2\boldsymbol{\alpha}_1$,则 $\boldsymbol{\alpha}_1$ 是矩阵 $\boldsymbol{B}$ 的属于 -2 的特征向量.

同理可得

$\boldsymbol{B}\boldsymbol{\alpha}_2=(\lambda_2^5-4\lambda_2^3+1)\boldsymbol{\alpha}_2=\boldsymbol{\alpha}_2$,$\boldsymbol{B}\boldsymbol{\alpha}_3=(\lambda_3^5-4\lambda_3^3+1)\boldsymbol{\alpha}_3=\boldsymbol{\alpha}_3$.

所以 $\boldsymbol{B}$ 的全部特征值为 $\lambda_1=-2$, $\lambda_2=\lambda_3=1$.

设 $\boldsymbol{B}$ 的属于1的特征向量为 $\boldsymbol{\alpha}_2=(x_1,x_2,x_3)^T$,显然 $\boldsymbol{B}$ 为对称矩阵,所以根据不同特征值所对应的特征向量正交,可得 $\boldsymbol{\alpha}_1{}^T\boldsymbol{\alpha}_2=0$.

即 $x_1-x_2+x_3=0$,解方程组可得 $\boldsymbol{B}$ 的属于1的特征向量

$\boldsymbol{\alpha}_2=k_1(1,1,0)^T+k_2(-1,0,1)^T$,其中 k_1,k_2 为不全为零的任意常数.

由前可知 $\boldsymbol{B}$ 的属于 -2 的特征向量为 $k_3(1,-1,1)^T$,其中 k_3 不为零.

(II)令 $\boldsymbol{P}=\begin{pmatrix}1&-1&1\\1&0&-1\\0&1&1\end{pmatrix}$,由(Ⅰ)可得 $\boldsymbol{P}^{-1}\boldsymbol{B}\boldsymbol{P}=\begin{pmatrix}1&0&0\\0&1&0\\0&0&-2\end{pmatrix}$,则

$$\boldsymbol{B}=\boldsymbol{P}\begin{pmatrix}1&0&0\\0&1&0\\0&0&-2\end{pmatrix}\boldsymbol{P}^{-1}=\begin{pmatrix}0&1&-1\\1&0&1\\-1&1&0\end{pmatrix}.$$

注:本题主要考查求抽象矩阵的特征值和特征向量,此类问题一般用定义求解,要想方设法将题设条件转化为 $\boldsymbol{Ax}=\lambda x$ 的形式.请记住以下结论:

(1) 设 λ 是方阵 $\boldsymbol{A}$ 的特征值,则 $k\boldsymbol{A}$, $a\boldsymbol{A}+b\boldsymbol{E}$, $\boldsymbol{A}^2$, $f(\boldsymbol{A})$, $\boldsymbol{A}^{-1}$, $\boldsymbol{A}^*$ 分别有特征值 $k\lambda,a\lambda+b,\lambda^2,f(\lambda),\dfrac{1}{\lambda},\dfrac{|\boldsymbol{A}|}{\lambda}$($\boldsymbol{A}$ 可逆),且对应的特征向量是相同的;

(2) 对实对称矩阵来讲,不同特征值所对应的特征向量一定是正交的.

例 50 (2008) 设 $\boldsymbol{A}$ 为三阶矩阵,$\boldsymbol{\alpha}_1$, $\boldsymbol{\alpha}_2$ 为 $\boldsymbol{A}$ 的分别属于特征值 -1, 1 的特征向量,而 $\boldsymbol{\alpha}_3$ 满足:$\boldsymbol{A}\boldsymbol{\alpha}_3=\boldsymbol{\alpha}_2+\boldsymbol{\alpha}_3$

(1) 证明 $\boldsymbol{\alpha}_1,\boldsymbol{\alpha}_2,\boldsymbol{\alpha}_3$ 线性无关;(2) 令 $\boldsymbol{P}=(\boldsymbol{\alpha}_1,\boldsymbol{\alpha}_2,\boldsymbol{\alpha}_3)$, 求 $\boldsymbol{P}^{-1}\boldsymbol{A}\boldsymbol{P}$.

解:(1) 假设 $\boldsymbol{\alpha}_1,\boldsymbol{\alpha}_2,\boldsymbol{\alpha}_3$ 线性相关.因为 $\boldsymbol{\alpha}_1,\boldsymbol{\alpha}_2$ 分别属于不同特征值的特征向量,故 $\boldsymbol{\alpha}_1,\boldsymbol{\alpha}_2$ 线性无关,则 $\boldsymbol{\alpha}_3$ 可由 $\boldsymbol{\alpha}_1,\boldsymbol{\alpha}_2$ 线性表出,不妨设 $\boldsymbol{\alpha}_3=l_1\boldsymbol{\alpha}_1+l_2\boldsymbol{\alpha}_2$,其中 l_1,l_2 不全为零(若 l_1,l_2 同时为0,则 $\boldsymbol{\alpha}_3$ 为0,由 $\boldsymbol{A}\boldsymbol{\alpha}_3=\boldsymbol{\alpha}_2+\boldsymbol{\alpha}_3$ 可知 $\boldsymbol{\alpha}_2=0$,而特征向量都是非0向量,矛盾).

$\because A\boldsymbol{\alpha}_1=-\boldsymbol{\alpha}_1, A\boldsymbol{\alpha}_2=\boldsymbol{\alpha}_2$

$\therefore A\boldsymbol{\alpha}_3=\boldsymbol{\alpha}_2+\boldsymbol{\alpha}_3=\boldsymbol{\alpha}_2+l_1\boldsymbol{\alpha}_1+l_2\boldsymbol{\alpha}_2$,又 $A\boldsymbol{\alpha}_3=A(l_1\boldsymbol{\alpha}_1+l_2\boldsymbol{\alpha}_2)=-l_1\boldsymbol{\alpha}_1+l_2\boldsymbol{\alpha}_2$

$\therefore -l_1\boldsymbol{\alpha}_1+l_2\boldsymbol{\alpha}_2=\boldsymbol{\alpha}_2+l_1\boldsymbol{\alpha}_1+l_2\boldsymbol{\alpha}_2$,整理得:$2l_1\boldsymbol{\alpha}_1+\boldsymbol{\alpha}_2=0$

则 $\boldsymbol{\alpha}_1,\boldsymbol{\alpha}_2$ 线性相关，矛盾.所以,$\boldsymbol{\alpha}_1,\boldsymbol{\alpha}_2,\boldsymbol{\alpha}_3$ 线性无关.

(2) 记 $P=(\boldsymbol{\alpha}_1,\boldsymbol{\alpha}_2,\boldsymbol{\alpha}_3)$,则 P 可逆，

$AP=A(\boldsymbol{\alpha}_1,\boldsymbol{\alpha}_2,\boldsymbol{\alpha}_3)=(A\boldsymbol{\alpha}_1,A\boldsymbol{\alpha}_2,A\boldsymbol{\alpha}_3)=(-\boldsymbol{\alpha}_1,\boldsymbol{\alpha}_2,\boldsymbol{\alpha}_2+\boldsymbol{\alpha}_3)$

$$=(\boldsymbol{\alpha}_1,\boldsymbol{\alpha}_2,\boldsymbol{\alpha}_3)\begin{pmatrix}-1&0&0\\0&1&1\\0&0&1\end{pmatrix}=P\begin{pmatrix}-1&0&0\\0&1&1\\0&0&1\end{pmatrix}$$

所以 $P^{-1}AP=\begin{pmatrix}-1&0&0\\0&1&1\\0&0&1\end{pmatrix}$.

例 51　(2009) 设二次型 $f(x_1,x_2,x_3)=ax_1^2+ax_2^2+(a-1)x_3^2+2x_1x_3-2x_2x_3$

(Ⅰ) 求二次型 f 的矩阵的所有特征值;

(Ⅱ) 若二次型 f 的规范形为 $y_1^2+y_2^2$,求 a 的值.

解:(Ⅰ)$A=\begin{pmatrix}a&0&1\\0&a&-1\\1&-1&a-1\end{pmatrix}$

$$|\lambda E-A|=\begin{vmatrix}\lambda-a&0&-1\\0&\lambda-a&1\\-1&1&\lambda-a+1\end{vmatrix}=(\lambda-a)(\lambda-a+2)(\lambda-a-1).$$

$\therefore \lambda_1=a,\lambda_2=a-2,\lambda_3=a+1.$

(Ⅱ) 若二次型 f 的规范形为 $y_1^2+y_2^2$,说明有两个特征值为正,一个为 0.则

(1) 若 $\lambda_1=a=0$,则 $\lambda_2=-2<0$, $\lambda_3=1$,不符题意;

(2) 若 $\lambda_2=0$,即 $a=2$,则 $\lambda_1=2>0$, $\lambda_3=3>0$,符合;

(3) 若 $\lambda_3=0$,即 $a=-1$,则 $\lambda_1=-1<0$, $\lambda_2=-3<0$,不符题意.

综上所述,故 $a=2$.

例 52 (2010) 设 $A=\begin{pmatrix}0 & -1 & 4\\ -1 & 3 & a\\ 4 & a & 0\end{pmatrix}$,正交矩阵 Q 使得 Q^TAQ 为对角矩阵,若 Q 的第一列为 $\frac{1}{\sqrt{6}}(1,2,1)^T$,求 a,Q.

解:由题设,$(1,2,1)^T$ 为 A 的一个特征向量,于是

$$A\begin{pmatrix}1\\2\\1\end{pmatrix}=\begin{pmatrix}0 & -1 & 4\\ -1 & 3 & a\\ 4 & a & 0\end{pmatrix}\begin{pmatrix}1\\2\\1\end{pmatrix}=\lambda_1\begin{pmatrix}1\\2\\1\end{pmatrix}$$,解得 $a=-1,\lambda_1=2$.

由于 A 的特征多项式 $|\lambda E-A|=(\lambda-5)(\lambda-2)(\lambda+4)$.

故 A 得特征值为 $\lambda_1=5$,$\lambda_2=2$,$\lambda_3=-4$.

属于特征值 5 的一个单位向量为:$\frac{1}{\sqrt{3}}(1,-1,1)^T$;

属于特征值 -4 的一个单位向量为:$\frac{1}{\sqrt{2}}(-1,0,1)^T$.

令 $Q=\begin{pmatrix}\frac{1}{\sqrt{6}} & \frac{1}{\sqrt{3}} & -\frac{1}{\sqrt{2}}\\ \frac{2}{\sqrt{6}} & -\frac{1}{\sqrt{3}} & 0\\ \frac{1}{\sqrt{6}} & \frac{1}{\sqrt{3}} & \frac{1}{\sqrt{2}}\end{pmatrix}$,则有 $Q^TAQ=\begin{pmatrix}2 & 0 & 0\\ 0 & 5 & 0\\ 0 & 0 & -4\end{pmatrix}$,故 Q 为所求矩阵.

例 53 (2011) 设 A 为三阶实矩阵,$R(A)=2$,且 $A\begin{pmatrix}1 & 1\\ 0 & 0\\ -1 & 1\end{pmatrix}=\begin{pmatrix}1 & 1\\ -0 & 0\\ 1 & 1\end{pmatrix}$

(1) 求 A 的特征值与特征向量;(2) 求 A.

解:(1) 因为 A 为三阶实对称矩阵,所以 A 有 3 个实的特征值且对应于不同的特征值的特征向量是正交的.

又因为 $R(A)=2$,所以 A 有一个特征值为 0,另外两个特征值非零.

由 $A\begin{pmatrix}1 & 1\\ 0 & 0\\ -1 & 1\end{pmatrix}=\begin{pmatrix}-1 & 1\\ 0 & 0\\ 1 & 1\end{pmatrix}$ 可看出 $\alpha_1=\begin{pmatrix}1\\0\\-1\end{pmatrix}$ 和 $\alpha_2=\begin{pmatrix}1\\0\\1\end{pmatrix}$ 分别是 A 的对应于 $\lambda_1=-1$

和 $\lambda_2=1$ 的特征向量.

$\boldsymbol{A}$ 的对应于 $\lambda_3=0$ 的特征向量与 $\boldsymbol{\alpha}_1,\boldsymbol{\alpha}_2$ 正交，即齐次线性方程组 $\begin{pmatrix}1 & 0 & -1\\ 1 & 0 & 1\end{pmatrix}x=0$ 的非零解.该齐次线性方程组的一个基础解系为 $\boldsymbol{\alpha}_3=\begin{pmatrix}0\\1\\0\end{pmatrix}$.

综上所述，$\boldsymbol{A}$ 的 3 个特征值为 $\lambda_1=-1,\lambda_2=1,\lambda_3=0$. 对应的特征向量依次为 $k_1\begin{pmatrix}1\\0\\-1\end{pmatrix},k_2\begin{pmatrix}1\\0\\1\end{pmatrix}, k_3\begin{pmatrix}0\\1\\0\end{pmatrix}$,其中 k_1,k_2,k_3 为任意非零实数.

(2) 由(1) 可知,令 $\boldsymbol{P}=(\boldsymbol{\alpha}_1,\boldsymbol{\alpha}_2,\boldsymbol{\alpha}_3)$，则 $\boldsymbol{P}^{-1}\boldsymbol{AP}=\begin{pmatrix}-1 & 0 & 0\\ 0 & 1 & 0\\ 0 & 0 & 0\end{pmatrix}$.

故

$$\boldsymbol{A}=\boldsymbol{P}\begin{pmatrix}-1 & 0 & 0\\ 0 & 1 & 0\\ 0 & 0 & 0\end{pmatrix}\boldsymbol{P}^{-1}=\begin{pmatrix}0 & 0 & 1\\ 0 & 0 & 0\\ 1 & 0 & 0\end{pmatrix}.$$

例 54　(2012)已知 $\boldsymbol{A}=\begin{pmatrix}1 & 0 & 1\\ 0 & 1 & 1\\ -1 & 0 & a\\ 0 & a & -1\end{pmatrix}$,二次型 $f(x_1,x_2,x_3)=x^T(\boldsymbol{A}^T\boldsymbol{A})x$ 的秩为 2,

(I) 求实数 a 的值；

(II) 求正交变换 $x=\boldsymbol{Q}y$ 将 f 化为标准形.

解:(I)$\boldsymbol{A}^T\boldsymbol{A}=\begin{pmatrix}2 & 0 & 1-a\\ 0 & 1+a^2 & 1-a\\ 1-a & 1-a & 3+a^2\end{pmatrix}$,由 $\boldsymbol{r}(\boldsymbol{A}^T\boldsymbol{A})=2$ 可得,

$$\begin{vmatrix}2 & 0 & 1-a\\ 0 & 1+a^2 & 1-a\\ 1-a & 1-a & 3+a^2\end{vmatrix}=\frac{1}{2}(a+1)^2(a^2+3)=0,\text{可知 } a=-1.$$

(II)$f(x_1,x_2,x_3)=x^T(\boldsymbol{A}^T\boldsymbol{A})x=2x_1^2+2x_2^2+4x_3^2+4x_1x_3+4x_2x_3$.

令矩阵$\boldsymbol{B}=\begin{pmatrix}2&0&2\\0&2&2\\2&2&4\end{pmatrix}$，$|\lambda\boldsymbol{E}-\boldsymbol{B}|=\begin{vmatrix}\lambda-2&0&-2\\0&\lambda-2&-2\\-2&-2&\lambda-4\end{vmatrix}=\lambda(\lambda-2)(\lambda-6)=0$.

解得$\boldsymbol{B}$矩阵的特征值为：$\lambda_1=0$；$\lambda_2=2$；$\lambda_3=6$.

对于$\lambda_1=0$，解$(\lambda_1\boldsymbol{E}-\boldsymbol{B})X=0$得对应的特征向量为：$\boldsymbol{\eta}_1=(1,1,-1)^T$；

对于$\lambda_2=2$，解$(\lambda_2\boldsymbol{E}-\boldsymbol{B})X=0$得对应的特征向量为：$\boldsymbol{\eta}_2=(1,-1,0)^T$；

对于$\lambda_3=6$，解$(\lambda_3\boldsymbol{E}-\boldsymbol{B})X=0$得对应的特征向量为：$\boldsymbol{\eta}_3=(1,1,2)^T$.

将$\boldsymbol{\eta}_1,\boldsymbol{\eta}_2,\boldsymbol{\eta}_3$单位化可得：

$$\boldsymbol{\alpha}_1=\frac{1}{\sqrt{3}}\begin{pmatrix}1\\1\\-1\end{pmatrix},\boldsymbol{\alpha}_2=\frac{1}{\sqrt{2}}\begin{pmatrix}1\\-1\\0\end{pmatrix},\boldsymbol{\alpha}_3=\frac{1}{\sqrt{6}}\begin{pmatrix}1\\1\\2\end{pmatrix}.$$

$$\boldsymbol{Q}=(\boldsymbol{\alpha}_1,\boldsymbol{\alpha}_2,\boldsymbol{\alpha}_3)=\begin{pmatrix}\frac{\sqrt{3}}{3}&\frac{\sqrt{2}}{2}&\frac{\sqrt{6}}{6}\\\frac{\sqrt{3}}{3}&-\frac{\sqrt{2}}{2}&\frac{\sqrt{6}}{6}\\-\frac{\sqrt{3}}{3}&0&\frac{\sqrt{6}}{3}\end{pmatrix}$$，令$x=\boldsymbol{Q}y$可将原二次型化为$2y_2^2+6y_3^2$.

例 55 (2013) 设二次型$f(x_1,x_2,x_3)=2(a_1x_1+a_2x_2+a_3x_3)^2+(b_1x_1+b_2x_2+b_3x_3)^2$.

记$\boldsymbol{\alpha}=\begin{pmatrix}a_1\\a_2\\a_3\end{pmatrix},\boldsymbol{\beta}=\begin{pmatrix}b_1\\b_2\\b_3\end{pmatrix}$.

(1) 证明：二次型f对应的矩阵为$2\boldsymbol{\alpha}\boldsymbol{\alpha}^T+\boldsymbol{\beta}\boldsymbol{\beta}^T$；

(2) 若$\boldsymbol{\alpha},\boldsymbol{\beta}$正交且为单位向量，证明$f$在正交变换下的标准形为$2y_1^2+y_2^2$.

解：(1)$f(x_1,x_2,x_3)=2(a_1x_1+a_2x_2+a_3x_3)^2+(b_1x_1+b_2x_2+b_3x_3)^2$

$$=2(x_1,x_2,x_3)\begin{pmatrix}a_1\\a_2\\a_3\end{pmatrix}(a_1,a_2,a_3)\begin{pmatrix}x_1\\x_2\\x_3\end{pmatrix}+(x_1,x_2,$$

$$x_3)\begin{pmatrix}b_1\\b_2\\b_3\end{pmatrix}(b_1,b_2,b_3)\begin{pmatrix}x_1\\x_2\\x_3\end{pmatrix}$$

$$=(x_1,x_2,x_3)(2\boldsymbol{\alpha}\boldsymbol{\alpha}^T)\begin{pmatrix}x_1\\x_2\\x_3\end{pmatrix}+(x_1,x_2,x_3)(\boldsymbol{\beta}\boldsymbol{\beta}^T)\begin{pmatrix}x_1\\x_2\\x_3\end{pmatrix}$$

$$=(x_1,x_2,x_3)(2\boldsymbol{\alpha}\boldsymbol{\alpha}^T+\boldsymbol{\beta}\boldsymbol{\beta}^T)\begin{pmatrix}x_1\\x_2\\x_3\end{pmatrix}.$$

所以二次型 f 对应的矩阵为 $2\boldsymbol{\alpha}\boldsymbol{\alpha}^T+\boldsymbol{\beta}\boldsymbol{\beta}^T$.

(2) 设 $\boldsymbol{A}=2\boldsymbol{\alpha}\boldsymbol{\alpha}^T+\boldsymbol{\beta}\boldsymbol{\beta}^T$，由于 $|\boldsymbol{\alpha}|=1$，$|\boldsymbol{\beta}|=1$，$\boldsymbol{\beta}^T\boldsymbol{\alpha}=0$，$\boldsymbol{\alpha}^T\boldsymbol{\beta}=0$.

则 $\boldsymbol{A}\boldsymbol{\alpha}=(2\boldsymbol{\alpha}\boldsymbol{\alpha}^T+\boldsymbol{\beta}\boldsymbol{\beta}^T)\boldsymbol{\alpha}=2\boldsymbol{\alpha}|\boldsymbol{\alpha}|^2+\boldsymbol{\beta}\boldsymbol{\beta}^T\boldsymbol{\alpha}=2\boldsymbol{\alpha}$，所以 $\boldsymbol{\alpha}$ 为矩阵对应特征值 $\lambda_1=2$ 的特征向量；

$\boldsymbol{A}\boldsymbol{\beta}=(2\boldsymbol{\alpha}\boldsymbol{\alpha}^T+\boldsymbol{\beta}\boldsymbol{\beta}^T)\boldsymbol{\beta}=2\boldsymbol{\alpha}\boldsymbol{\alpha}^T\boldsymbol{\beta}+\boldsymbol{\beta}|\boldsymbol{\beta}|^2=\boldsymbol{\beta}$，所以 $\boldsymbol{\beta}$ 为矩阵对应特征值 $\lambda_2=1$ 的特征向量；

而矩阵 $\boldsymbol{A}$ 的秩 $\boldsymbol{r}(\boldsymbol{A})=r(2\boldsymbol{\alpha}\boldsymbol{\alpha}^T+\boldsymbol{\beta}\boldsymbol{\beta}^T)\leqslant r(2\boldsymbol{\alpha}\boldsymbol{\alpha}^T)+\boldsymbol{r}(\boldsymbol{\beta}\boldsymbol{\beta}^T)=2$，所以 $\lambda_3=0$ 也是矩阵的一个特征值.

故 f 在正交变换下的标准形为 $2y_1^2+y_2^2$.

例 56　(2015) 设矩阵 $\boldsymbol{A}=\begin{pmatrix}0&2&-3\\-1&3&-3\\1&-2&a\end{pmatrix}$ 相似于矩阵 $\boldsymbol{B}=\begin{pmatrix}1&-2&0\\0&b&0\\0&3&1\end{pmatrix}$.

(Ⅰ) 求 a,b 的值.

(Ⅱ) 求可逆矩阵 P，使得 $P^{-1}\boldsymbol{A}P$ 为对角阵.

解：(Ⅰ) 由 $\boldsymbol{A}=\begin{pmatrix}0&2&-3\\-1&3&-3\\1&-2&a\end{pmatrix}$ 相似于 $\boldsymbol{B}=\begin{pmatrix}1&-2&0\\0&b&0\\0&3&1\end{pmatrix}$

则 $\begin{cases}0+3+a=1+b+1\\ \begin{vmatrix}0&2&-3\\-1&3&-3\\1&2&a\end{vmatrix}=\begin{vmatrix}1&-2&0\\0&b&0\\0&3&1\end{vmatrix}\end{cases}$，解得 $a=4,b=5$

(Ⅱ) $|\lambda \boldsymbol{E}-\boldsymbol{A}|=\begin{vmatrix}\lambda & -2 & 3\\ 1 & \lambda-3 & 3\\ -1 & 2 & \lambda-4\end{vmatrix}=(\lambda-1)^2(\lambda-5)$.

当 $\lambda_1=\lambda_2=1,(\lambda \boldsymbol{E}-\boldsymbol{A})=\begin{pmatrix}1 & -2 & 3\\ 1 & -2 & 3\\ -1 & 2 & -3\end{pmatrix}\to\begin{pmatrix}1 & -2 & 3\\ 0 & 0 & 0\\ 0 & 0 & 0\end{pmatrix}$

特征向量 $\boldsymbol{\xi}_1=\begin{pmatrix}2\\ 1\\ 0\end{pmatrix},\boldsymbol{\xi}_2=\begin{pmatrix}-3\\ 0\\ 1\end{pmatrix}$,

当 $\lambda_3=5,(\lambda \boldsymbol{E}-\boldsymbol{A})=\begin{pmatrix}5 & -2 & 3\\ 1 & 2 & 3\\ -1 & 2 & 1\end{pmatrix}\to\begin{pmatrix}1 & 2 & 3\\ -1 & 2 & 1\\ 5 & -2 & 3\end{pmatrix}\to\begin{pmatrix}1 & 0 & 1\\ 0 & 1 & 1\\ 0 & 0 & 0\end{pmatrix}$

则特征向量 $\boldsymbol{\xi}_3=\begin{pmatrix}-1\\ -1\\ 1\end{pmatrix}$,所以 $P=(\boldsymbol{\xi}_1,\boldsymbol{\xi}_2,\boldsymbol{\xi}_3)=\begin{pmatrix}2 & -3 & -41\\ 1 & 0 & -1\\ 0 & 1 & 1\end{pmatrix}$,得 $\boldsymbol{P}^{-1}\boldsymbol{AP}$

$=\begin{pmatrix}1 & 0 & 0\\ 0 & 1 & 0\\ 0 & 0 & 5\end{pmatrix}$

例 57 (2016) 已知矩阵 $\boldsymbol{A}=\begin{pmatrix}0 & -1 & 1\\ 2 & -3 & 0\\ 0 & 0 & 0\end{pmatrix}$

(1) 求 $\boldsymbol{A}^{99}$;

(2) 设三阶矩阵 $\boldsymbol{B}=(\boldsymbol{\alpha},\boldsymbol{\alpha}_2,\boldsymbol{\alpha}_3)$ 满足 $\boldsymbol{B}^2=\boldsymbol{BA}$,记 $\boldsymbol{B}^{100}=(\boldsymbol{\beta}_1,\boldsymbol{\beta}_2,\boldsymbol{\beta}_3)$ 将 $\boldsymbol{\beta}_1,\boldsymbol{\beta}_2,\boldsymbol{\beta}_3$ 分别表示为 $\boldsymbol{\alpha}_1,\boldsymbol{\alpha}_2,\boldsymbol{\alpha}_3$ 的线性组合.

解:(1) 由 $|\lambda \boldsymbol{E}-\boldsymbol{A}|=0$,可得 $\boldsymbol{A}$ 的特征值为 $\lambda_1=0,\lambda_2=-1,\lambda_3=-2$, 故

$\boldsymbol{A}\sim\boldsymbol{\Lambda}=\begin{pmatrix}0 & 0 & 0\\ 0 & -1 & 0\\ 0 & 0 & -2\end{pmatrix}$.

$\lambda_1=0$ 时，由 $(0\boldsymbol{E}-\boldsymbol{A})x=0$，解出 $\boldsymbol{A}$ 的属于特征值 $\lambda_1=0$ 的特征向量为 $\boldsymbol{\gamma}_1=\begin{pmatrix}3\\2\\2\end{pmatrix}$；

$\lambda_2=-1$ 时，由 $(-\boldsymbol{E}-\boldsymbol{A})x=0$，解出 $\boldsymbol{A}$ 的属于特征值 $\lambda_2=-1$ 的特征向量为 $\boldsymbol{\gamma}_2=\begin{pmatrix}1\\1\\0\end{pmatrix}$；

$\lambda_3=-2$ 时，由 $(-2\boldsymbol{E}-\boldsymbol{A})x=0$，解出 $\boldsymbol{A}$ 的属于特征值 $\lambda_3=-2$ 的特征向量为 $\boldsymbol{\gamma}_3=\begin{pmatrix}1\\2\\0\end{pmatrix}$.

设 $\boldsymbol{P}=(\boldsymbol{\gamma}_1,\boldsymbol{\gamma}_2,\boldsymbol{\gamma}_3)=\begin{pmatrix}3&1&1\\2&1&2\\2&0&0\end{pmatrix}$，由 $\boldsymbol{P}^{-1}\boldsymbol{AP}=\boldsymbol{\Lambda}=\begin{pmatrix}0&0&0\\0&-1&0\\0&0&-2\end{pmatrix}$ 可得

$$\boldsymbol{A}=\boldsymbol{P}\begin{pmatrix}0&0&0\\0&-1&0\\0&0&-2\end{pmatrix}\boldsymbol{P}^{-1}.$$

$$\boldsymbol{A}^{99}=\boldsymbol{P\Lambda}^{99}P^{-1}=\begin{pmatrix}-2+2^{99}&1-2^{99}&2-2^{98}\\-2+2^{100}&1-2^{100}&2-2^{99}\\0&0&0\end{pmatrix}.$$

(2) $\boldsymbol{B}^2=\boldsymbol{BA}\Rightarrow\boldsymbol{B}^3=\boldsymbol{BBA}=\boldsymbol{B}^2\boldsymbol{A}=\boldsymbol{BAA}=\boldsymbol{BA}^2\Rightarrow\cdots\Rightarrow\boldsymbol{B}^{100}=\boldsymbol{BA}^{99}$，由于

$\boldsymbol{B}=(\boldsymbol{\alpha},\boldsymbol{\alpha}_2,\boldsymbol{\alpha}_3)$，$\boldsymbol{B}^{100}=(\boldsymbol{\beta}_1,\boldsymbol{\beta}_2,\boldsymbol{\beta}_3)$，故 $(\boldsymbol{\beta}_1,\boldsymbol{\beta}_2,\boldsymbol{\beta}_3)=(\boldsymbol{\alpha},\boldsymbol{\alpha}_2,\boldsymbol{\alpha}_3)\boldsymbol{A}^{99}$，因此

$\boldsymbol{\beta}_1=(-2+2^{99})\boldsymbol{\alpha}_1+(-2+2^{100})\boldsymbol{\alpha}_2$，$\boldsymbol{\beta}_2=(1-2^{99})\boldsymbol{\alpha}_1+(1-2^{100})\boldsymbol{\alpha}_2$，$\boldsymbol{\beta}_3=(2-2^{98})\boldsymbol{\alpha}_1+(2-2^{99})\boldsymbol{\alpha}_2$.

五、自我练习及解答

一、单项选择题

1.设 $\boldsymbol{A}=\begin{pmatrix}0&0&1\\0&1&0\\1&0&0\end{pmatrix}$，则 $\boldsymbol{A}$ 的特征值是(　　).

A. $-1,1,1$　　B. $0,1,1$　　C. $-1,1,2$　　D. $1,1,2$

2.设 $\boldsymbol{A}=\begin{pmatrix}1&1&0\\1&0&1\\0&1&1\end{pmatrix}$,则 $\boldsymbol{A}$ 的特征值是(　　).

A. $0,1,1$　　B. $1,1,2$　　C. $-1,1,2$　　D. $-1,1,1$

3.设 $\boldsymbol{A}$ 为 n 阶方阵,$\boldsymbol{A}^2=\boldsymbol{I}$,则(　　).

A. $|\boldsymbol{A}|=1$　　B. $\boldsymbol{A}$ 的特征根都是 1

C. $\boldsymbol{r}(\boldsymbol{A})=n$　　D. $\boldsymbol{A}$ 一定是对称阵

4.若 x_1,x_2 分别是方阵 $\boldsymbol{A}$ 的两个不同的特征值对应的特征向量,则 $k_1x_1+k_2x_2$ 也是 $\boldsymbol{A}$ 的特征向量的充分条件是(　　).

A. $k_1=0$ 且 $k_2=0$　　B. $k_1\neq 0$ 且 $k_2\neq 0$

C. $k_1k_2=0$　　D. $k_1\neq 0$ 且 $k_2=0$

5.若 n 阶方阵 $\boldsymbol{A},\boldsymbol{B}$ 的特征值相同,则(　　).

A. $\boldsymbol{A}=\boldsymbol{B}$　　B. $|\boldsymbol{A}|=|\boldsymbol{B}|$　　C. $\boldsymbol{A}$ 与 $\boldsymbol{B}$ 相似　　D. $\boldsymbol{A}$ 与 $\boldsymbol{B}$ 合同

6.设 $\boldsymbol{A}$ 为 n 阶可逆矩阵,λ 是 $\boldsymbol{A}$ 的特征值,则 $\boldsymbol{A}^*$ 的特征根之一是(　　).

A. $\lambda^{-1}|\boldsymbol{A}|^n$　　B. $\lambda^{-1}|\boldsymbol{A}|$　　C. $\lambda|\boldsymbol{A}|$　　D. $\lambda|\boldsymbol{A}|^n$

7.设 2 是非奇异阵 $\boldsymbol{A}$ 的一个特征值,则 $\left(\frac{1}{3}\boldsymbol{A}^2\right)^{-1}$ 至少有一个特征值等于(　　).

A. $4/3$　　B. $3/4$　　C. $1/2$　　D. $1/4$

8.设 n 阶方阵 $\boldsymbol{A}$ 的每一行元素之和均为 $a(a\neq 0)$,则 $2\boldsymbol{A}^{-1}+\boldsymbol{E}$ 有一特征值为(　　).

A. a　　B. $2a$　　C. $2a+1$　　D. $\frac{2}{a}+1$

9.矩阵 $\boldsymbol{A}$ 的属于不同特征值的特征向量(　　).

A.线性相关　　B.线性无关

C.两两相交　　D.其和仍是特征向量

10. $|\boldsymbol{A}|=|\boldsymbol{B}|$ 是 n 阶矩阵 $\boldsymbol{A}$ 与 $\boldsymbol{B}$ 相似的(　　).

A.充要条件　　B.充分而非必要条件

C.必要而非充分条件　　D.既不充分也不必要条件

11. n 阶方阵 $\boldsymbol{A}$ 有 n 个不同的特征根是 $\boldsymbol{A}$ 与对角阵相似的(　　).

A.充要条件　　B.充分而非必要条件

C.必要而非充分条件　　　　D.既不充分也不必要条件

12.设矩阵 $\boldsymbol{A}=\begin{pmatrix}1 & \boldsymbol{\alpha} & 1\\ \boldsymbol{\alpha} & 1 & \boldsymbol{\beta}\\ 1 & \boldsymbol{\beta} & 1\end{pmatrix}$ 与 $\boldsymbol{B}=\begin{pmatrix}0 & 0 & 0\\ 0 & 1 & 0\\ 0 & 0 & 2\end{pmatrix}$ 相似,则 $\boldsymbol{\alpha}$,$\boldsymbol{\beta}$ 的值分别为(　　).

A.0,0　　　　B.0,1　　　　C.1,0　　　　D.1,1

13.设 $\boldsymbol{A}$,$\boldsymbol{B}$ 为相似的 n 阶方阵,则(　　).

A.存在非奇异阵 P,使 $P^{-1}\boldsymbol{A}P=\boldsymbol{B}$

B.存在对角阵 D,使 $\boldsymbol{A}$ 与 $\boldsymbol{B}$ 都相似于 D

C.存在非奇异阵 P,使 $P^{T}\boldsymbol{A}P=\boldsymbol{B}$

D.$\boldsymbol{A}$ 与 $\boldsymbol{B}$ 有相同的特征向量

14.若 n 阶方阵 $\boldsymbol{A}$ 与某对角阵相似,则(　　).

A.$\boldsymbol{r}(\boldsymbol{A})=n$

B.$\boldsymbol{A}$ 有 n 个不同的特征值

C.$\boldsymbol{A}$ 有 n 个线性无关的特征向量

D.$\boldsymbol{A}$ 必为对称阵

15.若 $\boldsymbol{A}$ 相似于 $\boldsymbol{B}$,则(　　).

A.$\lambda I-\boldsymbol{A}=\lambda I-\boldsymbol{B}$　　　　B.$|\lambda I-\boldsymbol{A}|=|\lambda I-\boldsymbol{B}|$

C.$\boldsymbol{A}$ 及 $\boldsymbol{B}$ 与同一对角阵相似　　　　D.$\boldsymbol{A}$ 和 $\boldsymbol{B}$ 有相同的伴随矩阵

16.设 $\boldsymbol{A}=\begin{pmatrix}1 & 0 & 0\\ 0 & 1 & 0\\ 0 & 0 & 2\end{pmatrix}$,则与 $\boldsymbol{A}$ 相似的矩阵是(　　).

A.$\begin{pmatrix}1 & 1 & 0\\ 0 & 1 & 0\\ 0 & 0 & 2\end{pmatrix}$　　　　B.$\begin{pmatrix}1 & 0 & 0\\ 0 & 2 & 0\\ 0 & 0 & 1\end{pmatrix}$

C.$\begin{pmatrix}1 & 0 & 1\\ 0 & 2 & 0\\ 0 & 0 & 1\end{pmatrix}$　　　　D.$\begin{pmatrix}2 & 0 & 0\\ 0 & 1 & 1\\ 0 & 0 & 2\end{pmatrix}$

17.下列说法不妥的是(　　)

A.因为特征向量是非零向量,所以它所对应的特征值非零

B.属于一个特征值的向量也许只有一个

C 一个特征向量只能属于一个特征值

D.特征值为零的矩阵未必是零矩阵

18.若 $\boldsymbol{A} \sim \boldsymbol{B}$,则下列结论错误的是(　　)

A.$\lambda\boldsymbol{E}-\boldsymbol{A}=\lambda\boldsymbol{E}-\boldsymbol{B}$

B.$|\boldsymbol{A}|=|\boldsymbol{B}|$

C.存在可逆矩阵 P,使 $P^{-1}\boldsymbol{A}P=\boldsymbol{B}$

D.$tr\boldsymbol{A}=tr\boldsymbol{B}$

19.n 阶对称矩阵 $\boldsymbol{A}$ 正定的充分必要条件是(　　).

A.$|\boldsymbol{A}|>0$　　B.存在阶阵 $\boldsymbol{C}$,使 $\boldsymbol{A}=\boldsymbol{C}^T\boldsymbol{C}$

C.负惯性指数为零　　D.各阶顺序主子式为正

20.设 $\boldsymbol{A}$ 为 n 阶方阵,则下列结论正确的是(　　).

A.$\boldsymbol{A}$ 必与一对角阵合同

B.若 $\boldsymbol{A}$ 的所有顺序主子式为正,则 $\boldsymbol{A}$ 正定

C.若 $\boldsymbol{A}$ 与正定阵 $\boldsymbol{B}$ 合同,则 $\boldsymbol{A}$ 正定

D.若 $\boldsymbol{A}$ 与一对角阵相似,则 $\boldsymbol{A}$ 必与一对角阵合同

21.设 $\boldsymbol{A}$ 为正定矩阵,则下列结论不正确的是(　　).

A.$\boldsymbol{A}$ 可逆

B.$\boldsymbol{A}^{-1}$ 正定

C.$\boldsymbol{A}$ 的所有元素为正

D.任给 $\boldsymbol{X}=(x_1,x_2,\cdots,x_n)^T \neq 0$,均有 $\boldsymbol{X}^T\boldsymbol{A}\boldsymbol{X}>0$

22.方阵 $\boldsymbol{A}$ 正定的充要条件是(　　).

A.$\boldsymbol{A}$ 的各阶顺序主子式为正;

B.$\boldsymbol{A}^{-1}$ 是正定阵;

C.$\boldsymbol{A}$ 的所有特征值均大于零;

D.$\boldsymbol{A}\boldsymbol{A}^T$ 是正定阵.

23.下列 $f(x,y,z)$ 为二次型的是(　　).

A.$ax^2+by^2+cz^2$　　B.$ax+by^2+cz$

C.$axy+byz+cxz+dxyz$　　D.$ax^2+bxy+czx^2$

24.设 $\boldsymbol{A}$、$\boldsymbol{B}$ 为 n 阶方阵，$\boldsymbol{X}=(x_1,x_2,\cdots,x_n)^T$ 且 $\boldsymbol{X}^T\boldsymbol{AX}=\boldsymbol{X}^T\boldsymbol{BX}$，则 $\boldsymbol{A}=\boldsymbol{B}$ 的充要条件是(　　).

A.$\boldsymbol{r}(\boldsymbol{A})=\boldsymbol{r}(\boldsymbol{B})$　　　　B.$\boldsymbol{A}^T=\boldsymbol{A}$

C.$\boldsymbol{B}^T=\boldsymbol{B}$　　　　D.$\boldsymbol{A}^T=\boldsymbol{A},\boldsymbol{B}^T=\boldsymbol{B}$.

25.正定二次型 $f(x_1,x_2,x_3,x_4)$ 的矩阵为 $\boldsymbol{A}$，则(　　)必成立.

A.$\boldsymbol{A}$ 的所有顺序主子式为非负数

B.$\boldsymbol{A}$ 的所有特征值为非负数

C.$\boldsymbol{A}$ 的所有顺序主子式大于零

D.$\boldsymbol{A}$ 的所有特征值互不相同

26.设 $\boldsymbol{A}$，$\boldsymbol{B}$ 为 n 阶矩阵，若(　　)，则 $\boldsymbol{A}$ 与 $\boldsymbol{B}$ 合同.

A.存在 n 阶可逆矩阵 P，$\boldsymbol{Q}$ 且 $P\boldsymbol{AQ}=\boldsymbol{B}$

B.存在 n 阶可逆矩阵 P，且 $P^{-1}\boldsymbol{A}P=\boldsymbol{B}$

C.存在 n 阶正交矩阵 $\boldsymbol{Q}$，且 $\boldsymbol{Q}^{-1}\boldsymbol{AQ}=\boldsymbol{B}$

D.存在 n 阶方阵 $\boldsymbol{C}$，T，且 $\boldsymbol{CA}T=\boldsymbol{B}$

27.下列矩阵中，不是二次型矩阵的为(　　)

A.$\begin{pmatrix}0&0&0\\0&0&0\\0&0&-1\end{pmatrix}$　　　　B.$\begin{pmatrix}1&0&0\\0&-1&0\\0&0&2\end{pmatrix}$

C.$\begin{pmatrix}3&0&-2\\0&4&6\\-2&6&5\end{pmatrix}$　　　　D.$\begin{pmatrix}1&2&3\\4&5&6\\7&8&9\end{pmatrix}$

28.下列矩阵中是正定矩阵的为(　　)

A.$\begin{pmatrix}2&3\\3&4\end{pmatrix}$　　　　B.$\begin{pmatrix}3&4\\2&6\end{pmatrix}$

C.$\begin{pmatrix}1&0&0\\0&2&-3\\0&-3&5\end{pmatrix}$　　　　D.$\begin{pmatrix}1&1&1\\1&2&0\\1&0&2\end{pmatrix}$

29.已知 $\boldsymbol{A}$ 是一个三阶实对称且正定的矩阵，那么 $\boldsymbol{A}$ 的特征值可能是(　　)

A.$3,i,-1$；　　　　B.$2,-1,3$；

C.2，i，4；　　　　　　　　　　　D.1，3，4

二、填空题

1.n 阶零矩阵的全部特征值为 ________.

2.设 $\boldsymbol{A}$ 为 n 阶方阵,且 $\boldsymbol{A}^2=I$,则 $\boldsymbol{A}$ 的全部特征值为 ________.

3.设 $\boldsymbol{A}$ 为 n 阶方阵,且 $\boldsymbol{A}^m=0$(m 是自然数),则 $\boldsymbol{A}$ 的特征值为 ________.

4.若 $\boldsymbol{A}^2=\boldsymbol{A}$,则 $\boldsymbol{A}$ 的全部特征值为 ________.

5.若方阵 $\boldsymbol{A}$ 与 $4I$ 相似,则 $\boldsymbol{A}=$ ________.

6.若 n 阶矩阵 $\boldsymbol{A}$ 有 n 个相应于特征值 λ 的线性无关的特征向量,则 $\boldsymbol{A}=$ ________.

7.设三阶矩阵 $\boldsymbol{A}$ 的特征值分别为 $-1,0,2$,则行列式 $|\boldsymbol{A}^2+\boldsymbol{A}+I|=$ ________.

8.设二阶矩阵 $\boldsymbol{A}$ 满足 $\boldsymbol{A}^2-3\boldsymbol{A}+2\boldsymbol{E}=O$,则 $\boldsymbol{A}$ 的特征值为 ________.

9.特征值全为 1 的正交阵必是 ________ 阵.

10.若四阶矩阵 $\boldsymbol{A}$ 与 $\boldsymbol{B}$ 相似,$\boldsymbol{A}$ 的特征值为 $\frac{1}{2},\frac{1}{3},\frac{1}{4},\frac{1}{5}$,则 $|\boldsymbol{B}^{-1}-\boldsymbol{E}|=$ ________.

11.若 $\boldsymbol{A}=\begin{pmatrix}22 & 31\\ y & x\end{pmatrix}\sim\begin{pmatrix}1 & 2\\ 3 & 4\end{pmatrix}=\boldsymbol{B}$,则 $x=$ ________,$y=$ ________.

12.二次型 $f(x_1,x_2,x_3,)=x_1x_2+2x_2x_3+x_3^2$ 的秩为 ________.

13.二次型 $f(x_1,x_2)=x_1^2+6x_1x_2+3x_2^2$ 的矩阵为 ________.

14.设 $\boldsymbol{A}=\begin{pmatrix}1 & 0 & 4\\ 2 & 2 & 0\\ 0 & 0 & 3\end{pmatrix}$,则二次型 $f=\boldsymbol{X}^T\boldsymbol{A}\boldsymbol{X}$ 的矩阵为 ________.

15.若 $f(x_1,x_2,x_3)=2x_1^2+x_2^2+x_3^2+2x_1x_2+tx_2x_3$ 正定,则 t 的取值范围是 ________.

16.设 $\boldsymbol{A}$ 为 n 阶负定矩阵,则对任何 $\boldsymbol{X}=(x_1,x_2,\cdots,x_n)^T\neq 0$ 均有 $\boldsymbol{X}^T\boldsymbol{A}\boldsymbol{X}$ ________.

17.任何一个二次型的矩阵都能与一个对角阵 ________.

18.设 $\boldsymbol{A}=\begin{pmatrix}1 & 1 & 0\\ 1 & a & 0\\ 0 & 0 & a^2\end{pmatrix}$ 是正定矩阵,则 a 满足条件 ________.

19.设实二次型 $f(x_1,x_2,x_3)=x_1^2+2x_1x_2+2x_2^2+ax_3^2$ 则当 a 的取值为 ________ 时,二次型 $f(x_1,x_2,x_3)$ 是正定的.

20.二次型 $f(x_1,x_2)=x_1x_2$ 的负惯性指数是 ________.

21.二次型$(x_1,x_2)\begin{pmatrix}1 & 3\\1 & 2\end{pmatrix}\begin{pmatrix}x_1\\x_2\end{pmatrix}$的矩阵为 ________.

三、计算题

1.若n阶方阵$\boldsymbol{A}$的每一行元素之和都等于a,试求$\boldsymbol{A}$的一个特征值及该特征值对应的一个特征向量.

2.求非奇异矩阵$\boldsymbol{P}$,使$\boldsymbol{P}^{-1}\boldsymbol{AP}$为对角阵.

(1)$\boldsymbol{A}=\begin{pmatrix}2 & 1\\1 & 2\end{pmatrix}$　　(2)$\boldsymbol{A}=\begin{pmatrix}1 & 1 & -2\\-1 & -3 & 1\\-2 & 0 & -1\end{pmatrix}$

3.已知三阶方阵$\boldsymbol{A}$的三个特征根为1，1，2,其相应的特征向量依次为$(0,0,1)^T$,$(-1,1,0)^T$,$(-2,1,1)^T$,求矩阵$\boldsymbol{A}$.

4.设$\boldsymbol{A}=\begin{pmatrix}2 & -1 & 2\\5 & a & 3\\-1 & b & -2\end{pmatrix}$,有一个特征向量$\boldsymbol{\alpha}=\begin{pmatrix}1\\1\\-1\end{pmatrix}$,求$a,b$的值,并求出对应于$\boldsymbol{\alpha}$的特征值.

5.设$\boldsymbol{A}=\begin{pmatrix}3 & 3 & -1\\t & -2 & 2\\3 & s & -1\end{pmatrix}$,有一个特征向量$\boldsymbol{\alpha}=\begin{pmatrix}1\\-2\\3\end{pmatrix}$,求$s,t$的值.

6.设$\boldsymbol{A}=\begin{pmatrix}0 & 0 & 1\\x & 1 & y\\1 & 0 & 0\end{pmatrix}$有三个线性无关的特征向量,求$x,y$满足的条件.

7.求正交阵$\boldsymbol{P}$,使$\boldsymbol{P}^{-1}\boldsymbol{AP}$为对角阵,其中$\boldsymbol{A}=\begin{pmatrix}a & b\\b & a\end{pmatrix}$.

8.设三阶矩阵$\boldsymbol{A}$的特征值为-1，2，5,矩阵$\boldsymbol{B}=3\boldsymbol{A}-\boldsymbol{A}^2$,求

(1)$\boldsymbol{B}$的特征值;

(2)$\boldsymbol{B}$可否对角化,若可对角化求出与$\boldsymbol{B}$相似的对角阵;

(3) 求$|\boldsymbol{B}|$,$|\boldsymbol{A}-3\boldsymbol{E}|$.

9.已知矩阵$\boldsymbol{A}=\begin{pmatrix}1 & -1 & 1\\2 & 4 & -2\\-3 & -3 & 5\end{pmatrix}$与$\boldsymbol{B}=\begin{pmatrix}2 & & \\ & 2 & \\ & & y\end{pmatrix}$相似,

(1) 求 y;

(2) 求一个满足 $\boldsymbol{P}^{-1}\boldsymbol{A}\boldsymbol{P}=\boldsymbol{B}$ 的可逆阵 $\boldsymbol{P}$.

10.设 $\boldsymbol{A}=\begin{pmatrix}5 & -3 & 2\\ 6 & -4 & 4\\ 4 & -4 & 5\end{pmatrix}$,求 $\boldsymbol{A}^{100}$.

11.求一个非退化的线性变换,将下列二次型化为标准型.

(1)$f(x_1,x_2,x_3)=x_1^2+2x_1x_2+2x_1x_3+2x_2^2+4x_2x_3+x_3^2$

(2)$f(x_1,x_2,x_3)=2x_1x_2-4x_1x_3+2x_2^2-2x_2x_3$

12.设 $\boldsymbol{A}=\begin{pmatrix}2 & 1 & 1\\ 1 & 0 & 1\\ 1 & 1 & 0\end{pmatrix}$,$\boldsymbol{B}=\begin{pmatrix}0 & 1 & 1\\ 1 & 2 & 1\\ 1 & 1 & 0\end{pmatrix}$,求非奇异矩阵 $\boldsymbol{C}$,使 $\boldsymbol{A}=\boldsymbol{C}^TB\boldsymbol{C}$.

13.用配方法化二次型 $f(x_1,x_2,x_3)=x_1x_2+x_1x_3$ 为标准形,并写出相应的满秩线性变换.

14.求非奇异矩阵 $\boldsymbol{P}$,使 $\boldsymbol{P}^{-1}\boldsymbol{A}\boldsymbol{P}$ 为对角阵.

(1)$\boldsymbol{A}=\begin{pmatrix}2 & 1\\ 1 & 2\end{pmatrix}$　　(2)$\boldsymbol{A}=\begin{pmatrix}1 & 1 & -2\\ -1 & -3 & 1\\ -2 & 0 & -1\end{pmatrix}$

模拟考试试卷

模拟考试试卷一

一、单项选择题(共 5 小题,每题 2 分,共计 10 分)

1.行列式 $\begin{vmatrix} 3 & 1 & x \\ 4 & x & 0 \\ 1 & 0 & x \end{vmatrix}$ 的展开式中,x^2 的系数为(　　)

A. -1　　B.2　　C.3　　D.4

2.设 $\boldsymbol{A},\boldsymbol{B}$ 为 n 阶非零矩阵,且 $\boldsymbol{AB}=0$,则(　　)

A.$\boldsymbol{r}(\boldsymbol{A})+\boldsymbol{r}(\boldsymbol{B})\leqslant n$　　B.$\boldsymbol{r}(\boldsymbol{A})=n,\boldsymbol{r}(\boldsymbol{B})=0$

C.$\boldsymbol{r}(\boldsymbol{A})+\boldsymbol{r}(\boldsymbol{B})<n$　　D.$\boldsymbol{r}(\boldsymbol{A})+\boldsymbol{r}(\boldsymbol{B})>n$

3.向量组 $\boldsymbol{\alpha}_1,\boldsymbol{\alpha}_2,\cdots,\boldsymbol{\alpha}_s$ 线性无关的充要条件是(　　)

A.向量组 $\boldsymbol{\alpha}_1,\boldsymbol{\alpha}_2,\cdots,\boldsymbol{\alpha}_s$ 不含零向量

B.向量组 $\boldsymbol{\alpha}_1,\boldsymbol{\alpha}_2,\cdots,\boldsymbol{\alpha}_s$ 中任意两个线性无关

C.向量 $\boldsymbol{\alpha}_1$ 不能由向量组 $\boldsymbol{\alpha}_2,\boldsymbol{\alpha}_3,\cdots,\boldsymbol{\alpha}_s$ 线性表出

D.任一组不全为零的数 $k_1,k_2,\cdots,k_s$,都使 $k_1\boldsymbol{\alpha}_1+k_2\boldsymbol{\alpha}_2+\cdots+k_s\boldsymbol{\alpha}_s\neq 0$

4.已知四阶方阵 $\boldsymbol{A}$ 有特征值 0,1,2,3,则方程组 $\boldsymbol{AX}=0$ 的基础解系所含解向量个数为(　　)

A.1　　B.2　　C.3　　D.4

5.n 阶对称阵 $\boldsymbol{A}$ 为正定矩阵的充分必要条件是(　　)

A.$|\boldsymbol{A}|>0$　　B.$\boldsymbol{A}$ 等价于单位矩阵 $\boldsymbol{E}$

C.$\boldsymbol{A}$ 的特征值都大于 0　　D.存在 n 阶矩阵 $\boldsymbol{C}$,使 $\boldsymbol{A}=\boldsymbol{C}^T\boldsymbol{C}$

二、填空题(共 10 小题,每题 2 分,共计 20 分)

1.三阶行列式 $|a_{ij}|$ 的展开式中,$a_{32}a_{11}a_{23}$ 前面的符号应是 ________.

2.$\boldsymbol{A}=\begin{pmatrix}1&2&3\\2&2&1\\3&4&3\end{pmatrix}$,$\boldsymbol{A}_{ij}$ 为 $\boldsymbol{A}$ 中元 a_{ij} 的代数余子式,则 $\boldsymbol{A}_{11}+\boldsymbol{A}_{12}+\boldsymbol{A}_{13}=$ ________.

3.设 n 阶矩阵 $\boldsymbol{A}$ 的秩 $\boldsymbol{r}(\boldsymbol{A})<n-1$,则 $\boldsymbol{A}$ 的伴随矩阵 $\boldsymbol{A}^*$ 的元素之和 $\sum\limits_{i=1}^{n}\sum\limits_{j=1}^{n}\boldsymbol{A}_{ij}$ $=$ ________.

4.三阶初等矩阵 $\boldsymbol{E}(1,2)$ 的伴随矩阵为 ________.

5.若非齐次线性方程组 $\boldsymbol{AX}=\boldsymbol{B}$ 有唯一解,则其导出组 $\boldsymbol{AX}=0$ 解的情况是 ________.

6.若向量组 $\boldsymbol{\alpha}_1=\begin{pmatrix}a_1\\a_2\\a_3\end{pmatrix}$,$\boldsymbol{\beta}_1=\begin{pmatrix}b_1\\b_2\\b_3\end{pmatrix}$ 线性相关,则向量组 $\boldsymbol{\alpha}_2=\begin{pmatrix}a_1\\a_2\end{pmatrix}$,$\boldsymbol{\beta}_2=\begin{pmatrix}b_1\\b_2\end{pmatrix}$ 的线性关系是 ________.

7.设矩阵 $\boldsymbol{A}$ 的特征多项式为 $|\lambda\boldsymbol{E}-\boldsymbol{A}|=(\lambda-1)^2(\lambda+2)$,则行列式 $|2\boldsymbol{A}^{-1}+\boldsymbol{A}^*-3\boldsymbol{E}|=$ ________ .

8.如果 n 阶方阵 $\boldsymbol{A}$ 的各行元素之和均为 2,则矩阵 $\boldsymbol{A}$ 必有特征值 ________.

9.设 $\boldsymbol{A}=\begin{pmatrix}a_1&a_2&a_3\\b_1&b_2&b_3\\c_1&c_2&c_3\end{pmatrix}$ 为正交矩阵,则其逆矩阵 $\boldsymbol{A}^{-1}=$ ________.

10.二次型 $f(x_1,x_2,x_3)=2x_1^2+x_2^2+x_3^2+2x_1x_2$ 的正惯性指数为 ________.

三、计算题(共 4 小题,每题 8 分,共计 32 分)

1.计算 n 阶行列式:$D_n=\begin{vmatrix}1&0&0&\cdots&0&1\\1&1&0&\cdots&0&0\\0&1&1&\cdots&0&0\\\vdots&\vdots&\vdots&\vdots&\ddots&\vdots\\0&0&0&\cdots&1&0\\0&0&0&\cdots&1&1\end{vmatrix}$

2.设 $\boldsymbol{A}=\begin{pmatrix}1&2&0&0\\0&1&0&0\\0&0&2&2\\0&0&1&2\end{pmatrix}$,(1) 用初等变换法求 $\boldsymbol{A}^{-1}$;(2) 将 $\boldsymbol{A}^{-1}$ 表示为初等矩阵之积.

3.设 $\boldsymbol{A}=\begin{pmatrix}3 & 0 & -1\\ 1 & 3 & 0\\ -1 & -1 & 3\end{pmatrix}$，$\boldsymbol{B}=\begin{pmatrix}1 & 1\\ 0 & 1\\ 1 & 0\end{pmatrix}$，且满足 $\boldsymbol{AX}-2\boldsymbol{X}=\boldsymbol{B}$，求 $\boldsymbol{X}$.

4.化二次型 $f(x_1,x_2,x_3)=x_1^2+2x_3^2+2x_1x_3-2x_2x_3$ 为标准形，并写出可逆的线性变换.

四、计算题(共 3 小题，每题 10 分，共 30 分)

1.当 a 为何值时，方程组

$$\begin{cases}3x_1+2x_2+x_3+x_4-3x_5=0\\ x_2+2x_3+2x_4+6x_5=3\\ x_1+x_2+x_3+x_4+x_5=1\\ 5x_1+4x_2+3x_3+3x_4-x_5=a\end{cases}$$

有无穷多组解？在有无穷多组解时，用导出组的基础解系表示全部解.

2.判别向量组 $\boldsymbol{\beta}_1=(1,2,5,2)^T$，$\boldsymbol{\beta}_2=(3,0,7,14)^T$ 能否由向量组 $\boldsymbol{\alpha}_1=(1,-1,0,4)^T$，$\boldsymbol{\alpha}_2=(2,1,5,6)^T$，$\boldsymbol{\alpha}_3=(1,-1,-2,0)^T$ 线性表出，并求向量组 $\boldsymbol{\alpha}_1,\boldsymbol{\alpha}_2,\boldsymbol{\alpha}_3,\boldsymbol{\beta}_1,\boldsymbol{\beta}_2$ 的一个极大无关组.

3.设 $\boldsymbol{A}=\begin{pmatrix}4 & 2 & 2\\ 2 & 4 & 2\\ 2 & 2 & 4\end{pmatrix}$ 求正交矩阵 $\boldsymbol{P}$，使 $\boldsymbol{P}^{-1}\boldsymbol{AP}$ 为对角矩阵，并写出相应的对角阵.

五、证明题(共 2 小题，每题 4 分，共计 8 分)

1.设 n 阶方阵 $\boldsymbol{A}$ 有不同的特征值 λ_1,λ_2，相应的特征向量分别是 $\boldsymbol{\alpha}_1,\boldsymbol{\alpha}_2$，证明：当 k_1，k_2 全不为零时，线性组合 $k_1\boldsymbol{\alpha}_1+k_2\boldsymbol{\alpha}_2$ 不是 $\boldsymbol{A}$ 的特征向量.

2.设 n 维列向量组 $\boldsymbol{\alpha}_1,\boldsymbol{\alpha}_2,\cdots,\boldsymbol{\alpha}_s$ 线性相关，$\boldsymbol{A}$ 为 n 阶方阵，证明：向量组 $\boldsymbol{A\alpha}_1,\boldsymbol{A\alpha}_2,\cdots,\boldsymbol{A\alpha}_n$ 线性相关.

模拟考试试卷二

一、单项选择题(共 5 小题，每题 2 分，共计 10 分)

1.在 $f(x)=\begin{vmatrix}1 & -1 & x+1\\ 1 & x-1 & 1\\ x+1 & -1 & 1\end{vmatrix}$ 展开式中，x^2 的系数为(　　)

A. -1　　B. 0

C. 1　　D. 2

2. $\boldsymbol{A}$ 是 $m\times n$ 矩阵，$r(\boldsymbol{A})=r$，$\boldsymbol{B}$ 是 m 阶可逆矩阵，$\boldsymbol{C}$ 是 m 阶不可逆矩阵，且 $r(\boldsymbol{C})<r$，则(　　)

A. $\boldsymbol{BAX}=\boldsymbol{O}$ 的基础解系由 $n-m$ 个向量组成

B. $\boldsymbol{BAX}=\boldsymbol{O}$ 的基础解系由 $n-r$ 个向量组成

C. $\boldsymbol{CAX}=\boldsymbol{O}$ 的基础解系由 $n-m$ 个向量组成

D. $\boldsymbol{CAX}=\boldsymbol{O}$ 的基础解系由 $n-r$ 个向量组成

3. 设 n 阶矩阵 $\boldsymbol{A}$，$\boldsymbol{B}$ 有共同的特征值，且各自有 n 个线性无关的特征向量，则(　　)

A. $\boldsymbol{A}=\boldsymbol{B}$　　B. $\boldsymbol{A}\neq\boldsymbol{B}$，但 $|\boldsymbol{A}-\boldsymbol{B}|=0$

C. $\boldsymbol{A}\sim\boldsymbol{B}$　　D. $\boldsymbol{A}$ 与 $\boldsymbol{B}$ 不一定相似，但 $|\boldsymbol{A}|=|\boldsymbol{B}|$

4. 设 $\boldsymbol{A}$，$\boldsymbol{B}$，$\boldsymbol{C}$ 均为 n 阶矩阵，且 $\boldsymbol{AB}=\boldsymbol{BC}=\boldsymbol{CA}=\boldsymbol{E}$，其中 $\boldsymbol{E}$ 为 n 阶单位阵，则 $\boldsymbol{A}^2+\boldsymbol{B}^2+\boldsymbol{C}^2=$(　　)

A. $\boldsymbol{O}$　　B. $\boldsymbol{E}$

C. $2\boldsymbol{E}$　　D. $3\boldsymbol{E}$

5. 设 $\boldsymbol{A}=\begin{pmatrix}1&0\\0&2\end{pmatrix}$，$\boldsymbol{B}=\begin{pmatrix}1&0\\0&3\end{pmatrix}$，则 $\boldsymbol{A}$ 与 $\boldsymbol{B}$(　　)

A. 合同，且相似　　B. 不合同，但相似

C. 合同，但不相似　　D. 既不合同，又不相似

二、填空题(共10小题，每题2分，共计20分)

1. 已知 $\begin{vmatrix}a_1&b_1&c_1\\a_2&b_2&c_2\\a_3&b_3&c_3\end{vmatrix}=m\neq 0$，则 $\begin{vmatrix}2a_1&b_1+c_1&3c_1\\2a_2&b_2+c_2&3c_2\\2a_3&b_3+c_3&3c_3\end{vmatrix}=$________.

2. $\boldsymbol{A}=\begin{pmatrix}1&0&1\\0&2&0\\1&0&1\end{pmatrix}$，若三阶矩阵 $\boldsymbol{Q}$ 满足 $\boldsymbol{AQ}+\boldsymbol{E}=\boldsymbol{A}^2+\boldsymbol{Q}$，则 $\boldsymbol{Q}$ 的第一行的行向量是________.

3. 已知 $\boldsymbol{\beta}$ 为 n 维单位列向量，$\boldsymbol{\beta}^T$ 为 $\boldsymbol{\beta}$ 的转置，若 $\boldsymbol{C}=\boldsymbol{\beta\beta}^T$，则 $\boldsymbol{C}^2=$________.

4. 设 $\boldsymbol{\alpha}_1$，$\boldsymbol{\alpha}_2$ 分别是属于实对称矩阵 $\boldsymbol{A}$ 的两个互异特征值 λ_1，λ_2 的特征向量，则 $\boldsymbol{\alpha}_1{}^T\boldsymbol{\alpha}_2=$________.

5. 设 $\boldsymbol{A}$ 是四阶矩阵，$\boldsymbol{A}^*$ 为其伴随矩阵，$\boldsymbol{\alpha}_1$，$\boldsymbol{\alpha}_2$ 是齐次方程组 $\boldsymbol{AX}=0$ 的两个线性无关

解,则 $r(\boldsymbol{A}^*)=$ ________.

6.向量组 $\boldsymbol{\alpha}_1=(1,3,0,5,0)^T,\boldsymbol{\alpha}_2=(0,2,4,6,0)^T,\boldsymbol{\alpha}_3=(0,3,0,6,9)^T$ 的线性关系是 ________.

7.已知三阶非零矩阵 $\boldsymbol{B}$ 的每一列都是方程组 $\begin{cases}x_1+2x_2-2x_3=0\\2x_1-x_2+\lambda x_3=0\\3x_1+x_2-x_3=0\end{cases}$ 的解,则 $\lambda=$ ________.

8.已知三维向量空间 $\boldsymbol{R}^3$ 的基底为 $\boldsymbol{\alpha}_1=(1,1,0)^T,\boldsymbol{\alpha}_2=(1,0,1)^T,\boldsymbol{\alpha}_3=(0,1,1)^T$,则向量 $\boldsymbol{\beta}=(2,0,0)^T$ 在此基底下的坐标是 ________.

9.设 $\boldsymbol{A}=\begin{pmatrix}2&1&1\\1&2&1\\1&1&2\end{pmatrix}\sim\begin{pmatrix}1&0&0\\0&a&0\\0&0&4\end{pmatrix}$,则 $a=$ ________.

10.二次型 $f(x_1,x_2,x_3)=2x_1^2+2x_2^2+2x_3^2+2x_1x_2+2x_1x_3-2x_2x_3$ 的秩为 ________.

三、计算题(共 4 小题,每题 8 分,共计 32 分)

1.试求行列式 $D=\begin{vmatrix}a&b&b&b\\b&a&b&b\\b&b&a&b\\1&2&3&4\end{vmatrix}$ 的第四行元素的代数余子式之和.

2.设 $\boldsymbol{A}=\begin{pmatrix}1&0&0\\0&2&0\\0&0&3\end{pmatrix},\boldsymbol{B}=\begin{pmatrix}1&0&0\\0&1&0\\0&3&1\end{pmatrix}$,求 $(\boldsymbol{AB})^{-1}$.

3.设 n 阶方阵 $\boldsymbol{A},\boldsymbol{B}$ 满足 $\boldsymbol{A}+2\boldsymbol{B}=\boldsymbol{AB}$,已知 $\boldsymbol{B}=\begin{pmatrix}1&2&0\\-1&2&0\\0&0&3\end{pmatrix}$,求矩阵 $\boldsymbol{A}$.

4.设二次型 $f(x_1,x_2,x_3)=ax_1^2+2x_2^2-2x_3^2+2bx_1x_3(b>0)$ 中,二次型的矩阵 $\boldsymbol{A}$ 的特征值之和为 1,特征值之积为 -12.(1) 求 a,b 的值;(2) 用配方法化该二次型为标准形.

四、计算题(共3小题,每题10分,共30分)

1.当λ为何值时,方程组

$$\begin{cases}2x_1+\lambda x_2-x_3=1\\ \lambda x_1-x_2+x_3=2\\ 4x_1+5x_2-5x_3=-1\end{cases}$$

无解、有唯一解或有无穷多组解?在有无穷多组解时,用导出组的基础解系表示全部解.

2.已知$\boldsymbol{\alpha}_1=(1,3,2,0)^T$,$\boldsymbol{\alpha}_2=(7,0,14,3)^T$,$\boldsymbol{\alpha}_3=(2,-1,0,1)^T\boldsymbol{\alpha}_4=(5,1,6,2)^T$,$\boldsymbol{\alpha}_5=(2,-1,4,1)^T$.(1)求向量组的秩;(2)求该向量组的一个极大无关组,并把其余向量分别用该极大无关组线性表示.

3.已知$\boldsymbol{A}=\begin{pmatrix}1&2&2\\2&1&2\\2&2&1\end{pmatrix}$;判断$\boldsymbol{A}$能否对角化,若可对角化,求正交矩阵$\boldsymbol{P}$,使$\boldsymbol{P}^{-1}\boldsymbol{AP}$为对角矩阵,并写出相应的对角矩阵.

五、证明题(共2小题,每题4分,共计8分)

1.设$\boldsymbol{\alpha}$是n阶矩阵$\boldsymbol{A}$的属于特征值λ的特征向量.证明:$\boldsymbol{\alpha}$也是$\boldsymbol{A}^5-4\boldsymbol{A}^3+\boldsymbol{E}$的特征向量.其中$\boldsymbol{E}$为$n$阶单位矩阵.

2.设n维向量组$\boldsymbol{\alpha},\boldsymbol{\beta},\boldsymbol{\gamma}$线性无关,向量组$\boldsymbol{\alpha},\boldsymbol{\beta},\delta$线性相关,证明:$\delta$必可由$\boldsymbol{\alpha},\boldsymbol{\beta},\boldsymbol{\gamma}$线性表示.

模拟考试试卷三

一、填空题(每空3分,共15分)

1. 行列式$\begin{vmatrix}1&1&1&0\\1&1&0&1\\1&0&1&1\\0&1&1&1\end{vmatrix}=$________.

2. 若线性方程组$\begin{cases}x_1+x_2=-a_1\\x_2+x_3=a_2\\x_3+x_4=-a_3\\x_4+x_1=a_4\end{cases}$有解,则常数$a_1,a_2,a_3,a_4$应满足条件________.

3. 设四阶方阵 $\boldsymbol{A}$ 的秩为 2,则其伴随矩阵 $\boldsymbol{A}^*$ 的秩为 ________.

4. 设有三阶方阵 $\boldsymbol{A}=\begin{bmatrix}1 & 2 & -2\\ 2 & 1 & 2\\ 3 & 0 & 4\end{bmatrix}$,三维列向量 $\boldsymbol{\alpha}=\begin{pmatrix}k\\1\\1\end{pmatrix}$.已知 $\boldsymbol{A\alpha}$ 与 $\boldsymbol{\alpha}$ 线性相关,则 k = ________.

5. 若二次型 $f(x_1,x_2,x_3)=2x_1^2+x_2^2+x_3^2+2x_1x_2+tx_2x_3$ 是正定的,则 t 的取值范围是 ________.

二、选择题(每小题 3 分,共 15 分)

1. $\begin{vmatrix}k-1 & 2\\ 2 & k-1\end{vmatrix}\neq 0$ 的充分必要条件是(　　)

A.$k\neq 1$ 且 $k\neq 3$　　B.$k\neq -1$ 且 $k\neq 3$

C.$k\neq 1$ 且 $k\neq -3$　　D.$k\neq -1$ 且 $k\neq -3$

2. 若存在一组数 $k_1=k_2=\cdots=k_m=0$,使得 $k_1\boldsymbol{\alpha}_1+k_2\boldsymbol{\alpha}_2+\cdots+k_m\boldsymbol{\alpha}_m=0$ 成立,则向量组 $\boldsymbol{\alpha}_1,\boldsymbol{\alpha}_2,\cdots,\boldsymbol{\alpha}_m$(　　)

A.线性相关　　B.线性无关

C.可能线性相关,也可能线性无关　　D.部分线性相关

3.$\boldsymbol{A}$,$\boldsymbol{B}$ 均为 n 阶方阵,下列各式中成立的为(　　)

A.$(\boldsymbol{AB})^{-1}=\boldsymbol{A}^{-1}\boldsymbol{B}^{-1}$　　B.$\boldsymbol{AB}=\boldsymbol{BA}$

C.设 $\boldsymbol{AB}=0$,则 $\boldsymbol{A}=0$ 或 $\boldsymbol{B}=0$　　D.$|\boldsymbol{AB}|=|\boldsymbol{BA}|$

4. 设 n 阶方阵 $\boldsymbol{A}$ 的秩 $r<n$,则在 $\boldsymbol{A}$ 的 n 个行向量中(　　)

A.必有 r 个行向量线性无关

B.任意 r 个行向量均可构成最大无关组

C.任意 r 个行向量均线性无关

D.任一行向量均可由其他 r 个行向量线性表示

5.n 阶方阵 $\boldsymbol{A}$ 可与对角矩阵 $\boldsymbol{\Lambda}$ 相似的充分必要条件是(　　)

A.$\boldsymbol{A}$ 有 n 个线性无关的特征向量　　B.$\boldsymbol{A}$ 有 n 个不同的特征值

C.$\boldsymbol{A}$ 的 n 个列向量线性无关　　D.$\boldsymbol{A}$ 有 n 个非零的特征值

三、(9 分) 已知 $\boldsymbol{A}=\begin{bmatrix}1 & 0 & 3\\ 0 & 2 & 1\\ 0 & 0 & 1\end{bmatrix}$,$\boldsymbol{B}=\begin{bmatrix}1 & 0 & 0\\ 0 & 2 & 1\\ 3 & 0 & 1\end{bmatrix}$.

求:(1)$(\boldsymbol{A}+\boldsymbol{B})(\boldsymbol{A}-\boldsymbol{B})$;(2) $\boldsymbol{A}^2-\boldsymbol{B}^2$.

四、(11分)已知向量组$\boldsymbol{\alpha}_1=(1,1,3,1)$,$\boldsymbol{\alpha}_2=(-1,1,-1,3)$,$\boldsymbol{\alpha}_3=(5,-2,8,-9)$,$\boldsymbol{\alpha}_4=(-1,3,1,7)$.

(1) 求$\boldsymbol{\alpha}_1,\boldsymbol{\alpha}_2,\boldsymbol{\alpha}_3,\boldsymbol{\alpha}_4$的一个最大无关组;

(2) 将其余向量用此最大无关组线性表示.

五、(11分)设矩阵$\boldsymbol{A}=\begin{bmatrix}2&2&3\\1&-1&0\\-1&2&1\end{bmatrix}$,求矩阵$\boldsymbol{A}$的逆阵$\boldsymbol{A}^{-1}$.

六、(11分)讨论λ取何值时,线性方程组$\begin{cases}x_1+2x_2-x_3-2x_4=0\\2x_1-x_2-x_3+x_4=1\\3x_1+x_2-2x_3-x_4=\lambda\end{cases}$无解?有解?在有解的情况下求其一般解.

七、(12分)求矩阵$\boldsymbol{A}=\begin{bmatrix}1&2&1\\1&-2&-1\\-1&5&3\end{bmatrix}$的特征值和特征向量。

八、(9分)设矩阵$\boldsymbol{A}=\begin{bmatrix}1&\alpha&1\\\alpha&1&\beta\\1&\beta&1\end{bmatrix}$与$\boldsymbol{B}=\begin{bmatrix}0&0&0\\0&1&0\\0&0&2\end{bmatrix}$相似.求:$\boldsymbol{\alpha}$与$\boldsymbol{\beta}$.

九、(7分)设$\boldsymbol{A},\boldsymbol{B},\boldsymbol{C}$均为$n$阶方阵,$\boldsymbol{E}$为$n$阶单位矩阵,$\boldsymbol{B}=\boldsymbol{E}+\boldsymbol{AB}$,$\boldsymbol{C}=\boldsymbol{A}+\boldsymbol{CA}$.证明:$\boldsymbol{B}-\boldsymbol{C}=\boldsymbol{E}$.

模拟考试试卷四

一、填空题(每空3分,共15分)

1. 若齐次线性方程组$\begin{cases}2x_1+kx_2+3x_3=0\\kx_1-x_2-4x_3=0\\4x_1+x_2-x_3=0\end{cases}$有非零解,则$k=$____.

2. 若$\boldsymbol{A}$、$\boldsymbol{B}$为同阶方阵,则$(\boldsymbol{A}+\boldsymbol{B})(\boldsymbol{A}-\boldsymbol{B})=\boldsymbol{A}^2-\boldsymbol{B}^2$成立的充分必要条件是______.

3、设$\boldsymbol{\alpha}_1=(2,3,5)$,$\boldsymbol{\alpha}_2=(3,7,8)$,$\boldsymbol{\alpha}_3=(1,-6,1)$,若$\boldsymbol{\beta}=2\boldsymbol{\alpha}_1-\boldsymbol{\alpha}_2-3\boldsymbol{\alpha}_3$,则$\boldsymbol{\beta}=$______.

4、已知矩阵 $\boldsymbol{A}=\begin{bmatrix}0&1&0&0\\1&0&0&0\\0&0&y&1\\0&0&1&2\end{bmatrix}$，的一个特征值为 3，则 $y=$ ________.

5、若二次型 $f(x_1,x_2,x_3)=x_1^2+4x_2^2+4x_3^2+2tx_1x_2-2x_1x_3+4x_2x_3$ 是正定的，则 t 的取值范围是 ________.

二、选择题(每小题 3 分，共 15 分)

1. 已知四阶行列式 $\boldsymbol{D}$ 的第三列元素依次为 $a_{13}=1,a_{23}=3,a_{33}=-2,a_{43}=2$，并且第三列元素的余子式依次为 $\boldsymbol{M}_{13}=3,\boldsymbol{M}_{23}=-2,\boldsymbol{M}_{33}=1,\boldsymbol{M}_{43}=1$，则 $\boldsymbol{D}=$(　　)

A. -5　　B.5　　C. -3　　D.3

2. 设 $\boldsymbol{A}$ 为三阶方阵，$|\boldsymbol{A}|=a\neq 0$，则其伴随矩阵 $\boldsymbol{A}^*$ 的行列式 $|\boldsymbol{A}^*|=$(　　)

A.a　　B.a^2　　C.a^3　　D.a^4

3. $\boldsymbol{A},\boldsymbol{B}$ 均为 n 阶方阵，下列各式中成立的为(　　)

A. $|\boldsymbol{A}+\boldsymbol{B}|=|\boldsymbol{A}|+|\boldsymbol{B}|$　　B.$\boldsymbol{AB}=\boldsymbol{BA}$

C.$(\boldsymbol{A}+\boldsymbol{B})^2=\boldsymbol{A}^2+2\boldsymbol{AB}+\boldsymbol{B}^2$　　D. $|\boldsymbol{AB}|=|\boldsymbol{BA}|$

4. 设 $\boldsymbol{A}$ 是 4×6 矩阵，则齐次线性方程组 $\boldsymbol{AX}=0$(　　)

A.无解　　B.只有零解

C.有非零解　　D.不一定有非零解

5. n 阶方阵 $\boldsymbol{A}$ 的 n 个特征值互异，是 $\boldsymbol{A}$ 与对角矩阵 $\boldsymbol{\Lambda}$ 相似的(　　)

A.充分条件　　B.必要条件

C.充分必要条件　　D.既不充分也非必要条件

三、(9 分) 证明：$\begin{bmatrix}\cos\varphi&-\sin\varphi\\\sin\varphi&\cos\varphi\end{bmatrix}^n=\begin{bmatrix}\cos n\varphi&-\sin n\varphi\\\sin n\varphi&\cos n\varphi\end{bmatrix}$ (其中 n 为正整数)

四、(11 分) 已知向量组 $\boldsymbol{\alpha}_1=(2,1,4,3),\boldsymbol{\alpha}_2=(-1,1,-6,6),\boldsymbol{\alpha}_3=(-1,-2,2,-9),\boldsymbol{\alpha}_4=(1,1,-2,7),\boldsymbol{\alpha}_5=(2,4,4,9)$.

(1) 求 $\boldsymbol{\alpha}_1,\boldsymbol{\alpha}_2,\boldsymbol{\alpha}_3,\boldsymbol{\alpha}_4,\boldsymbol{\alpha}_5$ 的一个最大无关组；

(2) 将其余向量用此最大无关组线性表示.

五、(11 分) 设 $\boldsymbol{A}$、$\boldsymbol{B}$、$\boldsymbol{X}$ 均为三阶方阵，且满足 $\boldsymbol{XA}=\boldsymbol{B}$，其中：

$\boldsymbol{A}=\begin{bmatrix}1&-1&1\\1&1&0\\2&1&1\end{bmatrix},\boldsymbol{B}=\begin{bmatrix}1&2&-3\\2&0&4\\0&-1&5\end{bmatrix}$，求：(1)$\boldsymbol{A}^{-1}$；(2)$\boldsymbol{X}$.

六、(11 分) 设有线性方程组 $\begin{cases}(1+\lambda)x_1+x_2+x_3=0\\x_1+(1+\lambda)x_2+x_3=3\\x_1+x_2+(1+\lambda)x_3=\lambda\end{cases}$ 问 λ 取何值时,此方程组:

(1) 有唯一解;(2) 无解;(3) 有无限多个解? 并在有无限多解时求其通解.

七、(12 分) 求矩阵 $\boldsymbol{A}=\begin{bmatrix}-1&1&0\\-4&3&0\\1&0&2\end{bmatrix}$ 的特征值和特征向量.

八、(9 分) 已知二次型 $f(x_1,x_2,x_3)=5x_1^2+5x_2^2+\mu x_3^2-2x_1x_2+6x_1x_3-6x_2x_3$ 的秩为 2,求 μ 及此二次型对应矩阵的特征值.

九、(7 分) 设三阶方阵 $\boldsymbol{A}$、$\boldsymbol{B}$ 满足 $\boldsymbol{A}^*\boldsymbol{BA}=2\boldsymbol{BA}-8\boldsymbol{E}$,其中 $\boldsymbol{A}=\begin{bmatrix}1&0&0\\0&-2&0\\0&0&1\end{bmatrix}$,$\boldsymbol{E}$ 为三阶单位矩阵,$\boldsymbol{A}^*$ 为 $\boldsymbol{A}$ 的伴随矩阵,试求:三阶方阵 $\boldsymbol{B}$.

模拟考试试卷五

一、填空题(每空 3 分,共 15 分)

1. 行列式 $\begin{vmatrix}1&2&-1&0\\0&-1&0&3\\-1&3&-1&5\\0&1&x&-1\end{vmatrix}$ 中元素 x 的代数余子式等于________.

2. 设 $\boldsymbol{A}$ 为 n 阶方阵,且 $|\boldsymbol{A}|=3$,则 $|(3\boldsymbol{A}^T)^{-1}|=$________.

3. 若向量组 $\boldsymbol{\alpha}_1=\begin{pmatrix}1\\0\\2\end{pmatrix}$,$\boldsymbol{\alpha}_2=\begin{pmatrix}-1\\2\\2\end{pmatrix}$,$\boldsymbol{\alpha}_3=\begin{pmatrix}3\\k\\8\end{pmatrix}$ 线性相关,则 $k=$________.

4. 设 $\begin{pmatrix}1&2\\1&3\end{pmatrix}\boldsymbol{A}=\begin{pmatrix}-1&1\\0&1\end{pmatrix}$,则 $\boldsymbol{A}=$________.

5. 已知线性方程组 $\begin{cases}x_1+x_2-x_3+2x_4=1\\2x_2+x_3-x_4=0\\x_3+x_4=4\\(\lambda^2-1)x_4=\lambda-1\end{cases}$ 无解,则 λ

$=$ ________.

二、选择题(每小题 3 分,共 15 分)

1. 设矩阵 $\boldsymbol{A}$、$\boldsymbol{B}$、$\boldsymbol{C}$ 分别是 3×4、4×3、4×4 矩阵,则下列各式有意义的是(　　)

A.$\boldsymbol{CA}$　　B.$\boldsymbol{CBA}$　　C.$\boldsymbol{BC}$　　D.$\boldsymbol{AB}-\boldsymbol{CB}$

2. 行列式 $\begin{vmatrix} 1 & a & b & c+d \\ 1 & b & c & a+d \\ 1 & c & d & a+b \\ 1 & d & a & b+c \end{vmatrix}=$(　　)

A.$a+b+c+d$　　B.0　　C.$abcd$　　D.1

3. 设向量组 $\boldsymbol{\alpha}_1,\boldsymbol{\alpha}_2,\boldsymbol{\alpha}_3,\boldsymbol{\alpha}_4$ 线性无关,则向量组 $\boldsymbol{\alpha}_1+\boldsymbol{\alpha}_2,\boldsymbol{\alpha}_2+\boldsymbol{\alpha}_3,\boldsymbol{\alpha}_3+\boldsymbol{\alpha}_4,\boldsymbol{\alpha}_4+\boldsymbol{\alpha}_1$(　　)

A.线性相关

B.线性无关

C.既可以线性相关也可以线性无关

D.是否线性相关与向量的维数有关

4. 设 n 个未知量的齐次线性方程组 $\boldsymbol{AX}=O$ 的系数矩阵 $\boldsymbol{A}$ 的秩为 r,则方程组 $\boldsymbol{AX}=O$ 有非零解的充要条件是(　　)

A.$r=n$　　B.$r<n$　　C.$r>n$　　D.$r\geqslant n$

5. 与矩阵 $\begin{bmatrix} 1 & 0 & 1 \\ 0 & 1 & 1 \\ 1 & 1 & 2 \end{bmatrix}$ 相似的对角矩阵为(　　)

A.$\begin{bmatrix} 1 & 0 & 0 \\ 0 & 1 & 0 \\ 0 & 0 & 3 \end{bmatrix}$　　B.$\begin{bmatrix} -1 & 0 & 0 \\ 0 & 1 & 0 \\ 0 & 0 & 3 \end{bmatrix}$

C.$\begin{bmatrix} 0 & 0 & 0 \\ 0 & 1 & 0 \\ 0 & 0 & 3 \end{bmatrix}$　　D.$\begin{bmatrix} 0 & 0 & 0 \\ 0 & 1 & 0 \\ 0 & 0 & -3 \end{bmatrix}$

三、(8 分) 设矩阵 $\boldsymbol{A}=\begin{bmatrix} 1 & 1 & 1 \\ 1 & 1 & -1 \\ 1 & -1 & 1 \end{bmatrix}$,$\boldsymbol{B}=\begin{bmatrix} 1 & 2 & 3 \\ -1 & -2 & 4 \\ 0 & 5 & 1 \end{bmatrix}$,求:$3\boldsymbol{AB}-2\boldsymbol{A}$.

四、(9分) 设矩阵 $\boldsymbol{A}=\begin{bmatrix}3 & 2 & -1 & -2\\ -2 & 0 & 1 & 5\\ 1 & 2 & 0 & 3\\ 5 & 2 & -2 & -7\end{bmatrix}$,求 $\boldsymbol{A}$ 的秩 $R(\boldsymbol{A})$.

五、(11分) 求向量组 $\boldsymbol{\alpha}_1=(1,2,1)$,$\boldsymbol{\alpha}_2=(-1,-1,0)$,$\boldsymbol{\alpha}_3=(0,1,1)$,$\boldsymbol{\alpha}_4=(1,3,2)$ 的一个最大无关组,并将其余向量用此最大无关组线性表示.

六、(8分) 当 t 取什么值时,二次型 $f=x_1^2+3x_2^2+2x_3^2+2tx_1x_2+2x_2x_3$ 为正定的.

七、(12分) 设矩阵 $\boldsymbol{A}=\begin{bmatrix}4 & 0 & 0\\ 0 & 1 & -1\\ 0 & 1 & 4\end{bmatrix}$,$\boldsymbol{B}=\begin{bmatrix}3 & 6\\ 1 & 1\\ 2 & -3\end{bmatrix}$,满足方程 $\boldsymbol{AX}=2\boldsymbol{X}+\boldsymbol{B}$,求矩阵 $\boldsymbol{X}$.

八、(11分) 确定 λ,μ 的值,使线性方程组 $\begin{cases}x_1+2x_2-2x_3+2x_4=2\\ x_2-x_3-x_4=1\\ x_1+x_2-x_3+3x_4=\lambda\\ x_1-x_2+x_3+5x_4=\mu\end{cases}$ 有解,并求其解.

九、(11分) 设 $\boldsymbol{A}=\begin{bmatrix}1 & 0 & 1\\ 0 & 2 & 0\\ 1 & 0 & 1\end{bmatrix}$,求 $\boldsymbol{A}$ 的特征值和特征向量.并判断 $\boldsymbol{A}$ 是否相似于对角矩阵.

参考答案

第一章习题参考答案

(一) 单项选择题

A D A C C D A B C D B B

(二) 填空题

1. $\frac{n(n+1)}{2}$； 2. "−"； 3.$a_{14}a_{22}a_{31}a_{43}$； 4.0； 5.0； 6. $(-1)^{n-1}n!$； 7. $(-1)^{\frac{n(n-1)}{2}}a_{1n}a_{2(n-1)}\cdots a_{n1}$； 8.$-3M$； 9.$-160$； 10.$x^4$； 11.$(\lambda+n)\lambda^{n-1}$； 12.$-2$； 13. 0； 14.0； 15.12，−9； 16.$n!\ (1-\sum_{k=2}^{n}\frac{1}{k})$； 17.$k\neq-2,3$； 18.$k=7$

(三) 计算题

1.$-(a+b+c+d)(b-a)(c-a)(d-a)(c-b)(d-b)(d-c)$；2.$-2(x^3+y^3)$；

3.$x=-2,0,1$；

4.$\prod_{k=1}^{n-1}(x-a_k)$

5.$\prod_{k=0}^{n}(a_k-1)(1+\sum_{k=0}^{n}\frac{1}{a_k-1})$；

6.$-(2+b)(1-b)\cdots((n-2)-b)$；

7.$(-1)^n\prod_{k=1}^{n}(b_k-a_k)$；

8.$(x+\sum_{k=1}^{n}a_k)\prod_{k=1}^{n}(x-a_k)$；

9.$1+\sum_{k=1}^{n}x_k$；

10.$n+1$；

11.$(1-a)(1+a^2+a^4)$.

(四) 证明题（略）

第二章习题参考答案

一、1.48　2.4,$(-2)^n 2$　3.$\begin{pmatrix}17 & -8 & -3\\ 18 & 5 & -4\end{pmatrix}$　4.$\frac{1}{10}\begin{bmatrix}1 & 0 & 0\\ 2 & 2 & 0\\ 3 & 4 & 5\end{bmatrix}$

5.$|\boldsymbol{A}|\boldsymbol{E},\frac{\boldsymbol{A}}{|\boldsymbol{A}|}$　6.9^6,$\begin{pmatrix}41 & 40 & 0 & 0\\ 40 & 41 & 0 & 0\\ 0 & 0 & 81 & 0\\ 0 & 0 & 80 & 1\end{pmatrix}$,$\begin{pmatrix}-\frac{1}{3} & \frac{2}{3} & 0 & 0\\ \frac{2}{3} & -\frac{1}{3} & 0 & 0\\ 0 & 0 & \frac{1}{3} & 0\\ 0 & 0 & -\frac{2}{3} & 1\end{pmatrix}$

7.$\begin{pmatrix}-2 & 0\\ 1 & 0\\ -3 & 0\end{pmatrix}$　8.$-\frac{1}{2}\begin{pmatrix}4 & -2\\ -3 & 1\end{pmatrix}$

二、(1)C；(2)B；(3)D；(4)C；(5)C；(6)C；(7)**A**.

三、(1)×　如$\boldsymbol{A}=\begin{pmatrix}0 & 0\\ 1 & 0\end{pmatrix}$；(2)×　如$\boldsymbol{A}=\begin{pmatrix}1 & 0\\ 0 & 0\end{pmatrix}$；(3)×　如$\boldsymbol{A}=\begin{pmatrix}0 & 0\\ 0 & 1\end{pmatrix}$,
$\boldsymbol{B}=\begin{pmatrix}0 & 1\\ 0 & 0\end{pmatrix}$

(4)×　如$\boldsymbol{A}=\boldsymbol{B}=\begin{pmatrix}1 & 0\\ 1 & 0\end{pmatrix}$；(5)×　如$\boldsymbol{A}=\begin{pmatrix}0 & 0\\ 0 & 1\end{pmatrix}$,$\boldsymbol{X}=\begin{pmatrix}0 & 1\\ 0 & 0\end{pmatrix}$,$\boldsymbol{Y}=\begin{pmatrix}1 & 0\\ 0 & 0\end{pmatrix}$.

四、(1)$\begin{bmatrix}0 & 1/3 & 1/3\\ 0 & 1/3 & -2/3\\ -1 & 2/3 & -1/3\end{bmatrix}$　(2)$\frac{1}{d}\begin{pmatrix}\frac{1}{a} & 0 & 0\\ 0 & 0 & \frac{1}{c}\\ 0 & \frac{1}{b} & 0\end{pmatrix}$　(3)$\frac{1}{6}\begin{pmatrix}-21 & 21 & 9\\ 9 & -9 & -3\\ -5 & 7 & 1\end{pmatrix}$.

五、原式$=(4\boldsymbol{I}+\boldsymbol{A})^T(4\boldsymbol{I}-\boldsymbol{A})^{-1}(4\boldsymbol{I}-\boldsymbol{A})(4\boldsymbol{I}+\boldsymbol{A})=(4\boldsymbol{I}+\boldsymbol{A})^T(4\boldsymbol{I}+\boldsymbol{A})$；

原式的行列式$=|(4\boldsymbol{I}+\boldsymbol{A})^T(4\boldsymbol{I}+\boldsymbol{A})|=|4\boldsymbol{I}+\boldsymbol{A}|^2=\begin{vmatrix}5 & 0 & 0\\ -1 & 6 & 0\\ 1 & 4 & 5\end{vmatrix}^2=(150)^2$

$=22500$.

六、$\begin{pmatrix}0 & 1 & 2\\ 1 & -4 & 6\end{pmatrix}$　提示：将 $XA-2X=C-XB$ 中的含 X 的项都移到等式的左端，并提取左提取 X 得 $X(A-2I+B)=C$，再验证 $A-2I+B$ 可逆，再右乘 $(A-2I+B)^{-1}$ 即得 $X=C(A+B-2I)^{-1}$.

七、(1) $2^{n-1}A$，（提示：$A=\begin{pmatrix}1\\2\\1\end{pmatrix}(2\quad -1\quad 2)$.）

(2) $\begin{pmatrix}\lambda^n & n\lambda^{n-1} & \dfrac{n(n-1)\lambda^{n-2}}{2}\\ 0 & \lambda^n & n\lambda^{n-1}\\ 0 & 0 & \lambda^n\end{pmatrix}$，（提示：$A=\lambda I+B$ 而 $B^k=0$（当 $k\geqslant 3$ 时），$\therefore A^n=\lambda^n I+n\lambda^{n-1}B+\dfrac{n(n-1)}{2!}\lambda^{n-2}B^2$（当 $k\geqslant 3$ 时，$B^k=O$））

八、证 AB 可逆 $\Rightarrow |AB|\neq 0\Rightarrow |A|,|B|\neq 0\Rightarrow A,B$ 均可逆 $\Rightarrow A^n,B^n$ 均为可逆阵.

九、(1) $AB=BA$；　(2) $AB=BA$.

十、证明：设 $A=(a_{ij})_{n\times n}$，$A^2=AA=AA^T=O$ 展开得：

$$\begin{pmatrix}a_{11}^2+a_{12}^2+\cdots+a_{1n}^2 & * & \cdots & *\\ * & a_{21}^2+a_{22}^2+\cdots+a_{2n}^2 & \cdots & *\\ \vdots & \vdots & \vdots & \vdots\\ * & * & \cdots & a_{n1}^2+a_{n2}^2+\cdots+a_{nn}^2\end{pmatrix}=O$$

比较 A^2 两端的主对角线元素得 $a_{i1}^2+a_{i2}^2+\cdots+a_{in}^2=0(i=1,2,\cdots,n)$，故 $a_{ij}=0(i,j=1,2,\cdots,n)$，即 $A=O$.

十一、提示：由 $(A-I)(B-I)^T=I$ 有 $A(B-I)^T=B^T$ 两端取行列式由 B 可逆，得 B^T 可逆，从而 A 可逆.

十二、$AB=\begin{bmatrix}3 & -3 & 6 & 9\\ 1 & -1 & 2 & 3\\ -2 & 2 & -4 & -6\\ 4 & -4 & 8 & 12\end{bmatrix}$，$BA=10$，

$$-2B^TA^T=-2(AB)^T=\begin{bmatrix}-6 & -2 & 4 & -8\\ 6 & 2 & -4 & 8\\ -12 & -4 & 8 & -16\\ -18 & -6 & 12 & -24\end{bmatrix}.$$

十三、$\frac{1}{2}\begin{pmatrix} 5 & -2 & -1 \\ -2 & 2 & 0 \\ -1 & 0 & 1 \end{pmatrix}$ 提示：利用公式$(\boldsymbol{A}^*)^{-1}=\frac{\boldsymbol{A}}{|\boldsymbol{A}|}$.

十四、$[\boldsymbol{I}+\boldsymbol{B}(\boldsymbol{I}-\boldsymbol{AB})^{-1}\boldsymbol{A}](\boldsymbol{I}-\boldsymbol{BA})=\boldsymbol{I}+\boldsymbol{B}(\boldsymbol{I}-\boldsymbol{AB})^{-1}\boldsymbol{A}-\boldsymbol{BA}-\boldsymbol{B}(\boldsymbol{I}-\boldsymbol{AB})^{-1}\boldsymbol{ABA}=\boldsymbol{I}+\boldsymbol{B}[(\boldsymbol{I}-\boldsymbol{AB})^{-1}-\boldsymbol{I}-(\boldsymbol{I}-\boldsymbol{AB})^{-1}\boldsymbol{AB}]\boldsymbol{A}=\boldsymbol{I}+\boldsymbol{B}[(\boldsymbol{I}-\boldsymbol{AB})^{-1}(\boldsymbol{I}-\boldsymbol{AB})-\boldsymbol{I}]\boldsymbol{A}=\boldsymbol{I}$.

十五、因$\boldsymbol{A}^{-1}+\boldsymbol{B}^{-1}=\boldsymbol{A}^{-1}(\boldsymbol{BB}^{-1})+(\boldsymbol{A}^{-1}\boldsymbol{A})\boldsymbol{B}^{-1}=\boldsymbol{A}^{-1}(\boldsymbol{B}+\boldsymbol{A})\boldsymbol{B}^{-1}$ 右端3个因子据已知均可逆，因而$\boldsymbol{A}^{-1}+\boldsymbol{B}^{-1}$可逆且$(\boldsymbol{A}^{-1}+\boldsymbol{B}^{-1})^{-1}=\boldsymbol{B}(\boldsymbol{B}+\boldsymbol{A})^{-1}\boldsymbol{A}$.或由$\boldsymbol{A}^{-1}+\boldsymbol{B}^{-1}=\boldsymbol{B}^{-1}(\boldsymbol{B}+\boldsymbol{A})\boldsymbol{A}^{-1}$，可知$(\boldsymbol{A}^{-1}+\boldsymbol{B}^{-1})^{-1}=\boldsymbol{A}(\boldsymbol{B}+\boldsymbol{A})^{-1}\boldsymbol{B}$.

十六、(1)$\boldsymbol{A}^T=\begin{pmatrix} a & -b & -c & -d \\ b & a & d & -c \\ c & d & a & b \\ d & -c & -b & a \end{pmatrix}$，$|\boldsymbol{A}|^2=|\boldsymbol{A}||\boldsymbol{A}^T|=|(a^2+b^2+c^2+d^2)\boldsymbol{I}|=(a^2+b^2+c^2+d^2)4$

则$|\boldsymbol{A}|=\pm(a^2+b^2+c^2+d^2)^2$.

比较两端a^4的系数得$|\boldsymbol{A}|=(a^2+b^2+c^2+d^2)^2$

(2)$(a^2+b^2+c^2+d^2)^2=1$

十七、$\boldsymbol{A}^6=\boldsymbol{I}\Rightarrow\boldsymbol{A}^5\boldsymbol{A}=\boldsymbol{I}\Rightarrow\boldsymbol{A}^{-1}=\boldsymbol{A}^5$，则$\boldsymbol{A}^{11}=\boldsymbol{A}^6\boldsymbol{A}^5=\boldsymbol{IA}^{-1}=\boldsymbol{A}^{-1}=\begin{pmatrix} \frac{1}{2} & \frac{\sqrt{3}}{2} \\ -\frac{\sqrt{3}}{2} & \frac{1}{2} \end{pmatrix}$.

十八、(1)$\boldsymbol{B}=\boldsymbol{P}_{ij}\boldsymbol{A}\Rightarrow\boldsymbol{B}$是可逆的；(2)$\boldsymbol{B}^{-1}=\boldsymbol{A}^{-1}P_{ij}$.

$\boldsymbol{A}^2-\boldsymbol{A}-2\boldsymbol{I}=\boldsymbol{O}\Rightarrow\boldsymbol{A}(\boldsymbol{A}-\boldsymbol{I})=2\boldsymbol{I}\Rightarrow\boldsymbol{A}(\frac{1}{2}(\boldsymbol{A}-\boldsymbol{I}))=\boldsymbol{I}$，即得$\boldsymbol{A}$可逆，且$\boldsymbol{A}^{-1}=\frac{1}{2}(\boldsymbol{A}-\boldsymbol{I})$.又$\boldsymbol{A}^2-\boldsymbol{A}-2\boldsymbol{I}=\boldsymbol{O}\Rightarrow\boldsymbol{A}^2=\boldsymbol{A}+2\boldsymbol{I}$，即得$\boldsymbol{A}+2\boldsymbol{I}$可逆，且$(\boldsymbol{A}+2\boldsymbol{I})^{-1}=(\boldsymbol{A}^{-1})^2$.

第三章参考答案

一、单项选择

1.B 2.D 3.A 4.B 5.B 6.D 7.D 8.A 9.B 10.C 11.C 12.D 13.A 14.B 15.A

二、填空题

1.5　2.相关　3.$\alpha \neq 0$　4.相关　5.无关　6.线性无关　7.-1

8.相等　9.$\leqslant$　10.线性无关　11.0　12.$x=\pm 1, y=\pm \frac{1}{\sqrt{2}}$　13.对应分量成比例

三、解答题

1.解:设 $\boldsymbol{\beta}=x_1\boldsymbol{\alpha}_1+x_2\boldsymbol{\alpha}_2+x_3\boldsymbol{\alpha}_3$

则对应方程组为 $\begin{cases}(1+\lambda)x_1+x_2+x_3=0\\ x_1+(1+\lambda)x_2+x_3=\lambda\\ x_1+x_2+(1+\lambda)x_3=\lambda^2\end{cases}$

其系数行列式 $|\boldsymbol{A}|=\begin{vmatrix}1+\lambda & 1 & 1\\ 1 & 1+\lambda & 1\\ 1 & 1 & 1+\lambda\end{vmatrix}=\lambda^2(\lambda+3)$

(1) 当 $\lambda \neq 0, \lambda \neq -3$ 时,$|\boldsymbol{A}| \neq 0$,方程组有唯一解,所以 $\boldsymbol{\beta}$ 可由 $\boldsymbol{\alpha}_1,\boldsymbol{\alpha}_2,\boldsymbol{\alpha}_3$ 唯一地线性表示;

(2) 当 $\lambda=0$ 时,方程组的增广阵 $\bar{\boldsymbol{A}}=\begin{pmatrix}1&1&1&0\\1&1&1&0\\1&1&1&0\end{pmatrix}\rightarrow\begin{pmatrix}1&1&1&0\\0&0&0&0\\0&0&0&0\end{pmatrix}$,$r(\boldsymbol{A})=r(\bar{\boldsymbol{A}})=1<3$,方程组有无穷多解,所以 $\boldsymbol{\beta}$ 可由 $\boldsymbol{\alpha}_1,\boldsymbol{\alpha}_2,\boldsymbol{\alpha}_3$ 线性表示,但表示式不唯一;

(3) 当 $\lambda=-3$ 时,方程组的增广阵 $\bar{\boldsymbol{A}}=\begin{pmatrix}-2&1&1&0\\1&-2&1&-3\\1&1&-2&9\end{pmatrix}\rightarrow\begin{pmatrix}1&-2&1&-3\\0&-3&3&-12\\0&0&0&-18\end{pmatrix}$,$r(\boldsymbol{A})\neq r(\bar{\boldsymbol{A}})$,方程组无解,所以 $\boldsymbol{\beta}$ 不能由 $\boldsymbol{\alpha}_1,\boldsymbol{\alpha}_2,\boldsymbol{\alpha}_3$ 线性表示.

2.解:以 $\boldsymbol{\alpha}_1,\boldsymbol{\alpha}_2,\boldsymbol{\alpha}_3,\boldsymbol{\alpha}_4,\boldsymbol{\beta}$ 为列构造矩阵

$$\begin{pmatrix}1&1&1&1&1\\0&1&1&2&1\\2&3&a+2&4&b+3\\3&5&1&a+8&5\end{pmatrix}\rightarrow\begin{pmatrix}1&1&1&1&1\\0&1&1&2&1\\0&0&1&-\frac{a+1}{4}&0\\0&0&0&-\frac{1-a^2}{4}&b\end{pmatrix}$$

(1) 当 $a=\pm 1$ 且 $b\neq 0$ 时,$\boldsymbol{\beta}$ 不能表示为 $\boldsymbol{\alpha}_1,\boldsymbol{\alpha}_2,\boldsymbol{\alpha}_3,\boldsymbol{\alpha}_4$ 的线性组合;

(2) 当 $a\neq\pm1$，b 任意时，$\boldsymbol{\beta}$ 能唯一地表示为 $\boldsymbol{\alpha}_1,\boldsymbol{\alpha}_2,\boldsymbol{\alpha}_3,\boldsymbol{\alpha}_4$ 的线性组合.

3.解：$(\boldsymbol{\alpha}_1,\boldsymbol{\alpha}_2,\boldsymbol{\alpha}_3,\boldsymbol{\alpha}_4,\boldsymbol{\alpha}_5)=\begin{pmatrix}1&2&1&1&3\\-1&1&2&-1&0\\0&5&5&-2&7\\4&6&2&0&14\end{pmatrix}\to\begin{pmatrix}1&0&-1&0&2\\0&1&1&0&1\\0&0&0&1&-1\\0&0&0&0&0\end{pmatrix}$

$\boldsymbol{\alpha}_1,\boldsymbol{\alpha}_2,\boldsymbol{\alpha}_4$ 为一个极大无关组，且 $\boldsymbol{\alpha}_3=-\boldsymbol{\alpha}_1+\boldsymbol{\alpha}_2+0,\boldsymbol{\alpha}_4$，$\boldsymbol{\alpha}_5=2\boldsymbol{\alpha}_1+\boldsymbol{\alpha}_2-\boldsymbol{\alpha}_4$.

4.解：$|\boldsymbol{\alpha}_1,\boldsymbol{\alpha}_2,\boldsymbol{\alpha}_3|=\begin{vmatrix}1&1&1\\1&2&3\\1&3&t\end{vmatrix}=t-5$，

当 $t=5$ 时 $\boldsymbol{\alpha}_1,\boldsymbol{\alpha}_2,\boldsymbol{\alpha}_3$ 线性相关，当 $t\neq5$ 时 $\boldsymbol{\alpha}_1,\boldsymbol{\alpha}_2,\boldsymbol{\alpha}_3$ 线性无关。

四、证明题

1.证：$\because 3(\beta_1+\beta_2)-4(2\beta_1-\beta_3)=0$

$\therefore -5\beta_1+3\beta_2+4\beta_3=0$

$\therefore \beta_1,\beta_2,\beta_3$ 线性相关

2.证：设 $k_1(\alpha_1+\alpha_2)+k_2(\alpha_2+\alpha_3)+\cdots+k_n(\alpha_n+\alpha_1)=0$

则 $(k_1+k_n)\alpha_1+(k_1+k_2)\alpha_2+\cdots(k_{n-1}+k_n)\alpha_n=0$

$\because \alpha_1,\alpha_2,\cdots\cdots,\alpha_n$ 线性无关

$$\therefore\begin{cases}k_1+k_n=0\\k_1+k_2=0\\\cdots\cdots\\k_{n-1}+k_n=0\end{cases}$$

其系数行列式 $\begin{vmatrix}1&0&0&\cdots&0&1\\1&1&0&\cdots&0&0\\0&1&1&\cdots&0&0\\\cdots&\cdots&\cdots&\cdots&\cdots&\cdots\\0&0&0&\cdots&1&0\\0&0&0&\cdots&1&1\end{vmatrix}=1+(-1)^{n+1}=\begin{cases}2, n\text{ 为奇数}\\0, n\text{ 为偶数}\end{cases}$

$\therefore$ 当 n 为奇数时，$k_1,k_2,\cdots\cdots,k_n$ 只能为零，$\boldsymbol{\alpha}_1,\boldsymbol{\alpha}_2,\cdots\cdots,\boldsymbol{\alpha}_n$ 线性无关；

当 n 为偶数时，$k_1,k_2,\cdots\cdots,k_n$ 可以不全为零，$\boldsymbol{\alpha}_1,\boldsymbol{\alpha}_2,\cdots\cdots,\boldsymbol{\alpha}_n$ 线性相关。

3.证：$\because \boldsymbol{\alpha}_1,\boldsymbol{\alpha}_2,\cdots\cdots,\boldsymbol{\alpha}_s,\boldsymbol{\beta}$ 线性相关

$\therefore$ 存在不全为零的数 $k_1,k_2,\cdots\cdots,k_s,k$ 使得

$$k_1\boldsymbol{\alpha}_1+k_2\boldsymbol{\alpha}_2+\cdots\cdots+k_s\boldsymbol{\alpha}_s+k\boldsymbol{\beta}=0$$

若 $k=0$，则 $k_1\boldsymbol{\alpha}_1+k_2\boldsymbol{\alpha}_2+\cdots\cdots+k_s\boldsymbol{\alpha}_s=0$，($k_1,k_2,\cdots\cdots,k_s$ 不全为零）与 $\boldsymbol{\alpha}_1$，$\boldsymbol{\alpha}_2,\cdots\cdots,\boldsymbol{\alpha}_s$ 线性无关矛盾.

所以 $k\neq0$，于是 $\boldsymbol{\beta}=-\frac{k_1}{k}\boldsymbol{\alpha}_1-\frac{k_2}{k}\boldsymbol{\alpha}_2-\cdots\cdots-\frac{k_s}{k}\boldsymbol{\alpha}_s$

$\therefore\boldsymbol{\beta}$ 能由 $\boldsymbol{\alpha}_1,\boldsymbol{\alpha}_2,\cdots\cdots,\boldsymbol{\alpha}_s$ 线性表示.

设 $\boldsymbol{\beta}=k_1\boldsymbol{\alpha}_1+k_2\boldsymbol{\alpha}_2+\cdots\cdots+k_s\boldsymbol{\alpha}_s$，①

$\boldsymbol{\beta}=l_1\boldsymbol{\alpha}_1+l_2\boldsymbol{\alpha}_2+\cdots\cdots+l_s\boldsymbol{\alpha}_s$，②

则 ① − ② 得 $(k_1-l_1)\boldsymbol{\alpha}_1+(k_2-l_2)\boldsymbol{\alpha}_2+\cdots\cdots+(k_s-l_s)\boldsymbol{\alpha}_s=0$

$\because\boldsymbol{\alpha}_1,\boldsymbol{\alpha}_2,\cdots\cdots,\boldsymbol{\alpha}_s$ 线性无关

$\therefore k_i-l_i=0,(i=1,2,\cdots,s)$

$\therefore k_i=l_i,(i=1,2,\cdots,s)$，即表示法唯一

4.证:假设 $\boldsymbol{\alpha}_4$ 能由 $\boldsymbol{\alpha}_1,\boldsymbol{\alpha}_2,\boldsymbol{\alpha}_3$ 线性表示

$\because\boldsymbol{\alpha}_2,\boldsymbol{\alpha}_3,\boldsymbol{\alpha}_4$ 线性无关，$\therefore\boldsymbol{\alpha}_2,\boldsymbol{\alpha}_3$ 线性无关

$\because\boldsymbol{\alpha}_1,\boldsymbol{\alpha}_2,\boldsymbol{\alpha}_3$ 线性相关，$\therefore\boldsymbol{\alpha}_1$ 可由 $\boldsymbol{\alpha}_2,\boldsymbol{\alpha}_3$ 线性表示，

$\therefore\boldsymbol{\alpha}_4$ 能由 $\boldsymbol{\alpha}_2,\boldsymbol{\alpha}_3$ 线性表示，从而 $\boldsymbol{\alpha}_2,\boldsymbol{\alpha}_3,\boldsymbol{\alpha}_4$ 线性相关，矛盾

$\therefore\boldsymbol{\alpha}_4$ 不能由 $\boldsymbol{\alpha}_1,\boldsymbol{\alpha}_2,\boldsymbol{\alpha}_3$ 线性表示.

5.证:必要性

设向量组 $\boldsymbol{\alpha}_1,\boldsymbol{\alpha}_2,\cdots\cdots,\boldsymbol{\alpha}_s$ 线性相关

则存在不全为零的数 $k_1,k_2,\cdots\cdots,k_s$，使得 $k_1\boldsymbol{\alpha}_1+k_2\boldsymbol{\alpha}_2+\cdots\cdots+k_s\boldsymbol{\alpha}_s=0$

不妨设 $k_s\neq0$，则 $\boldsymbol{\alpha}_s=-\frac{k_1}{k_s}\boldsymbol{\alpha}_1-\frac{k_2}{k_s}\boldsymbol{\alpha}_2-\cdots\cdots-\frac{k_{s-1}}{k_s}\boldsymbol{\alpha}_{s-1}$，

即至少有一个向量是其余向量的线性组合.

充分性

设向量组 $\boldsymbol{\alpha}_1,\boldsymbol{\alpha}_2,\cdots\cdots,\boldsymbol{\alpha}_s$ 中至少有一个向量是其余向量的线性组合

不妨设 $\boldsymbol{\alpha}_s=k_1\boldsymbol{\alpha}_1+k_2\alpha_2+\cdots\cdots+k_{s-1}\alpha_{s-1}$

则 $k_1\boldsymbol{\alpha}_1+k_2\boldsymbol{\alpha}_2+\cdots\cdots+k_{s-1}\alpha_{s-1}-\alpha_s=0$，

所以 $\boldsymbol{\alpha}_1,\boldsymbol{\alpha}_2,\cdots\cdots,\boldsymbol{\alpha}_s$ 线性相关.

6.证:用数学归纳法

当 $s=1$ 时，$\boldsymbol{\alpha}_1\neq0$，线性无关，

当 $s=2$ 时，$\because\boldsymbol{\alpha}_2$ 不能由 $\boldsymbol{\alpha}_1$ 线性表示，$\therefore\boldsymbol{\alpha}_1,\boldsymbol{\alpha}_2$ 线性无关，

设 $s=i-1$ 时，$\boldsymbol{\alpha}_1,\boldsymbol{\alpha}_2,\cdots\cdots,\boldsymbol{\alpha}_{i-1}$ 线性无关

则 $s=i$ 时，假设 $\boldsymbol{\alpha}_1,\boldsymbol{\alpha}_2,\cdots\cdots,\alpha_i$ 线性相关，$\because \alpha_1,\alpha_2,\cdots,\alpha_{i-1}$ 线性无关，$\boldsymbol{\alpha}_i$ 可由 $\boldsymbol{\alpha}_1$，$\boldsymbol{\alpha}_2,\cdots\cdots,\boldsymbol{\alpha}_{i-1}$ 线性表示，矛盾，所以 $\boldsymbol{\alpha}_1,\boldsymbol{\alpha}_2,\cdots\cdots,\boldsymbol{\alpha}_i$ 线性无关.得证.

7.证：若向量组 $\boldsymbol{\alpha}_1,\boldsymbol{\alpha}_2,\cdots\cdots,\boldsymbol{\alpha}_s$ 中有一部分组线性相关，不妨设 $\boldsymbol{\alpha}_1,\boldsymbol{\alpha}_2,\cdots\cdots,\boldsymbol{\alpha}_r\,(r<s)$ 线性相关，则存在不全为零的数 $k_1,k_2,\cdots\cdots,k_r$，使得 $k_1\boldsymbol{\alpha}_1+k_2\boldsymbol{\alpha}_2+\cdots\cdots+k_r\boldsymbol{\alpha}_r=0$

于是 $k_1\boldsymbol{\alpha}_1+k_2\boldsymbol{\alpha}_2+\cdots\cdots+k_r\boldsymbol{\alpha}_r+0\boldsymbol{\alpha}_{r+1}+\cdots+0\boldsymbol{\alpha}_s=0$

因为 $k_1,k_2,\cdots\cdots,k_r,0\cdots,0$ 不全为零

所以 $\boldsymbol{\alpha}_1,\boldsymbol{\alpha}_2,\cdots\cdots,\boldsymbol{\alpha}_s$ 线性相关.

8.证：设 $k_0\boldsymbol{\alpha}_0+k_1(\boldsymbol{\alpha}_0+\boldsymbol{\alpha}_1)+k_2(\boldsymbol{\alpha}_0+\boldsymbol{\alpha}_2)+\cdots+k_s(\boldsymbol{\alpha}_0+\boldsymbol{\alpha}_s)=0$

则 $(k_0+k_1+k_2+\cdots+k_s)\boldsymbol{\alpha}_0+k_1\boldsymbol{\alpha}_1+k_2\boldsymbol{\alpha}_2+\cdots+k_s\boldsymbol{\alpha}_s=0$

因 $\boldsymbol{\alpha}_0,\boldsymbol{\alpha}_1,\boldsymbol{\alpha}_2,\cdots,\boldsymbol{\alpha}_s$ 线性无关，

所以 $\begin{cases}k_0+k_1+k_2+\cdots+k_s=0\\k_1=0\\k_2=0\\\cdots\\k_s=0\end{cases}$ 解得 $k_0=k_1=k_2=\cdots=k_s=0$

所以向量组 $\boldsymbol{\alpha}_0,\boldsymbol{\alpha}_0+\boldsymbol{\alpha}_1,\boldsymbol{\alpha}_0+\boldsymbol{\alpha}_2,\cdots,\boldsymbol{\alpha}_0+\boldsymbol{\alpha}_s$ 线性无关.

第四章参考答案

一、单项选择题

1.B　2.D　3.C　4.B　5.A　6.C　7.B　8.D　9.A　10.C

二、填空题

1.100　2.$k\neq -2$ 且 $k\neq 3$　3.1　4.r　5.m　6.7

7.$k(1,1,\cdots,1)^T$(k 为任意实数)　8.0　9.$a\neq -1$ 或 3　10.$a=-1$　11.0

12.$\left(\frac{1}{2},0,0,0\right)^T+k(0,2,3,4)^T$，$k$ 任意实数　13.无穷，$n-r$

三、计算题

1.是　2.不能

3.1)$\boldsymbol{v}_1=(0,0,1,0)^T$，$\boldsymbol{v}_2=(-1,1,0,1)^T$　2)$k(-1,1,1,1)^T$(其中 k 为任意非零常数)

4.1）当 $a=-2$ 时，无解；当 $a\neq-2$ 且 $a\neq1$ 时有唯一解：$\left(-\dfrac{1+a}{2+a},\dfrac{1}{2+a},\dfrac{(1+a)^2}{2+a}\right)^T$；当 $a=1$ 时有无穷多解：$c_1(-1,1,0)^T+c_2(-1,0,1)^T+(1,0,0)^T$（其中 c_1，c_2 为任意常数）

2）当 $b=-1$ 时，无解；当 $b\neq-1$ 且 $b\neq4$ 时有唯一解：$\left(\dfrac{b(b+2)}{b+1},\dfrac{b^2+2b+4}{b+1},-\dfrac{2b}{b+1}\right)^T$；当 $b=4$ 时有无穷多解：$c(-3,-1,1)^T+(0,4,0)^T$（其中 c 为任意常数）

5.$9x_1+5x_2-3x_3=-5$

6.$\begin{pmatrix}1&0\\0&1\\11/2&1/2\\-5/2&1/2\end{pmatrix}$

第五章参考答案

一、单项选择题

1.A 2.C 3.C 4.D 5.B 6.B 7.B 8.D 9.B 10.C 11.B 12.A 13.A 14.C 15.B 16.B 17.A 18.A 19.D 20.C 21.C 22.B 23.A 24.D 25.C 26.C 27.D 28.C 29.D

二、填空题

1.0 2.1，-1 3.0 4.0，1 5.$4\boldsymbol{I}$ 6.$\lambda\boldsymbol{I}$ 7.7 8.1，2 9.单位 10.24

11.-17，-12 12.3 13.$\begin{pmatrix}1&3\\3&3\end{pmatrix}$ 14.$\begin{pmatrix}1&1&0\\1&2&0\\2&0&3\end{pmatrix}$，15.$(-\sqrt{2},\sqrt{2})$ 16.<0

17.合同 18.$a>1$ 19.$a>0$ 20.1 21.$\begin{pmatrix}1&2\\2&2\end{pmatrix}$

三、计算题

1.a，$(1,1,\cdots,1)^T$ 2.(1)$\begin{pmatrix}-1&1\\1&1\end{pmatrix}$ (2)$\begin{pmatrix}1&1&-3\\-2&1&1\\1&2&2\end{pmatrix}$

3.$\begin{pmatrix}0 & -2 & 0\\1 & 3 & 0\\1 & 2 & 1\end{pmatrix}$　4.$a=3,b=0,\lambda=-1$

5.$s=9,t=-2,\lambda=-6$　6.$x+y=0$　7.$\boldsymbol{P}=\begin{pmatrix}\frac{1}{\sqrt{2}} & -\frac{1}{\sqrt{2}}\\\frac{1}{\sqrt{2}} & \frac{1}{\sqrt{2}}\end{pmatrix}$,$\boldsymbol{P}^{-1}\boldsymbol{AP}=\begin{pmatrix}a+b & 0\\0 & a-b\end{pmatrix}$

8.(1)$-4,2,-10$　(2)$\begin{pmatrix}-4 & & \\ & 2 & \\ & & -10\end{pmatrix}$,　(3)8

9.(1)$y=6$,(2) 特征值 2,2,6;$\boldsymbol{p}=\begin{pmatrix}-1 & 1 & 1\\1 & 0 & -2\\0 & 1 & 3\end{pmatrix}$

10.$\begin{pmatrix}3^{100}+2(2^{100}-1) & 2-2^{100}-3^{100} & 3^{100}-1\\2(2^{100}+3^{100})-4 & 4-2^{100}-2\cdot 3^{100} & 2(3^{100}-1)\\2(3^{100}-1) & 2(1-3^{100}) & 2\cdot 3^{100}-1\end{pmatrix}$

11.(1)$\begin{cases}x_1=y_1-y_2\\x_2=y_2-y_3\\x_3=y_3\end{cases}$　(2)$\begin{cases}x_1=y_1+y_2+y_3\\x_2=y_1-y_2+2y_3\\x_3=y_3\end{cases}$

12.$\begin{pmatrix}0 & 1 & 0\\1 & 0 & 0\\0 & 0 & 1\end{pmatrix}$,

13.解:令$\begin{cases}x_1=y_1\\x_2=y_1+y_2\\x_3=y_3\end{cases}$ 即 $\boldsymbol{X}=\begin{pmatrix}1 & 0 & 0\\1 & 1 & 0\\0 & 0 & 1\end{pmatrix}\boldsymbol{Y}=\boldsymbol{C}_1\boldsymbol{Y}$

则:$f(x_1,x_2,x_3)=y_1^2+y_1y_2+y_1y_3$

$$=(y_1+\frac{1}{2}y_2+\frac{1}{2}y_3)2-\frac{1}{4}(y_2+y_3)2$$

令$\begin{cases}w_1=y_1+\frac{1}{2}y_2+\frac{1}{2}y_3\\w_2=y_2+y_3\\w_3=y_3\end{cases}$　即 $\boldsymbol{Y}=\begin{pmatrix}1 & -\frac{1}{2} & -1\\0 & 1 & -1\\0 & 0 & 1\end{pmatrix}\boldsymbol{W}=\boldsymbol{C}_2\boldsymbol{W}$

即 $\boldsymbol{X}=\boldsymbol{C}_1\boldsymbol{C}_2\boldsymbol{W}$ 使 $f(x_1,x_2,x_3)=w_1^2-\frac{1}{4}w_2^2$

14. $\begin{pmatrix}-1 & 1\\ 1 & 1\end{pmatrix}$ $\begin{pmatrix}1 & 1 & -3\\ -2 & 1 & 1\\ 1 & 2 & 2\end{pmatrix}$

模拟考试试卷参考解答

模拟考试试卷一参考解答

一、选择题(共 5 小题,每题 2 分,共计 10 分)

1.B　2.A　3.D　4.A　5.C

二、填空题(共 10 小题,每题 2 分,共计 20 分)

1.负号　2.1　3.0　4. $\begin{pmatrix}0 & -1 & 0\\ -1 & 0 & 0\\ 0 & 0 & -1\end{pmatrix}$,或 $-\boldsymbol{E}(1,2)$　5.唯一解(或只有零解)

6.线性相关　7. -27　8.2　9. $\begin{pmatrix}a_1 & b_1 & c_1\\ a_2 & b_2 & c_2\\ a_3 & b_3 & c_3\end{pmatrix}$　10.3

三、计算题(共 4 小题,每题 8 分,共计 32 分)

1. 解:按照第一行展开得到

$$D_n=\begin{vmatrix}1 & 0 & \cdots & 0 & 0\\ 1 & 1 & \cdots & 0 & 0\\ \vdots & \vdots & \ddots & \vdots & \vdots\\ 0 & 0 & \cdots & 1 & 0\\ 0 & 0 & \cdots & 1 & 1\end{vmatrix}+(-1)n+1\begin{vmatrix}1 & 1 & 0 & \cdots & 0\\ 0 & 1 & 1 & \cdots & 0\\ \vdots & \vdots & \ddots & \cdots & \vdots\\ 0 & 0 & 0 & 1 & 1\\ 0 & 0 & 0 & \cdots & 1\end{vmatrix}=1+(-1)n+1$$

$$=\begin{cases}2,\ n\ \text{为奇数}\\ 0,\ n\ \text{为偶数}\end{cases}$$ ………8 分

2. 解:

(1) $(\boldsymbol{A}\quad\boldsymbol{E})=\begin{pmatrix}1 & 2 & 0 & 0 & 1 & 0 & 0 & 0\\ 0 & 1 & 0 & 0 & 0 & 1 & 0 & 0\\ 0 & 0 & 2 & 2 & 0 & 0 & 1 & 0\\ 0 & 0 & 1 & 2 & 0 & 0 & 0 & 1\end{pmatrix}$ ………2 分

$$\rightarrow\begin{pmatrix}1&2&0&0&1&0&0&0\\0&1&0&0&0&1&0&0\\0&0&1&1&0&0&\frac{1}{2}&0\\0&0&0&1&0&0&-\frac{1}{2}&1\end{pmatrix}\rightarrow\begin{pmatrix}1&0&0&0&1&-2&0&0\\0&1&0&0&0&1&0&0\\0&0&1&0&0&0&1&-1\\0&0&0&1&0&0&-\frac{1}{2}&1\end{pmatrix}$$

所以 $A^{-1}=\begin{pmatrix}1&-2&0&0\\0&1&0&0\\0&0&1&-1\\0&0&-\frac{1}{2}&1\end{pmatrix}$………5 分

(2)$A^{-1}=E(1,2(-2))E(3,4(-1))E(4,3(-1))E(3(\frac{1}{2}))$………8 分

3. 解:方法一:由 $AX-2X=B$, 得到$(A-2E)X=B$, ……2 分

$$(A-2E,E)=\begin{pmatrix}1&0&-1&1&0&0\\1&1&0&0&1&0\\-1&-1&1&0&0&1\end{pmatrix}\rightarrow\begin{pmatrix}1&0&0&1&1&1\\0&1&0&-1&0&-1\\0&0&1&0&1&1\end{pmatrix}$$……5 分

所以,$A-2E$ 可逆,$X=(A-2E)^{-1}B=\begin{pmatrix}2&2\\-2&-1\\1&1\end{pmatrix}$.……8 分

方法二:由 $AX-2X=B$, 得到$(A-2E)X=B$,……2 分

用初等行变换求 X

$$(A-2E,B)=\begin{pmatrix}1&0&-1&1&1\\1&1&0&0&1\\-1&-1&1&1&0\end{pmatrix}\rightarrow\begin{pmatrix}1&0&0&2&2\\0&1&0&-2&-1\\0&0&1&1&1\end{pmatrix}$$……6 分

所以,$A-2E$ 可逆, $X=(A-2E)^{-1}B=\begin{pmatrix}2&2\\-2&-1\\1&1\end{pmatrix}$.……8 分

4. $f=x_1^2+2x_3^2+2x_1x_3-2x_2x_3$

$=(x_1+x_3)^2+(x_2-x_3)^2-x_2{}^2$ ………6 分

令$\begin{cases}y_1=x_1+x_3\\y_2=x_2-x_3\\y_3=x_2\end{cases}$即可逆线性变换为$\begin{cases}x_1=y_1+y_2-y_3\\x_2=y_3\\x_3=y_3-y_2\end{cases}$ ………8 分

四、计算题(共3小题,每题10分,共计30分)

1. 解:由

$$r(\boldsymbol{A},\boldsymbol{b})=\begin{pmatrix}3&2&1&1&-3&0\\0&1&2&2&6&3\\1&1&1&1&1&1\\5&4&3&3&-1&a\end{pmatrix}\to\cdots\to\begin{pmatrix}1&1&1&1&1&1\\0&1&2&2&6&3\\0&0&0&0&0&a-2\\0&0&0&0&0&0\end{pmatrix}$$

方程组有无穷多组解,所以 $r(\mathbf{A})=r(\mathbf{A},\boldsymbol{b})=2$,故 $a=2$……4分

$$r(\boldsymbol{A},\boldsymbol{b})\to\begin{pmatrix}1&0&-1&-1&-5&-2\\0&1&2&2&6&3\\0&0&0&0&0&0\\0&0&0&0&0&0\end{pmatrix}$$,原方程组等价于方程组

$$\begin{cases}x_1=-2+x_3+x_4+5x_5\\x_2=3-2x_3-2x_4-6x_5\end{cases}$$

取 $x_3=x_4=x_5=0$,得到特解 $\boldsymbol{\eta}=(-2,3,0,0,0)^T$……7分

令 $\begin{pmatrix}x_3\\x_4\\x_5\end{pmatrix}=\begin{pmatrix}1\\0\\0\end{pmatrix},\begin{pmatrix}0\\1\\0\end{pmatrix},\begin{pmatrix}0\\0\\1\end{pmatrix}$,分别代入等价方程组的齐次线性方程组中求得基础解系为

$\boldsymbol{\xi}_1=(1,-2,1,0,0)^T,\boldsymbol{\xi}_2=(1,-2,0,1,0)^T,\boldsymbol{\xi}_3=(5,-6,0,0,1)^T$

方程组的全部解为

$x=\boldsymbol{\eta}+k_1\boldsymbol{\xi}_1+k_2\boldsymbol{\xi}_2+k_3\boldsymbol{\xi}_3$ 其中 k_1,k_2,k_3 为任意常数……10分

2. 解:初等行变换矩阵$(\boldsymbol{\alpha}_1,\boldsymbol{\alpha}_2,\boldsymbol{\alpha}_3,\beta_1,\beta_2)$到行最简梯矩阵为

$$(\boldsymbol{\alpha}_1,\boldsymbol{\alpha}_2,\boldsymbol{\alpha}_3,\boldsymbol{\beta}_1,\boldsymbol{\beta}_2)=\begin{pmatrix}1&2&1&1&3\\-1&1&-1&2&0\\0&5&-2&5&7\\4&6&0&2&14\end{pmatrix}\to\begin{pmatrix}1&0&0&-1&2\\0&1&0&1&1\\0&0&1&0&-1\\0&0&0&0&0\end{pmatrix}$$……6分

可得到 $\boldsymbol{\beta}_1,\boldsymbol{\beta}_2$ 能由 $\boldsymbol{\alpha}_1,\boldsymbol{\alpha}_2,\boldsymbol{\alpha}_3$ 线性表示,且

$\boldsymbol{\beta}_1=-\boldsymbol{\alpha}_1+\boldsymbol{\alpha}_2,\boldsymbol{\beta}_2=2\boldsymbol{\alpha}_1+\boldsymbol{\alpha}_2-\boldsymbol{\alpha}_3$

向量组 $\boldsymbol{\alpha}_1,\boldsymbol{\alpha}_2,\boldsymbol{\alpha}_3,\boldsymbol{\beta}_1,\boldsymbol{\beta}_2$ 的一个极大无关组为 $\boldsymbol{\alpha}_1,\boldsymbol{\alpha}_2,\boldsymbol{\alpha}_3$.……10分

3. 解:

$$|\lambda\mathbf{E}-\mathbf{A}|=\begin{vmatrix}\lambda-4&-2&-2\\-2&\lambda-4&-2\\-2&-2&\lambda-4\end{vmatrix}=(\lambda-8)(\lambda-2)^2$$………4分

得到矩阵 $\boldsymbol{A}$ 的全部特征值为 $\lambda_1=\lambda_2=2,\lambda_3=8$.

当 $\lambda_1=\lambda_2=2$ 时，由 $(2\boldsymbol{E}-\boldsymbol{A})x=0$ 得一个基础解系 $\boldsymbol{\xi}_1=(-1,1,0)^T,\boldsymbol{\xi}_2=(-1,0,1)^T$

正交化,单位化 $\boldsymbol{\beta}_1=(-\frac{1}{\sqrt{2}},\frac{1}{\sqrt{2}},0)^T,\boldsymbol{\beta}_2=(-\frac{\sqrt{6}}{6},-\frac{\sqrt{6}}{6},\frac{\sqrt{6}}{3})^T$ …7 分

当 $\lambda_3=8$ 时,由 $(8\boldsymbol{E}-\boldsymbol{A})x=0$ 的一个基础解 $\boldsymbol{\xi}_3=(1,1,1)^T$

将其单位化得 $\boldsymbol{\beta}_3=(\frac{1}{\sqrt{3}},\frac{1}{\sqrt{3}},\frac{1}{\sqrt{3}})^T$ ………9 分

则正交阵 $\boldsymbol{P}=(\boldsymbol{\beta}_1,\boldsymbol{\beta}_2,\boldsymbol{\beta}_3)=\begin{pmatrix}-\frac{1}{\sqrt{2}} & -\frac{\sqrt{6}}{6} & \frac{1}{\sqrt{3}}\\ \frac{1}{\sqrt{2}} & -\frac{\sqrt{6}}{6} & \frac{1}{\sqrt{3}}\\ 0 & \frac{\sqrt{6}}{3} & \frac{1}{\sqrt{3}}\end{pmatrix}$,使 $\boldsymbol{P}^{-1}\boldsymbol{AP}=\boldsymbol{B}$,

相应的对角阵为 $\boldsymbol{\Lambda}=\begin{pmatrix}2&0&0\\0&2&0\\0&0&8\end{pmatrix}$……10 分

五、证明题(共 2 小题,每题 4 分,共计 8 分)

1. 证明:$\boldsymbol{A}(k_1\boldsymbol{\alpha}_1+k_2\boldsymbol{\alpha}_2)=\boldsymbol{A}k_1\boldsymbol{\alpha}_1+\boldsymbol{A}k_2\boldsymbol{\alpha}_2=k_1\boldsymbol{A\alpha}_1+k_2\boldsymbol{A\alpha}_2$

因为 $\boldsymbol{A\alpha}_1=\lambda_1\boldsymbol{\alpha}_1,\boldsymbol{A\alpha}_2=\lambda_2\boldsymbol{\alpha}_2$

$\boldsymbol{A}(k_1\boldsymbol{\alpha}_1+k_2\boldsymbol{\alpha}_2)=k_1\lambda_1\boldsymbol{\alpha}_1+k_2\lambda_2\boldsymbol{\alpha}_2$ 而 $\lambda_1\neq\lambda_2$

所以 $k_1\boldsymbol{\alpha}_1+k_2\boldsymbol{\alpha}_2$ 不是 $\boldsymbol{A}$ 的特征向量.………4 分

2. 证明:由 $\boldsymbol{\alpha}_1,\boldsymbol{\alpha}_2,\cdots,\boldsymbol{\alpha}_s$ 线性相关，根据定义，存在不全为 0 的 $k_1,k_2,\cdots,k_s$,使得 $k_1\boldsymbol{\alpha}_1+k_2\boldsymbol{\alpha}_2+\cdots+k_s\boldsymbol{\alpha}_s=0$,

用矩阵 $\boldsymbol{A}$ 左乘等号两边得到

$\boldsymbol{A}k_1\boldsymbol{\alpha}_1+\boldsymbol{A}k_2\boldsymbol{\alpha}_2+\cdots+\boldsymbol{A}k_s\boldsymbol{\alpha}_s=k_1\boldsymbol{A\alpha}_1+k_2\boldsymbol{A\alpha}_2+\cdots+k_s\boldsymbol{A\alpha}_s=0$

k_i 不全为 0,根据线性相关的定义,得到向量组 $k_1\boldsymbol{\alpha}_1,k_2\boldsymbol{\alpha}_2,\cdots,k_s\boldsymbol{\alpha}_s$ 线性相关.……4 分

模拟考试试卷二参考解答

一、选择题(共 5 小题,每题 2 分,共计 10 分)

1.A 2.B 3.C 4.D 5.C

二、填空题(共 10 小题,每题 2 分,共计 20 分)

1.6 m 2.(2,0,1) 3.$\boldsymbol{\beta\beta}^T$ 4.0 5.0

6.线性无关 7.1 8.1,1,−1 9.1 10.2

三、计算题(共 4 小题,每题 8 分,共计 32 分)

1. 解:

$$A_{41}+A_{42}+A_{43}+A_{44}=\begin{vmatrix} a & b & b & b \\ b & a & b & b \\ b & b & a & b \\ 1 & 1 & 1 & 1 \end{vmatrix}\cdots\cdots\cdots 4\text{ 分}$$

$$=\begin{vmatrix} a & b-a & b-a & b-a \\ b & a-b & 0 & 0 \\ b & 0 & a-b & 0 \\ 1 & 0 & 0 & 0 \end{vmatrix}=(a-b)^3\cdots\cdots\cdots 8\text{ 分}$$

2. 解:方法一:$\boldsymbol{AB}=\begin{pmatrix} 1 & 0 & 0 \\ 0 & 2 & 0 \\ 0 & 0 & 3 \end{pmatrix}\begin{pmatrix} 1 & 0 & 0 \\ 0 & 1 & 0 \\ 0 & 3 & 1 \end{pmatrix}=\begin{pmatrix} 1 & 0 & 0 \\ 0 & 2 & 0 \\ 0 & 9 & 3 \end{pmatrix}\cdots\cdots\cdots 2\text{ 分}$

$$(\boldsymbol{AB}\quad \boldsymbol{E})=\begin{pmatrix} 1 & 0 & 0 & 1 & 0 & 0 \\ 0 & 2 & 0 & 0 & 1 & 0 \\ 0 & 9 & 3 & 0 & 0 & 1 \end{pmatrix}\to\begin{pmatrix} 1 & 0 & 0 & 1 & 0 & 0 \\ 0 & 1 & 0 & 0 & \frac{1}{2} & 0 \\ 0 & 0 & 1 & 0 & -\frac{3}{2} & \frac{1}{3} \end{pmatrix}$$

所以$(\boldsymbol{AB})^{-1}=\begin{pmatrix} 1 & 0 & 0 \\ 0 & \frac{1}{2} & 0 \\ 0 & -\frac{3}{2} & \frac{1}{3} \end{pmatrix}\cdots\cdots\cdots 8\text{ 分}$

(2) 方法二:

$$(\boldsymbol{AB})^{-1}=\boldsymbol{B}^{-1}\boldsymbol{A}^{-1}=\begin{pmatrix} 1 & 0 & 0 \\ 0 & 1 & 0 \\ 0 & -3 & 1 \end{pmatrix}\begin{pmatrix} 1 & 0 & 0 \\ 0 & \frac{1}{2} & 0 \\ 0 & 0 & \frac{1}{3} \end{pmatrix}=\begin{pmatrix} 1 & 0 & 0 \\ 0 & \frac{1}{2} & 0 \\ 0 & -\frac{3}{2} & \frac{1}{3} \end{pmatrix}\cdots\cdots\cdots 8\text{ 分}$$

3. 解:方法一:由 $\boldsymbol{A}+2\boldsymbol{B}=\boldsymbol{AB}$, 得到 $\boldsymbol{A}(\boldsymbol{E}-\boldsymbol{B})=-2\boldsymbol{B}$,……2 分

$$(\boldsymbol{E}-\boldsymbol{B},\boldsymbol{E})=\begin{pmatrix}0&-2&0&1&0&0\\1&-1&0&0&1&0\\0&0&-2&0&0&1\end{pmatrix}\rightarrow\begin{pmatrix}1&0&0&-\frac{1}{2}&1&0\\0&1&0&-\frac{1}{2}&0&0\\0&0&1&0&0&-\frac{1}{2}\end{pmatrix}$$……5 分

所以,$\boldsymbol{E}-\boldsymbol{B}$ 可逆,$\boldsymbol{A}=-2\boldsymbol{B}(\boldsymbol{E}-\boldsymbol{B})^{-1}=\begin{pmatrix}3&-2&0\\1&2&0\\0&0&3\end{pmatrix}$.……8 分

方法二:由 $\boldsymbol{A}+2\boldsymbol{B}=\boldsymbol{AB}$, 得到 $\boldsymbol{A}(\boldsymbol{E}-\boldsymbol{B})=-2\boldsymbol{B}$,……2 分

用初等列变换求 $\boldsymbol{A}$

$$\begin{pmatrix}\boldsymbol{E}-\boldsymbol{B}\\-2\boldsymbol{B}\end{pmatrix}=\begin{pmatrix}0&-2&0\\1&-1&0\\0&0&-2\\-2&-4&0\\2&-4&0\\0&0&-6\end{pmatrix}\rightarrow\begin{pmatrix}1&0&0\\0&1&0\\0&0&1\\3&-2&0\\1&2&0\\0&0&3\end{pmatrix}$$……6 分

所以,$\boldsymbol{A}=\begin{pmatrix}3&-2&0\\1&2&0\\0&0&3\end{pmatrix}$.……8 分

4. 解:二次型的矩阵 $\boldsymbol{A}=\begin{pmatrix}a&0&b\\0&2&0\\b&0&-2\end{pmatrix}$ 根据题意得到

$a+2+(-2)=1$, $-4a-2b^2=-12$, $a=1$, $b=2$………4 分

$f=x_1^2+2x_2^2-2x_3^2+4x_1x_3=(x_1+2x_3)^2+2x_2^2-6x_3^2$

令 $\begin{cases}y_1=x_1+2x_3\\y_2=x_2\\y_3=x_3\end{cases}$,标准形为 $y_1^2+2y_2^2-6y_3^2$.………8 分

四、计算题(共3小题,每题10分,共计30分)

1. 解:$|\boldsymbol{A}|=\begin{vmatrix}2&\lambda&-1\\\lambda&-1&1\\4&5&-5\end{vmatrix}=(\lambda-1)(5\lambda+4)$ 由克莱姆法则

当 $\lambda \neq 1$ 且 $\lambda \neq -\frac{4}{5}$ 时，方程组有唯一解；……2 分

当 $\lambda = -\frac{4}{5}$ 时，$r(\boldsymbol{A},\boldsymbol{b}) = \begin{pmatrix} 2 & -\frac{4}{5} & -1 & 1 \\ -\frac{4}{5} & -1 & 1 & 2 \\ 4 & 5 & -5 & -1 \end{pmatrix} \to \cdots \to \begin{pmatrix} 10 & -4 & -5 & 5 \\ -4 & -5 & 5 & 10 \\ 0 & 0 & 0 & 9 \end{pmatrix}$

有 $r(\boldsymbol{A}) \neq r(\boldsymbol{A},\boldsymbol{b})$，所以方程组无解；……4 分

当 $\lambda = 1$ 时，$r(\boldsymbol{A},\boldsymbol{b}) = \begin{pmatrix} 2 & 1 & -1 & 1 \\ 1 & -1 & 1 & 2 \\ 4 & 5 & -5 & -1 \end{pmatrix} \to \cdots \to \begin{pmatrix} 1 & 0 & 0 & 1 \\ 0 & 1 & -1 & -1 \\ 0 & 0 & 0 & 0 \end{pmatrix}$

有 $r(\boldsymbol{A}) = r(\boldsymbol{A},\boldsymbol{b}) = 2 < 3$，方程组有无穷多组解，原方程组等价于方程组 $\begin{cases} x_1 = 1 \\ x_2 - x_3 = -1 \end{cases}$

取 $x_3 = 0$，得到特解 $\boldsymbol{\eta} = (1,-1,0)^T$

令 $x_3 = 1$，代入等价方程组的齐次线性方程组中求得基础解系为 $\boldsymbol{\xi} = (1,0,1)^T$

方程组的全部解为 $\boldsymbol{x} = \boldsymbol{\eta} + k\boldsymbol{\xi}$ 其中 k 为任意常数 ……10 分

2. 解：初等行变换矩阵 $(\alpha_1,\alpha_2,\alpha_3,\alpha_4,\alpha_5)$ 到行最简梯矩阵为 $(\alpha_1,\alpha_2,\alpha_3,\alpha_4,\alpha_5) =$

$$\begin{pmatrix} 1 & 7 & 2 & 5 & 2 \\ 3 & 0 & -1 & 1 & -1 \\ 2 & 14 & 0 & 6 & 4 \\ 0 & 3 & 1 & 2 & 1 \end{pmatrix} \to \begin{pmatrix} 1 & 0 & 0 & \frac{2}{3} & -\frac{1}{3} \\ 0 & 1 & 0 & \frac{1}{3} & \frac{1}{3} \\ 0 & 0 & 1 & 1 & 0 \\ 0 & 0 & 0 & 0 & 0 \end{pmatrix}$$ ……6 分

可得向量组的秩为 3，向量组的一个极大无关组为 $\boldsymbol{\alpha}_1,\boldsymbol{\alpha}_2,\boldsymbol{\alpha}_3$，且

$\boldsymbol{\alpha}_4 = \frac{2}{3}\boldsymbol{\alpha}_1 + \frac{1}{3}\boldsymbol{\alpha}_2 + \boldsymbol{\alpha}_3, \boldsymbol{\alpha}_5 = -\frac{1}{3}\boldsymbol{\alpha}_1 + \frac{1}{3}\boldsymbol{\alpha}_2$ ……10 分

3. 解：$\boldsymbol{A}$ 的特征多项式为

$$|\lambda \boldsymbol{E} - \boldsymbol{A}| = \begin{vmatrix} \lambda - 1 & -2 & -2 \\ -2 & \lambda - 1 & -2 \\ -2 & -2 & \lambda - 1 \end{vmatrix} = (\lambda - 5)(\lambda + 1)^2$$ ………3 分

得到矩阵 $\boldsymbol{A}$ 的全部特征值为 $\lambda_1 = \lambda_2 = -1, \lambda_3 = 5$

当 $\lambda_1 = \lambda_2 = -1$ 时，由 $(-\boldsymbol{E} - \boldsymbol{A})x = 0$ 得一个基础解系 $\boldsymbol{\xi}_1 = (-1,1,0)^T$，

$\boldsymbol{\xi}_2=(-1,0,1)^T$,

正交化,单位化 $\boldsymbol{\beta}_1=(-\frac{1}{\sqrt{2}},\frac{1}{\sqrt{2}},0)^T$,$\boldsymbol{\beta}_2=(-\frac{\sqrt{6}}{6},-\frac{\sqrt{6}}{6},\frac{\sqrt{6}}{3})^T$

当 $\lambda_3=5$ 时,由 $(5\boldsymbol{E}-\boldsymbol{A})x=0$ 的一个基础解 $\boldsymbol{\xi}_3=(1,1,1)^T$

将其单位化得 $\boldsymbol{\beta}_3=(\frac{1}{\sqrt{3}},\frac{1}{\sqrt{3}},\frac{1}{\sqrt{3}})^T$ ………8 分

因此 $\boldsymbol{A}$ 能对角化

且正交阵 $\boldsymbol{P}=(\boldsymbol{\beta}_1,\boldsymbol{\beta}_2,\boldsymbol{\beta}_3)=\begin{pmatrix}-\frac{1}{\sqrt{2}} & -\frac{\sqrt{6}}{6} & \frac{1}{\sqrt{3}}\\ \frac{1}{\sqrt{2}} & -\frac{\sqrt{6}}{6} & \frac{1}{\sqrt{3}}\\ 0 & \frac{\sqrt{6}}{3} & \frac{1}{\sqrt{3}}\end{pmatrix}$,使 $\boldsymbol{P}^{-1}\boldsymbol{A}\boldsymbol{P}=\boldsymbol{\Lambda}$,

相应的对角阵为 $\boldsymbol{\Lambda}=\begin{pmatrix}-1 & 0 & 0\\ 0 & -1 & 0\\ 0 & 0 & 5\end{pmatrix}$ ……10 分

五、证明题(共 2 小题,每题 4 分,共计 8 分)

1. 证明:因为 $\boldsymbol{A}\boldsymbol{\alpha}=\lambda\boldsymbol{\alpha}$,有

$(\boldsymbol{A}^5-4\boldsymbol{A}^3+\boldsymbol{E})\boldsymbol{\alpha}=\boldsymbol{A}^5\boldsymbol{\alpha}-4\boldsymbol{A}^3\boldsymbol{\alpha}+\boldsymbol{\alpha}=\lambda^5\boldsymbol{\alpha}-4\lambda^3\boldsymbol{\alpha}+\boldsymbol{\alpha}=(\lambda^5-4\lambda^3+1)\boldsymbol{\alpha}$

根据特征值和特征向量的定义得 $\boldsymbol{\alpha}$ 也是 $\boldsymbol{A}^5-4\boldsymbol{A}^3+\boldsymbol{E}$ 的特征向量.………4 分

2. 证明:由 $\boldsymbol{\alpha},\boldsymbol{\beta},\gamma$ 线性无关,得到 $\boldsymbol{\alpha},\boldsymbol{\beta}$ 线性无关,又 $\boldsymbol{\alpha},\boldsymbol{\beta},\boldsymbol{\delta}$ 线性相关,则 $\boldsymbol{\delta}$ 可以由 $\boldsymbol{\alpha},\boldsymbol{\beta}$ 线性表示,所以 $\boldsymbol{\delta}$ 必可由 $\boldsymbol{\alpha},\boldsymbol{\beta},\gamma$ 线性表示.………4 分

模拟考试试卷三参考解答

一、1. -3　2. $a_1+a_2+a_3+a_4=0$　3. 0　4. -1　5. $-\sqrt{2}<t<\sqrt{2}$.

二、1. B　2. C　3. D　4. A　5. A

三(1) $\boldsymbol{A}+\boldsymbol{B}=\begin{bmatrix}2 & 0 & 3\\ 0 & 4 & 2\\ 3 & 0 & 2\end{bmatrix}$;$\boldsymbol{A}-\boldsymbol{B}=\begin{bmatrix}0 & 0 & 3\\ 0 & 0 & 0\\ -3 & 0 & 0\end{bmatrix}$ ……2 分

$(\boldsymbol{A}+\boldsymbol{B})(\boldsymbol{A}-\boldsymbol{B})=\begin{bmatrix}-9 & 0 & 6\\ -6 & 0 & 0\\ -6 & 0 & 9\end{bmatrix}$ ……4 分

$$A^2=\begin{bmatrix}1&0&6\\0&4&3\\0&0&1\end{bmatrix};B^2=\begin{bmatrix}1&0&0\\3&4&3\\6&0&1\end{bmatrix}$$ ……8 分

$$A^2-B^2=\begin{bmatrix}0&0&6\\-3&0&0\\-6&0&0\end{bmatrix}$$ ……9 分

四、(1) 令 $A=(\alpha_1{}',\alpha_2{}',\alpha_3{}',\alpha_4{}')$ 并对矩阵 A 作初等行变换

$$A=\begin{bmatrix}1&-1&5&-1\\1&1&-2&3\\3&-1&8&1\\1&3&-9&7\end{bmatrix}\to\begin{bmatrix}1&-1&5&-1\\0&2&-7&4\\0&2&-7&4\\0&4&-14&8\end{bmatrix}$$ ……3 分

$$\to\begin{bmatrix}1&-1&5&-1\\0&2&-7&4\\0&0&0&0\\0&0&0&0\end{bmatrix}\to\begin{bmatrix}1&0&\frac{3}{2}&1\\0&1&-\frac{7}{2}&2\\0&0&0&0\\0&0&0&0\end{bmatrix}$$ ……6 分

则 α_1,α_2 为该向量组的一个最大无关组.……7 分

(2) $\alpha_3=\frac{3}{2}\alpha_1-\frac{7}{2}\alpha_2$ ……9 分

$\alpha_4=\alpha_1+2\alpha_2$ ……11 分

五、方法(一)

$\because |A|=-1$ ……3 分

$$\therefore A^{-1}=\frac{1}{|A|}A^*=\frac{1}{|A|}\begin{bmatrix}A_{11}&A_{21}&A_{31}\\A_{12}&A_{22}&A_{32}\\A_{13}&A_{23}&A_{33}\end{bmatrix}$$ ……5 分

$$=-\begin{bmatrix}-1&4&3\\-1&5&3\\1&-6&-4\end{bmatrix}=\begin{bmatrix}1&-4&-3\\1&-5&-3\\-1&6&4\end{bmatrix}$$ ……11 分

方法(二)

$$\because\begin{bmatrix}2&2&3&1&0&0\\1&-1&0&0&1&0\\-1&2&1&0&0&1\end{bmatrix}\to\begin{bmatrix}1&-1&0&0&1&0\\-1&2&1&0&0&1\\2&2&3&1&0&0\end{bmatrix}$$ ……2 分

$$\rightarrow\begin{bmatrix}1&-1&0&0&1&0\\0&1&1&0&1&1\\0&4&3&1&-2&0\end{bmatrix}\rightarrow\begin{bmatrix}1&-1&0&0&1&0\\0&1&1&0&1&1\\0&0&-1&1&-6&-4\end{bmatrix}\cdots\cdots 6\text{ 分}$$

$$\rightarrow\begin{bmatrix}1&-1&0&0&1&0\\0&1&0&1&-5&-3\\0&0&1&-1&6&4\end{bmatrix}\rightarrow\begin{bmatrix}1&0&0&1&-4&-3\\0&1&0&1&-5&-3\\0&0&1&-1&6&4\end{bmatrix}\cdots\cdots 10\text{ 分}$$

$$\therefore \boldsymbol{A}^{-1}=\begin{bmatrix}1&-4&-3\\1&-5&-3\\-1&6&4\end{bmatrix}\cdots\cdots 11\text{ 分}$$

六、对方程组的增广矩阵作初等行变换,得:

$$[\boldsymbol{A},\boldsymbol{b}]=\begin{bmatrix}1&2&-1&-2&0\\2&-1&-1&1&1\\3&1&-2&-1&\lambda\end{bmatrix}\rightarrow\begin{bmatrix}1&2&-1&-2&0\\0&-5&1&5&1\\0&-5&1&5&\lambda\end{bmatrix}\cdots\cdots 2\text{ 分}$$

$$\rightarrow\begin{bmatrix}1&2&-1&-2&0\\0&-5&1&5&1\\0&0&0&0&\lambda-1\end{bmatrix}\cdots\cdots 4\text{ 分}$$

由此可见:

(1) 当 $\lambda\neq 1$ 时,$\boldsymbol{R}(\boldsymbol{A})=2,\boldsymbol{R}([\boldsymbol{A},\boldsymbol{b}])=3$.此时原方程组无解. ——5 分

(2) 当 $\lambda=1$ 时,$\boldsymbol{R}(\boldsymbol{A})=\boldsymbol{R}([\boldsymbol{A},\boldsymbol{b}])=2<4$(未知量的个数)此时原方程组有无穷多个解.……6 分

当 $\lambda=1$ 时,阶梯形矩阵为:$\begin{bmatrix}1&2&-1&-2&0\\0&-5&1&5&1\\0&0&0&0&0\end{bmatrix}\rightarrow\begin{bmatrix}1&-3&0&3&1\\0&-5&1&5&1\\0&0&0&0&0\end{bmatrix}\cdots\cdots 7\text{ 分}$

求得非齐次方程的一个特解和对应齐次方程的基础解系:

$$\boldsymbol{\eta}^*=\begin{pmatrix}1\\0\\1\\0\end{pmatrix};\boldsymbol{\xi}_1=\begin{pmatrix}3\\1\\5\\0\end{pmatrix},\ \boldsymbol{\xi}_2=\begin{pmatrix}-3\\0\\-5\\1\end{pmatrix}\cdots\cdots 10\text{ 分}$$

一般解是:$\boldsymbol{x}=\boldsymbol{\eta}^*+k_1\boldsymbol{\xi}_1+k_2\boldsymbol{\xi}_2$($k_1,k_2$ 为任意实数)……11 分

七、$|\lambda\boldsymbol{E}-\boldsymbol{A}|=\begin{vmatrix}\lambda-1&-2&-1\\-1&\lambda+2&1\\1&-5&\lambda-3\end{vmatrix}=(\lambda-2)(\lambda+1)(\lambda-1)=0\cdots\cdots 2\text{ 分}$

解得特征值为:$\lambda_1=2,\lambda_2=1,\lambda_3=-1$……3 分

对应于 $\lambda_1=2$,根据$(\lambda \boldsymbol{E}-\boldsymbol{A})\boldsymbol{X}=0$,有

$$\begin{cases}x_1-2x_2-x_3=0\\-x_1+4x_2+x_3=0\\x_1-5x_2-x_3=0\end{cases},\text{即}\begin{cases}x_1=x_3\\x_2=0\\x_3=x_3\end{cases}$$

取 $x_3=1$,则易求得 $x_1=1,x_2=0$.得基础解系为$(1,0,1)'$,

$\therefore \boldsymbol{A}$ 的属于特征值$\lambda_1=2$ 的全部特征向量为 $k_1(1,0,1)'$,(其中 k_1 为任意非零常数)……6 分

对应于 $\lambda_2=1$,根据$(\lambda \boldsymbol{E}-\boldsymbol{A})\boldsymbol{X}=0$,有

$$\begin{cases}-2x_2-x_3=0\\-x_1+3x_2+x_3=0\\x_1-5x_2-2x_3=0\end{cases},\text{即}\begin{cases}x_1=x_2\\x_2=x_2\\x_3=-2x_2\end{cases}$$

取 $x_2=1$,则易求得 $x_1=1,x_3=-2$.得基础解系为$(1,1,-2)'$

$\therefore \boldsymbol{A}$ 的属于特征值$\lambda_2=1$ 的全部特征向量为 $k_2(1,1,-2)'$,(其中 k_2 为任意非零常数)……9 分

对应于 $\lambda_3=-1$,根据$(\lambda \boldsymbol{E}-\boldsymbol{A})\boldsymbol{X}=0$,有

$$\begin{cases}-2x_1-2x_2-x_3=0\\-x_1+x_2+x_3=0\\x_1-5x_2-4x_3=0\end{cases},\text{即}\begin{cases}x_1=\dfrac{1}{4}x_3\\x_2=-\dfrac{3}{4}x_3\\x_3=x_3\end{cases}$$

取 $x_3=4$,则易求得 $x_1=1,x_3=-3$.得基础解系为$(1,-3,4)'$

$\therefore \boldsymbol{A}$ 的属于特征值$\lambda_3=-1$ 的全部特征向量为$k_3(1,-3,4)'$,(其中k_3 为任意非零常数)……12 分

八、$|\lambda \boldsymbol{E}-\boldsymbol{B}|=\lambda(\lambda-1)(\lambda-2)=0\Rightarrow\lambda_1=0,\lambda_2=1,\lambda_3=2$……2 分

$\because \boldsymbol{A}$ 与 $\boldsymbol{B}$ 相似,$\therefore |\lambda \boldsymbol{E}-\boldsymbol{A}|=|\lambda \boldsymbol{E}-\boldsymbol{B}|$……4 分

当 $\lambda_1=0$ 时,有 $|\lambda \boldsymbol{E}-\boldsymbol{A}|=(\boldsymbol{\alpha}-\boldsymbol{\beta})^2=0$,

即 $\boldsymbol{\alpha}-\boldsymbol{\beta}=0$,(1)……5 分

当 $\lambda_2=1$ 时,有 $|\lambda \boldsymbol{E}-\boldsymbol{A}|=-2\boldsymbol{\alpha\beta}=0$,

即 $\boldsymbol{\alpha\beta}=0$,(2)……6 分

当 $\lambda_3=2$ 时,有 $|\lambda \boldsymbol{E}-\boldsymbol{A}|=-(\boldsymbol{\alpha}+\boldsymbol{\beta})^2=0$,

即 $\boldsymbol{\alpha}+\boldsymbol{\beta}=0$,(3)……7 分

由(1)、(2)、(3) 知:$\boldsymbol{\alpha}=\boldsymbol{\beta}=0$……9 分

九、由 $\boldsymbol{B}=\boldsymbol{E}+\boldsymbol{AB}$ 知$(\boldsymbol{E}-\boldsymbol{A})\boldsymbol{B}=\boldsymbol{E}$……2 分

从而 $\boldsymbol{E}-\boldsymbol{A}$ 可逆,$\boldsymbol{B}=(\boldsymbol{E}-\boldsymbol{A})^{-1}$……3 分

由 $\boldsymbol{C}=\boldsymbol{A}+\boldsymbol{CA}$ 知 $\boldsymbol{C}(\boldsymbol{E}-\boldsymbol{A})=\boldsymbol{A}$,$\boldsymbol{C}=\boldsymbol{A}(\boldsymbol{E}-\boldsymbol{A})^{-1}$……5 分

从而 $\boldsymbol{B}-\boldsymbol{C}=(\boldsymbol{E}-\boldsymbol{A})^{-1}-\boldsymbol{A}(\boldsymbol{E}-\boldsymbol{A})^{-1}$

$=(\boldsymbol{E}-\boldsymbol{A})(\boldsymbol{E}-\boldsymbol{A})^{-1}=\boldsymbol{E}$……7 分

模拟考试试卷四参考解答

一、1. $k=2$ 或 $k=11$　2. $\boldsymbol{AB}=\boldsymbol{BA}$　3 . $(-2,17,-1)$　4. 2　5. $-2<t<1$

二、1. B　2. B　3. D　4. C　5. A

三、当 $n=1$ 时,等式显然成立.……1 分

设 $n=k$ 时成立,即设:

$$\begin{bmatrix}\cos\varphi & -\sin\varphi\\ \sin\varphi & \cos\varphi\end{bmatrix}^k=\begin{bmatrix}\cos k\varphi & -\sin k\varphi\\ \sin k\varphi & \cos k\varphi\end{bmatrix}\text{……3 分}$$

要证 $n=k+1$ 时成立.此时有:

$$\begin{bmatrix}\cos\varphi & -\sin\varphi\\ \sin\varphi & \cos\varphi\end{bmatrix}^{k+1}=\begin{bmatrix}\cos\varphi & -\sin\varphi\\ \sin\varphi & \cos\varphi\end{bmatrix}^k\begin{bmatrix}\cos\varphi & -\sin\varphi\\ \sin\varphi & \cos\varphi\end{bmatrix}\text{……4 分}$$

$$=\begin{bmatrix}\cos k\varphi & -\sin k\varphi\\ \sin k\varphi & \cos k\varphi\end{bmatrix}\begin{bmatrix}\cos\varphi & -\sin\varphi\\ \sin\varphi & \cos\varphi\end{bmatrix}\text{……5 分}$$

$$=\begin{bmatrix}\cos k\varphi\cos\varphi-\sin k\varphi\sin\varphi & -\cos k\varphi\sin\varphi-\sin k\varphi\cos\varphi\\ \sin k\varphi\cos\varphi+\cos k\varphi\sin\varphi & -\sin k\varphi\sin\varphi+\cos k\varphi\cos\varphi\end{bmatrix}\text{……7 分}$$

$$=\begin{bmatrix}\cos(k+1)\varphi & -\sin(k+1)\varphi\\ \sin(k+1)\varphi & \cos(k+1)\varphi\end{bmatrix}\text{……9 分}$$

四、(1) 令 $\boldsymbol{A}=(\alpha_1{}',\alpha_2{}',\alpha_3{}',\alpha_4{}',\alpha_5{}')$ 并对矩阵 $\boldsymbol{A}$ 作初等行变换

$$\boldsymbol{A}=\begin{bmatrix}2 & -1 & -1 & 1 & 2\\ 1 & 1 & -2 & 1 & 4\\ 4 & -6 & 2 & -2 & 4\\ 3 & 6 & -9 & 7 & 9\end{bmatrix}\to\begin{bmatrix}1 & 1 & -2 & 1 & 4\\ 2 & -1 & -1 & 1 & 2\\ 2 & -3 & 1 & -1 & 2\\ 3 & 6 & -9 & 7 & 9\end{bmatrix}\text{……2 分}$$

$$\to\begin{bmatrix}1 & 1 & -2 & 1 & 4\\ 0 & 2 & -2 & 2 & 0\\ 0 & -5 & 5 & -3 & -6\\ 0 & 3 & -3 & 4 & -3\end{bmatrix}\to\begin{bmatrix}1 & 1 & -2 & 1 & 4\\ 0 & 1 & -1 & 1 & 0\\ 0 & 0 & 0 & 2 & -6\\ 0 & 0 & 0 & 1 & -3\end{bmatrix}\text{……4 分}$$

$$\rightarrow\begin{bmatrix}1&1&-2&1&4\\0&1&-1&1&0\\0&0&0&1&-3\\0&0&0&0&0\end{bmatrix}\rightarrow\begin{bmatrix}1&0&-1&0&4\\0&1&-1&0&3\\0&0&0&1&-3\\0&0&0&0&0\end{bmatrix}\cdots\cdots 6\text{ 分}$$

则 $\boldsymbol{\alpha}_1,\boldsymbol{\alpha}_2,\boldsymbol{\alpha}_4$ 为该向量组的一个最大无关组.……7 分

(2) $\boldsymbol{\alpha}_3=-\boldsymbol{\alpha}_1-\boldsymbol{\alpha}_2$……9 分

$\boldsymbol{\alpha}_5=4\boldsymbol{\alpha}_1+3\boldsymbol{\alpha}_2-3\boldsymbol{\alpha}_4$……11 分

五、(1) $\begin{bmatrix}1&-1&1&1&0&0\\1&1&0&0&1&0\\2&1&1&0&0&1\end{bmatrix}\rightarrow\begin{bmatrix}1&-1&1&1&0&0\\0&2&-1&-1&1&0\\0&3&-1&-2&0&1\end{bmatrix}$……2 分

$$\rightarrow\begin{bmatrix}1&-1&1&1&0&0\\0&1&0&-1&-1&1\\0&2&-1&-1&1&0\end{bmatrix}\rightarrow\begin{bmatrix}1&-1&1&1&0&0\\0&1&0&-1&-1&1\\0&0&-1&1&3&-2\end{bmatrix}\cdots\cdots 4\text{ 分}$$

$$\rightarrow\begin{bmatrix}1&-1&0&2&3&-2\\0&1&0&-1&-1&1\\0&0&-1&1&3&-2\end{bmatrix}\rightarrow\begin{bmatrix}1&0&0&1&2&-1\\0&1&0&-1&-1&1\\0&0&1&-1&-3&2\end{bmatrix}\cdots\cdots 6\text{ 分}$$

$$\therefore\boldsymbol{A}^{-1}=\begin{bmatrix}1&2&-1\\-1&-1&1\\-1&-3&2\end{bmatrix}\cdots\cdots 8\text{ 分}$$

(2) $\boldsymbol{X}=\boldsymbol{B}\boldsymbol{A}^{-1}=\begin{bmatrix}1&2&-3\\2&0&4\\0&-1&5\end{bmatrix}\begin{bmatrix}1&2&-1\\-1&-1&1\\-1&-3&2\end{bmatrix}=\begin{bmatrix}2&9&-5\\-2&-8&6\\-4&-14&9\end{bmatrix}$……11 分

六、对方程组的增广矩阵作初等行变换,得:

$$[\boldsymbol{A},\boldsymbol{b}]=\begin{bmatrix}1+\lambda&1&1&0\\1&1+\lambda&1&3\\1&1&1+\lambda&\lambda\end{bmatrix}\rightarrow\begin{bmatrix}1&1&1+\lambda&\lambda\\1&1+\lambda&1&3\\1+\lambda&1&1&0\end{bmatrix}\text{———1 分}$$

$$\rightarrow\begin{bmatrix}1&1&1+\lambda&\lambda\\0&\lambda&-\lambda&3-\lambda\\0&-\lambda&-\lambda(2+\lambda)&-\lambda(1+\lambda)\end{bmatrix}$$

$$\rightarrow\begin{bmatrix}1&1&1+\lambda&\lambda\\0&\lambda&-\lambda&3-\lambda\\0&0&-\lambda(3+\lambda)&(1-\lambda)(3+\lambda)\end{bmatrix}\cdots\cdots 3\text{ 分}$$

由此可见：

(1) 当 $\lambda \neq 0$ 且 $\lambda \neq -3$ 时，$\boldsymbol{R}(\boldsymbol{A})=\boldsymbol{R}([\boldsymbol{A},\boldsymbol{b}])=3$.此时原方程组有唯一解；……4 分

(2) 当 $\lambda=0$ 时，$\boldsymbol{R}(\boldsymbol{A})=1$，$\boldsymbol{R}([\boldsymbol{A},\boldsymbol{b}])=2$，方程组无解；……5 分

(3) 当 $\lambda=-3$ 时，$\boldsymbol{R}(\boldsymbol{A})=\boldsymbol{R}([\boldsymbol{A},\boldsymbol{b}])=2<3$，此时原方程组有无穷多个解.……6 分

当 $\lambda=-3$ 时，阶梯形矩阵为：$\begin{bmatrix}1 & 1 & -2 & -3\\0 & -3 & 3 & 6\\0 & 0 & 0 & 0\end{bmatrix} \to \begin{bmatrix}1 & 0 & -1 & -1\\0 & 1 & -1 & -2\\0 & 0 & 0 & 0\end{bmatrix}$……7 分

求得非齐次方程的一个特解 $\boldsymbol{\eta}^*$ 和对应齐次方程的基础解系 $\boldsymbol{\xi}$：

$\boldsymbol{\eta}^*=\begin{pmatrix}-1\\-2\\0\end{pmatrix}$；$\boldsymbol{\xi}=\begin{pmatrix}1\\1\\1\end{pmatrix}$……10 分

由此便得通解是：$x=\boldsymbol{\eta}^*+k\boldsymbol{\xi}$（$k$ 为任意实数）……11 分

七、$|\lambda\boldsymbol{E}-\boldsymbol{A}|=\begin{vmatrix}\lambda+1 & -1 & 0\\4 & \lambda-3 & 0\\-1 & 0 & \lambda-2\end{vmatrix}=(\lambda-2)(\lambda-1)^2=0$……3 分

解得特征值为：$\lambda_1=2$，$\lambda_2=\lambda_3=1$.……4 分

对应于 $\lambda_1=2$，根据 $(\lambda\boldsymbol{E}-\boldsymbol{A})\boldsymbol{X}=0$，有 $\begin{cases}-3x_1-x_2=0\\4x_1-x_2=0\\-x_1=0\end{cases}$，即 $\begin{cases}x_1=0\\x_2=0\\x_3=x_3\end{cases}$.

取 $x_3=1$，则易求得 $x_1=0$，$x_2=0$，得基础解系为 $(0,0,1)'$.

∴$\boldsymbol{A}$ 的属于特征值 $\lambda_1=2$ 的全部特征向量为 $k_1(0,0,1)'$（其中 k_1 为任意非零常数）……8 分

对应于 $\lambda_2=\lambda_3=1$，根据 $(\lambda\boldsymbol{E}-\boldsymbol{A})\boldsymbol{X}=0$，有 $\begin{cases}2x_1-x_2=0\\4x_1-x_2=0\\-x_1-x_3=0\end{cases}$，即 $\begin{cases}x_1=-x_3\\x_2=-2x_3\\x_3=x_3\end{cases}$.

取 $x_3=1$，则易求得 $x_1=-1$，$x_2=-2$，得基础解系为 $(-1,-2,1)'$.

∴$\boldsymbol{A}$ 的属于特征值 $\lambda_2=\lambda_3=1$ 的全部特征向量为 $k_2(-1,-2,1)'$（其中 k_2 为任意非零常数）……12 分

八、二次型 $f(x_1,x_2,x_3)$ 对应的矩阵为 $\boldsymbol{A}=\begin{bmatrix}5 & -1 & 3\\-1 & 5 & -3\\3 & -3 & \mu\end{bmatrix}$……2 分

由题意知 $\boldsymbol{R}(\boldsymbol{A})=2$，则 $|\boldsymbol{A}|=0$……4 分

即 $|\boldsymbol{A}|=24\boldsymbol{\mu}-72=0$，……5 分

解得：$\boldsymbol{\mu}=3$.……6 分

矩阵 $\boldsymbol{A}$ 的特征方程为：$|\lambda\boldsymbol{E}-\boldsymbol{A}|=\lambda(\lambda-4)(\lambda-9)=0$……8 分

∴ 特征值为 $\lambda_1=0,\lambda_2=4,\lambda_3=9$……9 分

九、利用关系式：$\boldsymbol{AA}^*=|\boldsymbol{A}|\boldsymbol{E}$，……1 分

在等式 $\boldsymbol{A}^*\boldsymbol{BA}=2\boldsymbol{BA}-8\boldsymbol{E}$ 的两端分别左乘 $\boldsymbol{A}$ 得：

$\boldsymbol{AA}^*\boldsymbol{BA}=2\boldsymbol{ABA}-8\boldsymbol{A}$，……2 分

即：$|\boldsymbol{A}|\boldsymbol{BA}=2\boldsymbol{ABA}-8\boldsymbol{A}$，再分别右乘 $\boldsymbol{A}^{-1}$，

并整理得：$|\boldsymbol{A}|\boldsymbol{B}=2\boldsymbol{AB}-8\boldsymbol{E}$，……3 分

从而 $(2\boldsymbol{A}-|\boldsymbol{A}|\boldsymbol{E})\boldsymbol{B}=8\boldsymbol{E}$……4 分

$$\text{即：}\boldsymbol{B}=8(2\boldsymbol{A}-|\boldsymbol{A}|\boldsymbol{E})^{-1}=8\left\{2\begin{bmatrix}1&0&0\\0&-2&0\\0&0&1\end{bmatrix}+2\begin{bmatrix}1&0&0\\0&1&0\\0&0&1\end{bmatrix}\right\}^{-1}$$

$$=8\begin{bmatrix}4&0&0\\0&-2&0\\0&0&4\end{bmatrix}^{-1}=8\begin{bmatrix}\frac{1}{4}&0&0\\0&-\frac{1}{2}&0\\0&0&\frac{1}{4}\end{bmatrix}=\begin{bmatrix}2&0&0\\0&-4&0\\0&0&2\end{bmatrix}\text{……7 分}$$

模拟考试试卷五参考解答

一、1. 20　2. $\frac{1}{3^{n+1}}$　3. $k=1$　4. $\begin{bmatrix}-3&1\\1&0\end{bmatrix}$　5. -1

二、1. B　2. B　3. A　4. B　5. C

$$\text{三、}3\boldsymbol{AB}-2\boldsymbol{B}=3\begin{bmatrix}1&1&1\\1&1&-1\\1&-1&1\end{bmatrix}\begin{bmatrix}1&2&3\\-1&-2&4\\0&5&1\end{bmatrix}-2\begin{bmatrix}1&2&3\\-1&-2&4\\0&5&1\end{bmatrix}$$

$$=3\begin{vmatrix}0&5&8\\0&-5&6\\2&9&0\end{vmatrix}-2\begin{bmatrix}1&2&3\\-1&-2&4\\0&5&1\end{bmatrix}\text{……4 分}$$

$$=\begin{bmatrix}-2 & 11 & 18\\ 2 & -11 & 10\\ 6 & 17 & -2\end{bmatrix}\cdots\cdots 8\text{ 分}$$

$$\because \boldsymbol{A}=\begin{bmatrix}3 & 2 & -1 & -2\\ -2 & 0 & 1 & 5\\ 1 & 2 & 0 & 3\\ 5 & 2 & -2 & -7\end{bmatrix}\to\begin{bmatrix}0 & -4 & -1 & -11\\ 0 & 4 & 1 & 11\\ 1 & 2 & 0 & 3\\ 0 & -8 & -2 & -22\end{bmatrix}\cdots\cdots 3\text{ 分}$$

$$\to\begin{bmatrix}0 & 0 & 0 & 0\\ 0 & 4 & 1 & 11\\ 1 & 2 & 0 & 3\\ 0 & 0 & 0 & 0\end{bmatrix}\cdots\cdots 8\text{ 分}$$

$\therefore \boldsymbol{R}(\boldsymbol{A})=2$……9 分

五、$\boldsymbol{A}=(\boldsymbol{\alpha}'_1,\boldsymbol{\alpha}'_2,\boldsymbol{\alpha}'_3,\boldsymbol{\alpha}'_4)=\begin{bmatrix}1 & -1 & 0 & 1\\ 2 & -1 & 1 & 3\\ 1 & 0 & 1 & 2\end{bmatrix}\to\begin{bmatrix}1 & -1 & 0 & 1\\ 0 & 1 & 1 & 1\\ 0 & 1 & 1 & 1\end{bmatrix}$……4 分

$$\to\begin{bmatrix}1 & 0 & 1 & 2\\ 0 & 1 & 1 & 1\\ 0 & 0 & 0 & 0\end{bmatrix}\cdots\cdots 7\text{ 分}$$

$\therefore \boldsymbol{\alpha}_1,\boldsymbol{\alpha}_2$ 是向量组 $\boldsymbol{\alpha}_1,\boldsymbol{\alpha}_2,\boldsymbol{\alpha}_3,\boldsymbol{\alpha}_4$ 的一个最大无关组.……9 分

且 $\boldsymbol{\alpha}_3=\boldsymbol{\alpha}_1+\boldsymbol{\alpha}_2$, $\boldsymbol{\alpha}_4=2\boldsymbol{\alpha}_1+\boldsymbol{\alpha}_2$.……11 分

六、由 $\begin{vmatrix}1 & t\\ t & 3\end{vmatrix}=3-t^2>0$,得:$-\sqrt{3}<t<\sqrt{3}$……3 分

由 $\begin{vmatrix}1 & t & 0\\ t & 3 & 1\\ 0 & 1 & 2\end{vmatrix}>0$,得:$-\sqrt{\dfrac{5}{2}}<t<\sqrt{\dfrac{5}{2}}$……6 分

故:$-\sqrt{\dfrac{5}{2}}<t<\sqrt{\dfrac{5}{2}}$……8 分

七、由于 $(\boldsymbol{A}-2\boldsymbol{E})\boldsymbol{X}=\boldsymbol{B}$……2 分

$$\therefore \boldsymbol{X}=(\boldsymbol{A}-2\boldsymbol{E})^{-1}\boldsymbol{B}=\begin{bmatrix}2 & 0 & 0\\ 0 & -1 & -1\\ 0 & 1 & 2\end{bmatrix}^{-1}\cdot\begin{bmatrix}3 & 6\\ 1 & 1\\ 2 & -3\end{bmatrix}\cdots\cdots 4\text{ 分}$$

$$=\begin{pmatrix}\frac{1}{2} & 0 & 0\\ 0 & -2 & -1\\ 0 & 1 & 1\end{pmatrix}\begin{pmatrix}3 & 6\\ 1 & 1\\ 2 & -3\end{pmatrix}\cdots\cdots 9\text{ 分}$$

$$=\begin{pmatrix}\frac{3}{2} & 3\\ -4 & 1\\ 3 & -2\end{pmatrix}\cdots\cdots 12\text{ 分}$$

八、$\because \begin{bmatrix}1 & 2 & -2 & 2 & 2\\ 0 & 1 & -1 & -1 & 1\\ 1 & 1 & -1 & 3 & \lambda\\ 1 & -1 & 1 & 5 & \mu\end{bmatrix}\to\begin{bmatrix}1 & 2 & -2 & 2 & 2\\ 0 & 1 & -1 & -1 & 1\\ 0 & -1 & 1 & 1 & \lambda-2\\ 0 & -3 & 3 & 3 & \mu-2\end{bmatrix}$

$$\to\begin{bmatrix}1 & 2 & -2 & 2 & 2\\ 0 & 1 & -1 & -1 & 1\\ 0 & 0 & 0 & 0 & \lambda-1\\ 0 & 0 & 0 & 0 & \mu+1\end{bmatrix}\cdots\cdots 5\text{ 分}$$

∴ 当$\lambda-1=0$且$\mu+1=0$时,$\boldsymbol{R}(\boldsymbol{A})=\boldsymbol{R}(\boldsymbol{B})=2<4$,这时方程组有无穷多个解.……6分

当$\lambda=1,\mu=-1$时原方程组为:$\begin{cases}x_1+2x_2-2x_3+2x_4=2\\ x_2-x_3-x_4=1\end{cases}$ 即:$\begin{cases}x_1=-4x_4\\ x_2=1+x_3+x_4\end{cases}$

它的特解为:$\gamma_0=(0,1,0,0)'$……9 分

导出组的基础解系为:$\boldsymbol{\eta}_1=(0,1,1,0)'$,$\boldsymbol{\eta}_2=(-4,1,0,1)'$……10 分

方程组的通解为:$\gamma_0+c_1\boldsymbol{\eta}_1+c_2\boldsymbol{\eta}_2$($c_1,c_2$ 为任意常数)……11 分

九、$|\lambda\boldsymbol{E}-\boldsymbol{A}|=\begin{vmatrix}\lambda-1 & 0 & -1\\ 0 & \lambda-2 & 0\\ -1 & 0 & \lambda-1\end{vmatrix}=\lambda(\lambda-2)^2$

解得特征值为:$\lambda_1=0,\lambda_2=\lambda_3=2$.……3 分

对应于$\lambda_1=0$,求解$(\lambda_1\boldsymbol{E}-\boldsymbol{A})\boldsymbol{X}=0$,$(\lambda_1\boldsymbol{E}-\boldsymbol{A})=\begin{bmatrix}-1 & 0 & -1\\ 0 & -2 & 0\\ -1 & 0 & -1\end{bmatrix}\to\begin{bmatrix}1 & 0 & 1\\ 0 & 1 & 0\\ 0 & 0 & 0\end{bmatrix}$

于是得方程组$\begin{cases}x_1=-x_3\\ x_2=0\end{cases}$,取$x_3=1$,则易求得$x_1=-1,x_2=0$.

即关于$\lambda_1=0$的特征向量$\boldsymbol{\alpha}_1=(-1,0,1)'$，其全部特征向量为$k_1\boldsymbol{\alpha}_1$(其中$k_1\neq 0$)……6分

对应于$\lambda_2=\lambda_3=2$，有$\begin{bmatrix}1&0&-1\\0&0&0\\-1&0&1\end{bmatrix}\begin{bmatrix}x_1\\x_2\\x_3\end{bmatrix}=\begin{bmatrix}0\\0\\0\end{bmatrix}$，于是得方程$x_1=x_3$.

取$x_2=1,x_3=0$，得$\boldsymbol{\alpha}_2=(0,1,0)'$；取$x_2=0,x_3=1$，得$\boldsymbol{\alpha}_3=(1,0,1)'$.

$\boldsymbol{\alpha}_2,\boldsymbol{\alpha}_3$均为矩阵$\boldsymbol{A}$的$\lambda=2$的特征向量，其全部特征向量为

$k_2\boldsymbol{\alpha}_2+k_3\boldsymbol{\alpha}_3$(其中$k_2,k_3$不全为零)……9分

由于$\boldsymbol{A}$有三个线性无关的特征向量，$\therefore\boldsymbol{A}$相似于对角阵……11分